소금의 과학

Science of Salt

정 동 효 편저

머리말

소금은 염화나트륨(NaCl)을 주성분으로 하는 짠맛의 조미료이며 식염이라 한다. 소금은 체액에 존재하며 삼투압 유지에 중요한 구실을 하므로 사람이나 짐승에게 중요하다. 그 밖에 알칼리를 띠도록 유지하고 완충물질로는 산과 알칼리 평행을 유지시켜 준다.

역사적으로 보면 동양문헌에서는 양(梁)의 도홍경(陶弘景)이 엮었다고 전해지는 『신농본초경(神農本草經)』에 의약 중의 하나로 기록되어 약물 중독의 해독제로 소개되어 있고, 그 밖에 BC 27세기 중국 재상 진사씨(宿沙氏)가 처음으로 바닷물을 끓여 소금을 채취하였다는 기록이 있다.

한국에서는 『삼국지(三國志), 위지동이전(魏志東夷傳)』 고구려조에 소금을 해안지방에서 운반해 왔다는 대목이 있을 뿐이다. 고려시대에 들어와서는 도염원(都鹽院)을 두어 염분(鹽盆)을 국가에서 관장하여 직접 소금을 제조·판매하여 재정수입원으로 삼았다. 조선시대에는 연안의 주군마다 염장(鹽場)을 설치하여 관가에서 소금을 구워 백성들은 미포와 환물하였는데 1411년(태종 11년)에 염장역미법(鹽場易米法)을 폐지하였다. 그 후 한말을 거쳐 일제강점기가 되자 소금은 완전히 전매제가 되었고, 1961년에 전매법이 폐지되자 종전의 국유염전과 민영업계로 양분되었다.

우리나라에서 천일염을 건강식품으로 여기고 있으나 한때 천일염의 제조과정에서 불순물이 들어갈 수 있다는 이유로 1963년 '염관리법' 제정 시 광물로 분류되었고, 1992년 천일염을 『식품공전』에서 제외함으로써 사용을 제한하였다. 하지만 2005년부터 1년간 천일염에 대한 정밀분석이 이뤄졌고 문제가 없다는 「식약청」의 판단 하에 2008년 3월 28일 다시 『식품공전』에 천일염이 다시 기입되고 '염관리법'의 개정으로 천일염이 식품으로 인정받았다. 유럽 연합에서는 CODEX 기준을 적용하지만 프랑스의 경우 프랑스 국내 천일염 생산자 조합의 활동에 따라 천일염의 염화나트륨 함유율을 94% 이상으로 정의하는 조례가 2007년 4월 24일에 성립되었다.

우리나라의 소금인 천일염은 식품자료로서 없어서는 안 될 중요한 재료이고 공업원료로서 중요한 원료이다. 그런데 소금에 관한 교과서가 전무한 상태라 감히 『소금의 과학』이라는 책을 집필하게 되었다. 이 책의 주된 내용은 소금의 자원[해수·

염호(鹽湖)・암염(巖鹽)・천연함수(天然鹹水)], 제염의 역사와 제염법, 그리고 우리나라의 염업현황, 소금의 이화학적 성질, 소금과 조리식품, 소금과 건강, 세계적으로 이름난 소금, 속담 속의 소금 등을 다루었다.

이상의 내용을 식품공학 전공자가 짧은 시간에 폭넓은 양을 다루게 되어 내용이 불충분한 곳이나 학술용어가 통일되지 못한 곳이 많을 것으로 사료되나 깊은 양해와 질정이 있길 바랍니다. 끝으로 이 책을 발간함에 있어서 출간에 힘써주신 도서출판 유한문화사 천승배 사장님과 직원 여러분들의 노고에 다시 한 번 감사를 드린다.

2013년 7월

편자 정동효

차 례

제1장 소금의 이해 / 13

제 2 장 소금의 개요 / 29

제3장 소금과 제염의 역사 / 59

제4장 염업의 현황 / 77

제5장 해수에서 제염 / 109

제 6 장 암염 · 함수에서 제염 / 145

제 7 장 간수(bittern)의 이용 / 155

제 8 장 소금의 이화학적 성질과 소금상품 / 171

제 9 장 소금과 조리·식품가공 / 195

제 10 장 동물에 있어서 소금의 기능과 역할 / 217

제 11 장 소금과 건강 / 223

제 12 장 세계 최고의 소금 / 237

제13장 속담 속의 소금 / 245

제 1 장

소금의 이해

1. 소금의 뜻과 성질

소금이란 염화나트륨(NaCl)을 주성분으로 하는 짠맛이 나는 흰 결정체이다. 소금은 은백색의 금속인 나트륨과 노란색의 독성 가스인 연소가 같은 비율로 화합하여 이루어지는 정입방체의 결정으로 화학명으로는 염화나트륨, 식품명으로는 소금이라 부른다. 소금은 대개의 경우 불순물을 함유하고 있어서 그 결정이 색상도 여러 가지이다.

소금을 구성하는 나트륨과 염소는 인체 내의 용액과 연조직에 존재하는 중요한 성분이며 또한 소금은 식욕을 조정해 주며 생리적으로 여러 가지 중요한 구실을 담당한다. 사람이 땀을 흘리면 체내의 소금을 잃게 된다. 그리고 이것은 음식을 먹음으로써 보충되어야 한다. 날고기는 소금의 좋은 급원이며 익힌 고기는 조리중에 손실되기 때문에 날고기에 비하여 좋은 급원이 되지 못한다. 채소나 곡식에 의존하는 사람들은 결핍증을 막기 위하여 무기염의 형태로 충분히 공급받아야 한다.

제조방법에 따라 결정의 외형도 일정하지 않고 색상도 여러 가지이다. 비중은 2.2 정도, 굳기 2～2.5, 녹는점 800℃ 정도, 끓는점 1,440℃ , 포화 식염수의 어는점은 -21℃이다. 물에 대한 용해도는 온도에 따라 거의 변하지 않고 20℃에서 26.4%, 100℃에서 26.9%이다. 순수한 염화나트륨은 관계습도 75% 이상에서 흡습하지만 일반적으로는 마그네슘 염류 등의 혼합물이므로 이들보다 낮은 습도에서 흡습한다. 독특한 짠맛이 있고 그의 한계 값은 수용액에서 0.01～0.1% 정도로 알려져 있다. 소금은 직접 에너지원으로 쓰이지 않으나 인체에 필요한 무기질의 하나이다. 체액에 나트륨이온(Na^+) 및 염소이온(Cl^-)의 형태로 녹아 있고 다른 물질에서 치환되지 않는다(표 1-1).

표 1-1. 소금의 성질과 용도

이용되는 소금의 성질				용 도
맛	방부・발효조정	삼투・탈수	생리작용	
●				조미(직접 이용)(식탁소금, 분말 깨소금)
●		●		조리(직접 이용)
●	●	●		절임용
●	●			간장, 된장
●	●	●		수산가공(염장, 젓갈, 미역)
●	●			면류
●	●			빵
●				과자
●				조미료(소스, 케찹)
●	●			조미료(마요네즈)
●				유제품(버터, 마가린, 밀크)
●	●			유제품(치즈)
●	●	●		고기제품(햄, 소시지, 베이컨)
●		●		반죽제품
●				병조림, 통조림
●				기타 식품(카레, 수프)
●			●	가축용 소금, 사료
			●	의료용(생리염액, 목욕용 소금, 양치질, 치약)
	●	●		피혁가공
물리적 성질		염 석		비누, 염료, 하이드설파이드(표백환원제) 합성고무, 유지, 비타민제 제조
		경 도		안료 제조용 연마세제, 캡슐 연마용
		용 해		석유정제(탈수)
		어는점 내림		냉동브라인, 제설용
		밀도(염수)		선종용
		계면효과		이온교환수지 재생(물의 정제, 경수연화 정당) 도로 글랜드 코트
화학작용				염화배소, 석회소성, 요업(식용유), 탄소규소(불순물 제거), 벤갈라(안료) 조색제, 화약(소염제), 구리합금 정련(플락스), 염색보조제, 강압연(산화 피막제거)
소재, 원료로서				나트륨, 염소공업 화학제품(규소 풀루오르화나트륨, 염소산나트륨), 비료

식염은 인체 조직내 체액의 삼투압을 일정하게 유지하는 작용 이외에 신경이나 근육작용의 조정, 음식물의 소화(위산)에 관여하여 단백질의 용해와 침 아밀레이스의 활성화 작용을 한다. 소금의 1일 최소 필요량은 5 g 정도이며 식욕으로 인한 조미료로서의 작용이 있으므로 실제 섭취량은 이보다 많게 된다. 식염의의 과잉 섭취와 고혈압증의 관계는 임상학적으로도 분명하게 밝혀져 있다. 또 혈압 조절은 매우 복잡하기 때문에 식염과 고혈압과의 관계는 해명되어 있지 않지만 감염식은 고혈압증에 대하여 분명한 효과가 있다.

2. 소금의 맛과 조리

소금의 맛은 미각의 4원미 중의 짠맛을 대표하는 중요한 맛이다. 특히 소금은 모든 식품에 대하여 그것이 가지고 있는 맛을 더욱 돋는 구실을 한다. 보통 요리할 때 조미하는 것을 소금 맛을 뜻하는 '간 본다고' 하는 것도 그 때문이다. 그러나 짠맛의 맛있는 범위는 국과 같은 액체인 것에서는 매우 좁아서 보통 0.8~1.2%이다.

국에서는 1%, 찌개에서는 2%가 짠맛의 기본이다. 짠맛은 온도가 높아지는 데에 따라 미각이 약해진다. 식은 요리가 짜게 느껴지는 것은 미각이 약하게 느껴지는 높은 온도에서 간을 맞추었기 때문에 식으면 점차 짠맛이 강하게 느껴지게 되기 때문이다.

소금은 삼투압이 강하므로 재료에 스며들기 쉽다. 또 삼투압작용에 의하여 생물체의 수분을 강하게 밖으로 빨아내는 작용이 있다. 배추를 소금으로 절이면 풀이 죽는 것도 이것 때문이다. 이렇게 소금은 요리할 때 맛 이외에 각종 물리적인 작용을 식품에 미친다. 삼투압이 이외에 밀이나 어육단백질에 대해서도 농도가 낮을 때는 용해하도록, 농도가 높을 때는 응고시키는 작용도 있다.

달걀요리에 소금을 쓰면 살이 단단하게 된다. 생선을 구울 때 소금을 뿌리면 덜 탄다. 소금에는 방부작용이 있지만 농도를 12% 이상으로 하지 않으면 효과가 없으므로 주의해야 한다. 또 소금은 사과 등을 갈색으로 만드는 polyphenol oxidase 등의 효소의 작용을 막아 갈변을 방지하거나 비타민 C의 공기산화를 방지하는 작용이 있다. 토란, 문어, 전복 등의 끈끈한 점액을 없애는 데도 소금이 유효하다. 짠맛은 신맛을 더해주면 맛을 부드럽게 할 수 있다. 거꾸로 신맛이 강한 것은 소금을 치면 부드럽게 할 수 있다. 그러나 단맛에 대하여 단맛을 강화시키는 작용을 하는 데 설렁탕에 대하여 소금이 0.2%일 때 단맛이 최고로 된다. 단팥죽의 맛은 이러한 원리를 이용한 것이다.

3. 소금의 역사

소금은 거의 모든 민족이 각기 어떠한 방법으로든 입수하여 사용하여 왔다. 그러나 소금을 전혀 알지 못하거나 또는 사용하자 않는 민족도 있었다. 중국의 타얄족이 소금을 알게 된 것은 담배를 알게 된 훨씬 뒤의 일이었다고 한다. 식물이나 동물의 살이나 내장, 또는 유제품 등에 함유되어 있는 미량의 염분으로도 충분히 섭취하는 민족도 있었던 것으로 알고 있다.

인간에게 소금은 생존상 없어서는 안 되는 것이었기 때문에 소금을 얻기 위한 노력은 아주 오래 전부터 이루어졌다. 원시시대는 인간은 조수(鳥獸)나 물고기를 잡아 굶주림을 채웠던 것으로 추축된다. 초식동물은 식물 속에 함유된 미량의 염분을 몸속에 농축하여 가지고 있으며 육식동물은 초식동물을 잡아먹고 그 염분을 소금의 보급원으로 삼았다. 디시 그것을 인간이 먹는다는 순환을 되풀이 하였다.

그러나 인간이 농경생활을 하게 되고 언제 잡힐지도 모르는 동물을 쫓지 않고 농사 지어 만든 식물을 양식으로 섭취하게 되자 생리적 요구를 충족할 만한 소금을 보급하는 일이 어렵게 되고 또한 식물 속에 함유된 칼륨을 많이 섭취하게 되었기 때문에 균형상 소금이 더욱더 필요하게 되었다. 그러기 위하여 인간은 따로 소금을 만들어 이것을 식품으로 할 필요가 생겼다.

그 결과 이미 선사시대에 소금이 산출되는 해안, 염호나 암염이 있는 장소는 교역의 중심이 되고, 산간에 사는 수렵민이나 내륙의 농경민은 그들이 잡은 짐승이나 농산물을 소금과 교환하기 위하여 소금 산지에 모이게 되었다. 그 결과 유럽이나 아시아에서도 소금을 얻기 위한 교역로가 발달하였다. 그 중심지 가운데는 소금을 만드는 집을 뜻하는 독일어의 Halle, Hallstatt나 영어의 -wich가 붙은 Droitwich, Nantwich 등의 지명이 현재에도 남아 있다.

미국의 Salt lake city도 소금과 관련된 지명이다. 로마시대의 소금이 관리나 군인에게 봉급으로 지급된 일이 있다. 봉급을 뜻하는 영어의 salary는 현물・급여(현물급여)를 뜻하는 라틴어 살라리움에서 유래한다. 또 고대 그리스 사람은 소금을 주고 노예를 샀으며 옛날에는 소금을 얻기 위하여 가난한 사람들이 자기 딸을 판 예도 적지 않았다고 한다.

한편 소금으로 많은 돈을 번 도시도 있다. 6, 7세기까지 작은 어촌이었던 베네치아가 10세기 이후에 풍족한 해항도시로서 번영한 원인은 가까운 해안에서 산출되는 소금을 지중해 동쪽에 있는 여러 나라에 팔고 그것으로 얻은 이국(異國)의 산물을 유럽에 팔아 큰 이익을 얻었기 때문이다. 소금은 옛날부터 육류의 부패를 방지하고 인간의 건강과 정력을 유지하는 힘이 나는 것이라 하여 신비적인 의미가 부여되어 청정(淸靜)과 신성의 상징으로 여겨졌다.

고대에서는 미라를 만들 때에 시체를 소금물에 담갔고 이스라엘 사람들은 토지를 비옥하게 하기 위하여 소금을 비료로 사용하였다. 또 그들은 인간의 생활에 중요한 소금을 신에게 바치고 신에게 바치는 짐승은 짜게 하였다. 이런 풍습은 그리스 사람이나 로마사람에서도 있었다. 그리고 소금이 물건의 부패를 방지하고 물건을 불변으로 하는 힘이 있다고 하여 고대인 소금을 변함없는 우정・성실・맹세의 상징으로 생각하였다. 성서의 「소금의 맹서」는 이런 데서 생긴 것이다.

아랍인은 함께 소금을 먹는 사람을 친구로 여기는 풍속이 있다. 소금의 이러한 생활상의 중요성・귀중성・신성한 성질 때문에 그리스도는 하느님의 아들일 사람을 「땅의 소금」이라고 하였다. 원시시대에는 바닷물을 증발시켜 채취하거나 해조를 태워서 얻기도 하였는데 사막의 오아시스에는 염분을 함유하는 물이 솟아 나와 대상(隊商)은 그것에서 소금을 얻었다. 유럽에서는 철기시대부터 암염이 이용되고, 때로는 암염이 있는 곳이 물을 붓고 소금이 녹은 물을 증발시켜 소금을 채취한 일도 있었다. 또 사해(死海)나 솔트레이크와 같은 염호에서 얻은 조염(粗鹽)을 녹여 증발시키고 정제하여 소금을 얻었다.

동양의 문헌에서는 양(梁)의 도홍경(陶弘景)이 엮었다고 전해지는 『신농본초경(神農本草經)』에 의약 중의 하나로 기록되어 약물 중독의 해독제로 소개되어 있고, 그밖에 BC 27세기 재상 숙사(宿沙)가 처음으로 바닷물을 끓여 소금을 채취하였다는 기록이 있다.

한국에서는 고려 이전의 소금에 대한 문헌은 아주 적다. 『삼국사기』에 의하면 고구려의 미천왕(300～331)이 젊을 때 소금장사로 망명생활을 하였다는 것이며, 신라 애장왕 10년(509)에는 소금창고가 운다는 말이 나온다. 그리고 『삼국유사』에는 절에 소금을 바치는 이야기가 나온다. 그리고 『삼국지(三國志)』 위지동이전(魏志東夷傳) 고려조에 소금을 해안지방에서 운반하여 왔다는 대목이 있을 뿐이다. 신라나 백제에서도 해안지방에서 소금을 얻었을 것으로 추측될 뿐이다.

고려시대에 들어 와서 도염원(都鹽院)을 두어 염분(鹽盆)을 국가에서 관장하여 직접 소금을 제조, 판매하여 재정 수입원으로 삼았으며, 충렬왕(忠烈王) 14년(1288)에 여러 동에 사신을 보내어 소금을 전매시켜 그 세를 부과시키고 충렬왕 18년에는 경상도, 전라도, 충청도 세 도에 염원별감을 두어 사유로 이관하였다가 다시 1309년(忠宣王 원년) 때 염정을 민부(民部)에 이관하고, 유통부분에서는 중국의 입포매법(立鋪賣法)과 계구매법(計口賣法)을 모방하여 포(布)를 납부하게 하여 소금을 구입하게 하였다.

조선시대에는 연안의 주군마다 염장(鹽場)을 설치하여 관가에서 소금을 구워 백성들은 미포와 환물하였는데 1411년(태종 11년) 염장역미법(鹽場易米法)을 폐지하였다. 어느 시대를 막론하고 소금은 국가의 중요한 재정 세원이었다. 그리고 궁가(宮家)의 아문(衙門) 경영의 소금은 일부 현물로 수납하고, 일반 민영은 세금을 과하여 왔다. 그 후 한말을 거쳐 일제강점기가 되자 소금은 완전히 전매제가 되었고 1961년에 염 전매법이 폐지되자 종전의 국유염전과 민영업계로 양분되었다.

4. 소금의 종류

소금에는 원염(原塩), 분쇄염(粉碎鹽), 식염(食鹽), 정제염(精製鹽), 특급 정제염(精製鹽), 식탁염(食卓鹽) 외에도 특별 용도로 쓰이는 각종 가공염이 있다. 원염, 분쇄염은 염화나트륨 순도 95% 이상으로서 주로 업무용에 사용된다. 원염에는 암염, 천일염, 바닷물로 만든 조제염이 포함된다. 식염은 염화나트륨 순도 99% 이상으로서 요리의 조미, 절임 등에 널리 사용된다. 정제염은 염화나트륨 순도 99.5% 인데 식염에 비하여 사각사각하고 요리의 맛을 내는 데 사용한다.

이밖에 정제염에는 염화나트륨 순도 99,8% 이상의 특급 정제염이 있다. 식탁염은 염화나트륨 순도 99.0% 이상의 것으로 명칭 그대로 식탁에 놓고 완성된 요리 위에 뿌려서 맛을 조절하는 데 사용된다. 침채염(沈菜鹽)은 절임용으로 만들러진 소금으로서 원염에 말산, 시트르산 등을 첨가한 것으로서 염화나트륨 순도가 95% 이상이다. 이밖에 소금을 원료로 하여 각종 가공한 특수용 염이 있다. 이러한 것에는 깨소금, 볶은 소금, 글루탐산나트륨을 코팅한 소금, 복합화학조미료를 코팅한 소금과 같이 식탁염의 일종으로서 사용하는 것과 papain 효소와 섞어서 고기를 부드럽게 하기 위하여 사용하는 것, garlic salt, onion salt, 샐러리솔트와 같이 조미료로 사용되는 것이 있다(표 1-2).

5. 소금과 신앙(상징적 의미)

소금은 깨끗하게 하는 힘, 거룩한 힘을 갖는 것으로 여겨지는 것을 많이 볼 수 있다. 『구약전서』에는 소금에 관한 기록이 많은데 『열왕기』에는 소금은 더러운 물을 깨끗하게 한다고 기록되어 있다. 『에스겔서』에는 여호와에게 희생의 제물을 바칠 때 희생되는 수소와 숫양에 제시장이 소금을 뿌리도록 지시하고 있다. 또한 『출애급기』에는 거룩한 훈향(熏香)을 만드는 방법으로 재료를 혼합한 후 소금을 쳐서 깨끗하고 성스럽게 하라고 지시하고 있다.

가톨릭계 사회에서 세례를 베풀 때 아이들의 입에 소금을 넣는 경우가 많다. 멕시코 고지의 마야족은 세례를 받을 때의 소금으로 인하여 아이들의 혼이 비로소 고정된다고 여겼다. 가톨릭 세례와는 관계는 분명하지 않지만 필리핀의 니그리토족도

표 1-2. 조금의 종류와 품질규격

생산방법	종 류	품질규격	주요 용도
원염을 가공하여 재제가공한 것	식탁염	NaCl 99% 이상, 염기성 탄신마그네슘 기준 0.4%, 기준 입도 500~297㎛ 85% 이상	가정용
	뉴쿠킹솔트	NaCl 99% 이상, 염기성 탄산마그네슘 기준 0.4% 기준 , 입도 500~297㎛ 85% 이상	가정용
	쿠킹솔트	NaCl 99.5%% 이상 입도 500~210㎛ 85% 이상	가정용
	정제염	NaCl 99.5%% 이상 입도 500~170㎛ 85% 이상	햄・소시지・수프
	특급 정제염	NaCl 99.8% 이상 입도 005~1770㎛ 85% 이상	마요네즈・
이온교환막식으로 함수를 바싹 조린 것	가정염	NaCl 99% 입도 590~250㎛ 80% 이상	가정용
	식 염	NaCl 99% 이상 입도 590~149㎛ 80% 이상	된장・ 조미료
	보통염	NaCl 95% 이상 입도 590~149㎛ 80% 이상	된장・절임
원염을 세정하여 분쇄한 것	절임염	NaCl 195% 이상, 말산 기준 0.05%, 시트르산 기준 0.05%, 입도 평균 800㎛ 정도	가정용
외국에서 수입된 소금으로 천일제염법으로 생산하는 것	원 염	NaCl 99% 이상	공업원료, 간장
원염을 분쇄한 것	분쇄염	입도 1190㎛를 넘는 것 15% 이하, 500㎛를 넘는 것 40%	수산・절임・피혁

신생아의 입에 소금을 넣는다. 이렇게 더러움을 씻는 소금은 마귀를 내쫓는 일이나 질병의 치료에도 사용된다. 동남아시아의 라오족이나 타이족에서는 출산 후의 산모가 요술을 막기 위하여 소금물로 몸을 씻었다고 한다.

한때 유대인은 사시(斜視)를 막기 위하여 아이들의 혀 위에 소금을 얹었다. 또한 마물이 들어오지 못하게 하기 위하여 문어귀에 소금을 뿌리는 관습을 시리아에서 볼 수 있다. 멕시코 고지 마야족의 시나칼탄족에는 소금은 여러 가지 요괴·마물을 격퇴하는 힘을 가지고 있다고 생각하고 있었다. 유럽에서는 마녀의 연회 요리에는 소금이 들어 있지 않다고 생각하던 것도 소금이 갖는 힘에 대한 믿음의 반영이다. 고대 그리스에서는 소금은 신성한 것으로 신과 관계되는 것이기 때문에 질병을 치료하기도 하고 힘을 부여할 수 있다고 생각하고 있다.

주술사나 샤먼은 몸을 불타고 있는 상태로 만들기 위하여 소금을 다량 섭취하는 일이 있다. 예를 들면 멜라네시아의 요술사는 유럽의 마녀와는 반대로 소금물을 마시고 향료가 들어간 음식물을 섭취하여 몸을 뜨겁게 한다고 믿고 있다. 또한 소금을 미용에 사용하는 일도 흔히 있다. 이집트의 클레오파트라, 중국의 양귀비는 목욕할 때 소금을 사용하였다고 전해지고 있다.

소금은 또한 사람과 하나님, 사람과 사람의 굳은 유대감을 상징하는 것으로 되어 있다. 『구약전서』의 민수기에서는 하나님과 사람의 영원히 변하지 않는 거룩한 인연을 「소금의 계약」이라고 표현하고 있다. 고대 튜텐인은 서약을 할 때 소금에 손가락을 집어넣고 하였다. 고대 그리스, 로마 그리고 유럽, 아랍에서 소금과 빵의 공식(共食)은 우정과 환대의 표시이고 때로는 「소금의 교제」를 뜻하는 경우가 있다. 그리스 철학자인 아리스토텔레스, 로마의 정치가이자 문인인 키케 등이 소금의 그러한 힘에 대하여 말하였다.

한편, 이러한 것과는 반대로 소금을 기피하는 경우가 있다. 고대 이집트의 신관(神官)은 소금을 터부시하였다. 아프리카의 댐브족는 할례(割禮) 의식을 행할 때의 요리에는 소금을 사용하지 않았다. 마찬가지로 아프리카의 할례(割禮) 의식을 할 때에는 소금도 짠 음식도 먹어서는 안 된다고 하였다. 멕시코의 우이초르족의 샤먼은 수행 중에는 소금을 섭취하지 않는다. 또한 우이초르족에게는 페요테라고 하는 환각작용이 있는 선인장을 먹는 종교의식이 있는데 페요테를 자생지까지 채취하러 가는 순례 여행기간과 페요테를 먹고 환각상태에서 신과 교류하는 의례기간에는 소금을 먹지 않으며 의례의 마지막에 소금을 한줌씩 먹고 의식 종료를 알린다. 이러한 종교적 이유로 인한 소금의 금지는 매우 많은 사회에서 찾아볼 수 있다.

사회에 따라서는 소금을 더러운 것과 결부시키는 경우도 있다. 아프리카의 체와

족이나 야오족은 소금이 더러운 것을 전달한다고 생각하고 있다. 또한 이스라엘의 사해(死海)라는 바다의 이름에서도 알 수 있듯이 소금이 죽음이나 불모를 나타내는 것으로 받아드리는 경우도 적지 않다. 이러한 상징으로의 소금의 다의성(多義性) 또는 양면성은 최근의 문화 인류학 견해를 응용하면 어느 정도 이해할 수 있다. 유럽의 연금술에서 16세기의 파스켈수스와 그의 일파는 수은과 황과 소금을 삼원이라 하였다. 그 가운데 소금은 수운과 황을 결합시킨다고 여겨 수은은 왕비, 황은 왕, 소금은 승려의 모습으로 묘사하였다.

이러한 것과 소금이 인간과 인간을 결합시킨다는 신앙은 모두 소금에 서로 다른 2개가 대립하는 것을 중개·매개하는 힘을 가진다는 것을 나타내고 있다. 소금이 승려로 비교되는 일은 매우 상징적인데, 승려는 신과 인간의 중간에 서는 존재이다. 또한 소금은 자연물인 식료를 인공적·문화적인 음식물로 바꾸는 요리과정에 사용된다. 그러한 매개자적 존재, 중간적 위치에서는 일반적으로 이러한 힘을 가진다고 여겨 왔다. 그리고 그 힘은 어떤 경우에는 선하고 신성한 힘으로 해석되기도 하고, 반대로 어떤 경우에는 위험하고 사악한 힘으로 해석되기도 한다.

6. 소금의 속담과 용도

옛날 세계 여러 나라에서는 소금을 청결의 상징으로 생각하여 신성시하였으며 우정의 상징이기도 하였다. 아리비아 사람들은 싸움 상대자와 함께 빵과 소금을 먹고는 싸움이 결렬되었음을 나타내었다. 빵과 소금은 오늘날에 환대의 의미로 사용되고 있다. 『구약성서』 민수기(18 : 19)에 보면 「이스라엘 백성이 야훼에게 바치는 모든 거룩한 제물을 나는 네뿐만 아니라 나와 함께 있는 너의 아들, 딸에게 준다. 이것이 언제까지나 너희가 받을 보수이다. 이것은 소금을 치며 너와 네 후손과 맺은 야훼의 영원한 계약이다」하였고, 또 『신약성서』에는 신자를 「세상의 소금」이라 하였다.

독일에서는 소금을 속옷에 감추어 두면 잡귀로부터 보호된다고 생각하였다. 심지어 흐르는 물에 소금을 던지면 병이 씻겨 흘러간다고 믿었다. 이와 같이 소금은 정신적 실용물로서 중요시 되었고 일상생활에서는 음식요리에 사용하는 이외에 절일 때 또는 간장, 된장 등을 만들 때 소금의 방부성을 이용한 어육류의 저장에 이용되고 있다. 가축의 사료, 펄프, 비료, 비누제조, 야금, 유리, 표백용, 냉각용 등의 산업방면에도 사용되고 화학공업에 필요한 염소화합물, 나트륨염류 등의 제조 원료와 건설관계에서는 도로포장 등에 사용하는 등 그 용도가 다양하다.

7. 고전 속의 염(鹽 : 소금)

염(鹽)이라는 글자는 그릇 속에서 소금을 달이는 모양을 형상화 한 것이다. 『설문자해』에는 소금은 짠 것이라 하였다. 옛날에 숙사(宿沙 : 황제의 신하 이름)가 처음으로 바닷물을 끓여서 소금을 만들었다. 동방에서는 척(斥), 서방에서는 함(鹹), 하내(河內)에서는 차(鹺)라고 한다. 중국의 소금이 품목이 가장 많은데 해염(海鹽), 정염(井鹽), 지염(池鹽), 감염(鹻鹽), 애염(崖鹽), 석염(石鹽), 목염(木鹽), 봉염(蓬鹽) 등이 있다. 한국은 삼면이 바다를 접하고 있어서 모두 바다소금을 먹고 다른 종류의 소금은 없다. 서남해에서 나는 소금은 질그릇에서 끓인다. 동북해에서 나는 것은 쇠그릇에 구워 철염(鐵鹽)이라 하는데, 철염은 맛이 서남해에서 생산하는 것에 비하여 못하다. 『옹희잡지』

(1) 자해염방(煮海鹽方)

해변에 구덩이를 파고 위에 대나무를 편 후 쑥과 띠로 덮어 그 위에 모래를 쌓는다. 밀물과 썰물이 모래와 부딪치면 소금기가 구덩이 속에 스며든다. 물이 빠졌을 때 횃불로 비추면 소금기에 부딪쳐서 불이 꺼진다. 이렇게 해서 바닷소금을 얻어 그릇에 담아 달여 잠시 후에 꺼낸다. 소금을 굽는 그릇을 한대(漢代)에는 뇌분(牢盆)이라고 하였는데, 지금은 쇠를 두드려 만들기도 한다. 남해 사람들은 대나무를 엮어서 만드는데, 아래위로 무명조개 재를 두르고 가로는 1장(丈), 깊이는 1척, 바닥은 평평하게 해서 부뚜막에 두고 염반(鹽槃)이라고 한다. 『도경목초』

(2) 화염인염방(花鹽印鹽方)

5월 중 가물 때에 물 2말에 소금 1말을 넣고 물속에 넣어 녹인다. 또 소금을 넣는 데 물이 소금을 더 녹일 수 없도록 짜게 되면 더 이상 녹지 않는다. 그릇을 바꿔가며 불순물을 제거한다. 깨끗한 그릇 안에 맑은 즙을 붓는다. 소금이 매우 희면 끓이지 않고 쓸 수 있다. 끓일 때는 1섬으로 8말의 소금물을 얻는다. 바람이 불지 않는 좋은 날씨에 햇볕에 말리면 소금이 된다. 이때 뜨는 것이 바로 꽃소금(花鹽)이니 두께와 광택이 비슷하여 종유(鐘乳)와 같다. 빨리 거둬들이지 않으면 인염(鱗鹽)이 된다. 크기는 콩알만한 네모난 낟알이 많이 생기는데, 이것을 걸러서 얻는다. 꽃소금과 인염은 같은 종류의 소금으로, 옥돌이나 눈처럼 희며 그 맛은 더욱 좋다. 『농정전서』

(3) 상만염방(常滿鹽方)

10섬들이 독 하나를 마당의 돌 위에 놓은 뒤 흰 소금을 가득 채우고 감수(甘水)를 붓는다. 쓸 때마다 떠서 달이면 소금이 된다. 1되를 퍼 썼으면 다시 감수 1되를 더 붓는다. 햇볕에 쬐이면 소금이 되며 계속해서 쓸 수 있다. 바람에 먼지가 날리거나 흐리고 비가 오면 닫고, 날씨가 맑으면 다시 열어 둔다. 누런 소금으로 만든 함수(鹹水)는 맛이 쓰므로 반드시 흰 소금과 감수로 해야 한다. 『농정전서』

(4) 정염방(錠鹽方)

사염법(死鹽法)은 사기솥에 행인 1개를 바닥에 깔고 소금을 팔방으로 가득 채워 넣은 후 기와로 덮는다. 큰 불을 지펴 녹인 소금물을 쇠구유에 부어 덩어리로 만든다. 『고금의통』

(5) 염격방(鹽墼方)

쇠붙이에 끓인 소금은 맛이 쓰고 깊은 바다에서 얻은 소금은 소금기가 너무 세서 좋지 않다. 오직 해변이 확 트인 긴 포구에서 얻은 소금물을 구운 것이 소금발이 곱고 맛이 좋다. 만약 좋은 소금이 없으면 철염이나 큰 바닷물을 끓인 소금물을 물에 담가 조금 축축하게 하고, 네모난 나무틀에 부어 누룩 디디는 법과 같이 밟아서 굽지 않는 벽돌모양으로 된 것을 짚으로 두텁게 싼 다음 불을 붙여 태우면 돌처럼 단단해진다. 쓸 때는 절구에 곱게 빻으면 소금기가 빠지고 맛이 조금 더 낫다. 『증보산림경제』

(6) 장염방(臟鹽方)

소금을 저장할 때 쥐엄나무 한 가지를 그 안에 두면 1년이 지나도 상하지 않는다. 『유한기문』

(7) 『주례(周禮)』

"신 것으로 뼈를, 단 것으로 살을, 매운 것으로 힘줄을,
쓴 것으로 기를, 매끄러운 것으로 코를, 입 등의 구멍을,
그리고 찬 것으로는 맥을 기른다고 하였다."

(8) 『북호옥(北戶錄)』

"소금은 살과 뼈를 굳게 하고, 독충을 제거하고
눈을 맑게 하며 기운을 돋운다고 하였다."

(9) 『향약집성방(鄕藥集成方)』

“소금은 맛이 짜고 따뜻하며 독이 없다.
흉중(胸中)의 담벽(痰癖)을 토하게 하고
심복(心腹)의 급통(急通)을 토하고 그치게 하며
기골을 견고하게 한다. 악물을 토하거나 설사하게
하고, 살충하고 눈을 맑게 하고 오장 육부를
조화하고, 묵은 음식을 소화시켜 사람을 건강하게
한다고 하였다.”

(10) 『본초강목(本草綱目)』

“소금은 달고 짜며, 찬 것으로 독이 없다고 하며
위와 명치가 아픈 것을 치료하고 담과 위장의 열을
내리게 하고, 체한 것을 토하게 한다고 하였다. 복통을
그치게 하고, 독기를 죽이며 뺏골을 튼튼하게 하고
살균작용이 있어 피부를 튼튼하게 하고, 위장을 튼튼하게
하며, 묵은 음식을 소화시킨다고 하였다.
또 음식을 촉진하고 소화를 도우며, 답답한 속을 풀고
부패를 방지하고, 냄새를 없애며 온갖 상처에 살이 낫게
하고, 피부를 보호하며 대소변을 통하게 하고, 고미(五味)를
증진하고, 소금으로 이를 문지르고 눈을 씻으면 잔글씨를
보게 된다고 하였다.”

(11) 허준(許浚)의 『동의보감(東醫寶鑑)』

“소금은 본성이 따뜻하고 맛이 짜며 독이 없다.
귀사(鬼邪)와 고사증(蠱邪症)을 다스리고
중오(中惡)와 심통(心通)과
곽란(霍亂)과 심복(心腹)의 급통(急通)과
하부(下部)의 익창(䘌瘡)을 고치고,
흉중(胸中)의 담벽(痰癖)과 숙식(宿食)을 토하고
오미(五味)를 도우니 많이 먹으면 폐를 상하고,
해수(咳嗽)가 나며 끓여서 모든 창(瘡)을 씻으면
종독(腫毒)을 던다고 하였다.”

(12) 동양사상의 오기(五氣)

동양사상에서 말하는 오기(五氣)는 화(火), 수(水), 목(木), 금(金), 토(土)이다. 동양의학에서는 이러한 다섯 가지의 정기를 받은 재료를 사용해서 채취한 소금을 의약품으로 사용하였다.

① 화염(火鹽, 화금) : 동태, 오징어 등의 어류를 소금과 합성한 후 그 합성물에 채취한 소금으로 신장질환, 방광, 요도염 등에 치료효과가 있다.
② 목염(木鹽, 목금) : 대나무, 은행 잎, 밤나무, 박달나무 등을 소금과 함께 고온으로 구워 채취하는 소금으로 간장 질환, 혈액 그리고 체액의 해독작용에 효과가 있다.
③ 수염(水鹽, 수금) : 바닷물에서 생성된 소금으로 다시 고온에서 처리하여 불순물을 없앤 소금으로 심장병과 혈액질환에 치료효과가 있다.
④ 금염(金鹽, 금금) : 오리, 닭, 개, 염소 등 동물의 피에서 채취한 소금으로 폐질환과 관절염, 신경통에 효과가 있다.
⑤ 토염(土鹽) : 지렁이, 지네, 거머리, 전갈 등 곤충에서 뽑아낸 소금으로 뇌와 신경질환에 효과가 있다고 한다.

이외에도 조선시대 실학자인 이규경에 의하면 돌에서 채취하는 계염(戒鹽), 풀에서 채취하는 봉염(蓬鹽), 동물의 배설물에서 채취하는 분염(糞鹽), 벌레로부터 채취하는 반염(盤鹽), 식물에서 채취하는 초염(草鹽)이 있으며 사람이나 말 또는 곰의 소변에서 채취하는 소금은 기염(氣鹽)이라고 하였다. 기염(氣鹽)은 위장과 소장 및 대장질환에 특효가 있다고 전한다.

8. 조용헌 선생의 신안 천일염 살롱(조선일보. 2008.10.17)

한국의 천일염에는 각종의 무기질이 풍부하게 함유되어 있다는 사실이 근래 와서 확인되었다. 조선시대까지 소금을 만드는 방식은 장작불이었다. 일단 바닷가 갯벌이 움푹 파인 곳이나 구덩이에 바닷물을 저장해 놓는다. 햇볕에 수분이 증발되어 염도가 높아지면 이 짠물을 다시 솥단지에 넣고 장작불로 끓인다. 이렇게 해서 만든 소금을 화염(火鹽)이라 한다.

조선시대에는 화염이 대세였다. 그러다가 일제로 넘어오면서 지금과 같은 천일염 방식이 들어 왔다. 일제 강점시대에 천일염은 이북의 평안도에서 처음으로 시작되었다. 평안도 천일염전에서 인부로 일하던 박심만이라는 사람이 그 기술을 가지고 해방 후에 신안군 비금도(飛禽島)로 내려와 구림염전을 만들었다. 그래서 구림염전을 남한의 1호 천일염전으로 꼽는다. 신안군에는 섬들이 많고 이 가운데 자연환경이 좋은 비금도, 산의도, 증도, 도초도는 우리나라에서 천일염 생산지로 유명하다. 증도의 태평염전은 단일 염전으로 국내 최대이다. 이들 섬에서 나오는 소금은 옛날부터 알아주는 소금이었다..

왜 이 지역의 소금을 알아주는가? 우선 이 지역은 갯벌이 좋다. 그리고 염전 주변에 큰 산이 없어서 바람이 잘 빠진다고 한다. 소금의 질은 바람이 결정한다는 것이 수십 년 동안 이 바닥에서 소금을 만들어본 전문가들의 주장이다. 바람이 너무 세도 안 되고, 너무 약해도 안 된다. 살랑살랑 부는 것이 가장 좋다. 염전만 단독으로 있는 것보다는 염전 옆에 벼농사를 짓는 논이 있으면 더 좋은 소금이 나온다. 미세한 균이 볏짚에서 나오는데 균들이 소금의 숙성에 좋은 영향을 미친다. 이런 소금은 발효성분이 높아서 김치, 간장, 메주, 젓갈의 맛을 좋게 만든다고 한다(과학적이 근거는 없다).

염전의 물은 하루에 시계방향으로 19~21번 회전한다고 한다. 온도가 높으면 물이 빨리 돈다. 물이 돌아야 공기 중에 떠돌아다니는 송홧가루를 포함하여 미세한 발효균이 함유된다. 이 균이 인체에 유익한 작용을 한다는 것이다. 그간 광물질로 분류되어 천대받았던 한국의 천일염이 올해부터 식품으로 인정되었다. 신안군 소금은 명품으로 알려진 프랑스 게랑드 소금보다 한 수 위라고 하니 앞날이 기대된다.

9. **주경철 교수의 소금 히스토리아**(조선일보. 2009.7.18)

소금은 사람의 생명유지에 필수불가결한 물품이다. 사막을 건널 때 물 보족만큼이나 위험한 것이 소금 부족이라 한다. 바닷가에서 먼 내륙지방에 사람들이 거주하는 경우에는 암염광산이 가깝지 않으면 소금장사꾼들이 닿을 수 있어야 한다. 과거의 권력당국은 이처럼 반드시 소금공급이 이루어져야만 한다는 사실을 이용하여 세금을 걷었다. 국가의 입장에서 보면 소금거래에 소비세를 부과하는 것만큼 손쉬운 징세장법이 없었던 것이다.

사실 생산원가로만 따지면 소금은 아주 싼 물품이여야 하지만 높은 세금이 붙다 보면 가격이 천정부지로 뛸 수밖에 없다. 프랑스의 경우 1630년에는 소금 가격이 생산비의 14배였으나 1710년에는 140배가 되었다. 가벨(gabelle)이라 불리던 염세(鹽稅)는 늘 서민들의 원망 대상이었다. 높은 세금은 자연히 암거래와 관리의 부정부패를 초래하였고 이에 맞서 당국은 범법자를 가혹하게 처벌하였다.

프랑스혁명이 일어나 4년 전인 1785년에 알비주아라는 지역에 암거래를 하다가 붙잡힌 푸르니에라는 사람은 200리브르라는 거액의 벌금에 형리가 허리까지 옷을

벗긴 다음 대로를 끌고 다니다가 공공장소에서 채찍질을 한 다음 광장에서 오른쪽 어깨 위에 달군 쇠로 대문자 G의 낙인을 찍는 처벌을 받았다. G는 갤리선(galley)을 뜻하는 것으로서, 다음번에 다시 걸리면 평생 갤리선에서 노를 저어야 한다는 의미였다. 염세(鹽稅)에 항의하는 농민들의 봉기도 끊이지 않았으나, 이에 대하여서도 당국은 심지어 주동자를 사형에 처하면서 억압하려고만 하였다.

프랑스군의 원수(元帥)였던 보방(1633∽1707)은 심각한 조세문제의 해결방안을 논하는 책을 썼는데 그 안에는 이런 내용이 나온다. 「팔다리의 상처로 인해 몸이 고통을 받으면 머리 또한 고통 받지 않을 수 없다. 만약 고통이 재빨리 머리(즉 국왕)에 이르지 않으면 괴저병이 걸린 것과 같다. 그 병은 조금씩 신체를 잠식해서 온갖 부위를 부패시키다가 심장에 이르러 목숨을 앗아갈 수도 있다. 국왕은 백성에게 필수품을 박탈 정도의 과중한 부담을 안겨서는 안 된다.」 이 글은 마치 프랑스혁명을 예견한 것처럼 보인다. 결국 세금의 민주화가 이루어지지 않는 것이 혁명의 중요한 원인이었던 것이다

제 2 장

소금의 개요

1. 바다와 해수

일본의 소금은 옛날부터 해수를 원료로 하여 만들어 왔다. 옛날의 조염(藻塩) 태우기, 근래 이후 입빈염전식(入浜鹽田式)은 물론이고 현재의 이온교환막 제염에서도 이 사실은 변하지 않는다. 이전에 호쿠리쿠(北陸) 지방에서 이루어졌던 아게하마(揚浜)식 제조법은 염전에 해수를 뿌려서 바람과 햇볕에 수분을 증발시켰다. 그 후 조수가 차면 자연히 해수가 염전으로 흘러 들어오는 이리하마(入浜)식 제조법이 세토나이카(瀨戶內海) 연안에서 개발되었다.

그러나 세계적으로 보면 총생산량 2억 1,400만 톤(2000년) 중 해수를 원료로 하여 만든 소금은 약 1/3이고, 기타 2/3은 암염이나 천연 함수(鹹水)에서 만들고 있다. 그런데 암염이나 천연함수 등의 소금 자원은 그 기원을 따지고 보면 어느 것이나 해수에 이른다. 따라서 해수를 떠나서 소금을 말할 수 없을 것이다.

1.1 바다의 기원

"지구는 푸르다". 1961년 인류가 처음으로 자신의 눈으로 지구를 본 소비에트의 우주비행사 가가린의 말이다. 지구의 대부분은 해면이고 푸르게 빛나고 있다는 것이다. 이에 1969년 미국의 아폴로 11호는 달에 착륙하여 그 곳에 인류의 발자국을 남겼다. 이렇게 하여 그는 지평선이 아닌 월평선 위에서 뜨는 푸른 혹성 지구를 바라보았다.

그 후 1990년 6월 6일, 미국의 NASA가 무인 혹성 탐사선 보이저 1호(1977년 9월 발사)가 태양에서 59억㎞ 떨어진 곳에서 찍은 태양계의 사진을 발표하였다. 이것에 의하면 우리가 지구는 푸른 별로서 태양의 가까이 빛내고 있다. 그렇다면 이 푸른 별, 지구와 바다가 꾸려나가는 것을 알아보자.

아주 먼 옛날의 이야기가 있다. 은하계의 한 구석에서 몇 개인가의 천체가 형성되었다. 그 중심이 태양이고 태양을 돌고 있는 몇 개의 천체 하나로서 지구가 되었다. 즉 태양계의 탄생이다 지구의 탄생은 운석의 연대 측정에 의하여 지금으로부터 45～46억 년 전, 평균적으로는 45.5억 년 전이라 한다.

지구를 형성한 것은 운석과 마찬가지 물질로 여기에는 우라늄, 토륨, 칼륨 40 등의 방사선 원소가 함유되어 있고, 이들 원소의 방사선 붕괴에 의하여 방출되는 에너지 때문에 지구 내부의 온도가 오르고 나아가서는 용융상태로 된다. 지구형성 후 5억년보다 빠른 시기에 코어와 맨틀이 형성되어 이것과 거의 전후하여 대규모로 탈가스가 일어나 지구 표층의 대기로 되었다. 또 맨틀과 지각과의 구분은 지구의 전기간을 통하여 연속적으로 형성된 것으로 생각한다.

원시지구 탄생의 이야기는 고온의 가스에서 출발하여 가스 중에 미세한 입자가 되고, 그 입자가 엉겨 붙어 점차 커져서 직경이 10 ㎞ 정도의 미혹성이 되었다. 다시 이 혹성끼리의 충돌합체의 반복으로 혹성이라 부르는 큰 천체가 만들어졌다. 여기까지가 지구 탄생의 제1단계이다. 이것이 현재의 지구로 되기 위해서는 천체의 내부가 고온으로 되어 용융하고 코어와 맨틀이 형성되어 기화되기 쉬운 성분이 가스로 되어 지표로 분출하여 대기로 되는 과정이 필요하다. 그 고온화의 에너지 자원은 방사선성 원소의 붕괴에 의한 것이라고 앞에서 설명하였다.

그런데 최근 달이나 화성, 혹은 수성 등의 크레타의 연구에서 새로운 설이 나오고 있다. 이것은 혹성이 크레타를 만드는 미혹성의 충돌이고 그 운동에너지는 순간에 주위의 암석을 용융, 증발한다고 한다. 원시지구의 표면에는 거대한 미혹성과의 충돌이 빈번히 일어나 무수한 크레타로 덮어져 만들어지고, 거대한 충돌 에너지는 고열로 되어 지표를 녹이고 작열의 용암 호수로 되었다. 이것이 최근 유력시 되고 있는 학설이다. 재래의 학설과 신 학설, 어느 것이 옳다는 것이 아니고 방사선 원소의 괴변과 미혹성의 충돌은 병행하여 일어난 것이고, 어느 에너지가 많은 것으로 생각된다.

지구의 내부에서 탈 가스화하여 대기를 형성한 성분은 표 2-1과 같이 수증기, 탄산가스, 질소 및 염소 등이다. 잠시 후 온도가 내려가면 수증기는 물방울, 비로 되어 지표에 떨어진다. 이것이 지표의 저지에 모여 수권(水圈 : 지구 표면의 물로 덮인 부분), 즉 원시의 바다로 되었다. 질소와 탄산가스는 이 산성 수에 녹기 어려우므로 기체 형태로 존재하여 대기권을 형성하였다.

표 2-1. 지구 표면의 휘발성 물질의 양(10^{14}톤)

H_2O	16,600
C(CO_2로서)	910
S	22
N	42
Cl	300
Ar, F, H, B, Br 등	13

이 최초의 해수는 전문학자의 계산에 따르면 0.3N 염산용액이라 한다. 이 염산수는 곧 암석과 반응하여 어느 성분을 녹여 중화된다. 반응을 받은 암석(규산염)은 자갈, 모래, 점토 등의 쇄설암(碎屑岩)으로 된다. 현재, 지구 표면의 70.8%는 해수가 차지하고 있다.

해수의 면적은 361×10^6 ㎢, 그 평균 깊이는 3,800m이다. 해수의 밀도는 1.03 g/㎤로 하면 해수의 총량은 $1{,}413 \times 10^{15}$ ton으로 어마어마한 값이다. 지구에 존재하는 물의 양은 표 2-2와 같이 견적된다. 그 대부분은 수권에 존재하고 표 2-3과 같이 그 대부분이 해수로서 존재하고 있다. 그런데 지구 표면의 물(수증기를 포함)의 총량은 당초의 탈 가스 이래 현재까지 거의 변화되지 않고 있다고 한다.

확실히 별의 수만큼 있는 우주 천체 중에서 액체의 물을 가지는 것은 지구만이고, 생명의 탄생도 이 물이 있어 생겨난 것이다. 지구가 다른 별과 다른 특징이 이 물의 존재이다. 이 때문에 지구과학자는 지구를 「물의 혹성」이라 한다. 그러면서도 그 물의 실체는 해수로서 존재하고 있기 때문에 오히려 「염수의 혹성」으로 부른다.

표 2-2. 지구에 존재하는 물의 양(10^{15}톤)

수권(水圈)	1,413
암석권(퇴적암)	90
(화강암)	20
(현무암)	730

표 2-3. 지구 표면의 물의 분포

해 수	98.3
담 수	0.037
대륙빙	1.65
수증기	0.001

현재로서는 지구상에서 최고의 암석은 그린란드 남서부의 이스아 지방에 노출되어 있는 「아미톡크 편마암(片麻岩)」이라 부르는 변성암이다. 38억 년 전의 것이다. 이것은 변성암이므로 그 이전에 암석이 있었다는 것이다. 또 이 편마암에는 화산암과 퇴적암이 있고 퇴적암에는 수류로 모서리가 둥글게 갈려진 것이 인정된다. 그런데 38억년 보다 전에 지각이 존재하고 다시 퇴적암이 형성되는 바다가 있었다는 것으로 안다. 바다의 기원은 38억년보다 이전이라는 것이다.

1.2 해수의 진화

지구의 표면온도가 내려가 수증기가 물로 되고 여기에 염소가 녹아 지표에 0.3N 염산((HCl)용액이 고여 있다는 것은 앞에서 설명하였다. 이 0.3N 염산용액은 현무암과 반응하여 칼슘(Ca), 마그네슘(Mg), 칼륨(K), 나트륨(Na), 철(Fe), 알루미늄(Al) 등을 녹여 이 용해작용으로 중화되면 철이나 알루미늄은 다시 수산화물로 침전한다. 이 시기의 해수의 조성은 표 2-4와 같이 칼슘, 마그네슘, 칼륨의 농도가 현재의 해수보다 많다는 것을 알 수 있다.

또한 반응한 현무암은 변질하여 쇄설암(碎屑岩)으로 되고 점토광물을 생산한다. 충분한 점토광물이 생성되면 점토광물과 해수의 사이에서 나트륨과 칼륨과 수소(H)와의 교환반응이 일어나 평형에 달한다. 이때의 pH는 8.0에 가깝고 이 경우 칼륨은 점토에 흡착되기 쉽고, 용액 중에서는 나트륨 쪽이 칼륨의 농도보다 크게 된다. 해수가 중성에 가깝게 되면 대기 중의 이산화탄소(탄산가스, CO_2)가 해수에 녹아 들어가 탄산칼슘($CaCO_3$)이 생성하기 시작한다. 이 탄산칼슘과 함께 소량의 마그네슘도 침전하므로 용액 중의 칼슘이나 마그네슘도 적어진다. 다시 마그네슘은 점토광물과의 사이에 평형반응이 생겨 해수의 주요 성분의 화학조성은 현재 해수의 조성과 같게 된다.

2～6억 년 전의 패각화석의 분석 치에서 이 시기의 해수의 조성이 현재의 해수의 조성과 같다는 것을 알고 다시 캄브리아 기(紀)(Cambrian period)의 해저 퇴

표 2-4. 30억년까지의 해수와 현재의 해수의 조성

구 분	Mg(마그네슘)	Ca(칼슘)	Na(소듐)	K(칼륨)	합계
30억 년 전까지의 해수					
(로이프에 의함)	24	20	30	17	100
(콘웨이에 의함)	13	23	47	17	100
현재의 해수	10.7	3.2	83.1	3.0	100

적물의 연구에서 20억 년 전에는 이미 주요 화학성분의 농도가 현재 해수의 농도와 같다고 추정한다.

지구의 표면에서 증발된 수증기는 비나 눈으로서 지표에 되돌아온다. 육지에 내린 비는 하천수로 되어 바다로 모이거나 혹은 지중으로 침투된다. 극지방의 내린 눈은 만년설로 되고, 결국 빙하로 되어 바다에 모인다. 지구 전체의 연간 증발량은 830 kg/㎡ · 년으로 본다. 이것으로 계산하면 수증기는 10일에 1회, 담수는 1년에 한 번 갈아 넣는 것으로 계산된다. 이와 같이 예상 이상으로 격렬하게 물은 순환하고 있다. 하천의 화석을 용해하여 염류를 녹이고 다시 토사를 바다로 운반한다. 또 지중 깊이 침투된 해수는 고온고압으로 암석과 반응하여 결국 온천수로서 지표로 용출하여 하천수와 같은 길을 따른다. 이 대부분은 바다로 유입된다. 이와 같이 격렬하게 순환하는 물에 용해하여 바다로 유입하는 물질의 양은 1년간에 38억 만 톤이라는 대단한 것이나, 이것에 의하여 해수의 조성은 어떻게 될 것인가?

표 2-5. 해수의 화학조성[염분 35‰(‰ : permill)]

원소명	원소기호	원자량	존재량(g/kg)	존재하는 화학종
산 소	O	159994	859.4	H_2O, SO_4^{2-}
수 소	H	1.0080	107.2	H_2O
염 소	Cl	35.453	19.35	C^{l-}
나트륨	Na	22.9898	10.77	Na^+
마그네슘	Mg	24.305	1.29	Mg^{2+}, $MgSO_4$
황	S	32.06	0.904	SO_4^{2-}, $MgSO_4$, Na_2SO_4
칼 슘	Ca	40.08	0.421	Ca^{2+}, $CaSO_4$
칼 륨	K	39.102	0.391	K^+
취 소	Br	79.904	0.0673	Br^-
탄 소	C	12.011	0.028	HCO_3^-, CO_3^-, H_2CO_3,유기물
스트론튬	Sr	87.62	0.0081	Sr^{2+}. $SrSO_4$
붕 소	B	10.81	0.00445	
규 소	Bi	28.086	0.029	$Si(OH)_4$, $Si(OH)_2O$
플루오르	F	18.9994	0.0013	F^-, MgF^+
리 튬	Li	6.941	1.7×10^{-4}	Li^+
요오드	I	126.9045	6.4×10^{-5}	IO_3^-, I^-
우라늄	U	238.029	3.3×10^{-6}	$UO_2(OH)_3^-$, $UO_2(CO_3)_2^{3-}$
금	Au	196,9665	1.1×10^{-8}	$CuCl_2^-$
은	Ag	107,868	2.8×10^{-7}	$AgCl_2^-$, $AgCl^{2-}$

유입된 물질이 그대로 해수에 용존되어 있다고 하면 당연 그 농도는 시간의 경과와 더불어 높아질 것이다. 그러나 학자의 결론을 앞세우면 해수 중의 각 물질의 농도는 적어도 1억 년 동안은 변하지 않는다. 이것은 해수가 해저의 점토광물이나 대기와 평형을 유지하기 때문이고, 하천수에 의하여 운반되어온 물질은 용존 원소도 현탁물도 그대로 점토나 석회석 등으로 되어 퇴적하므로 해수의 화학조성은 변하지 않는다. 그래서 해저의 퇴적물은 해령(海嶺)에서 나오는 mantle 물질이라는 거대한 컨베이어에 실려 이동하고, 대륙붕에 부딪치면 그 밑에 있는 mantle 중으로 들어간다. 이와 같이 하여 해저 퇴적물은 2억 년 정도로 교체되어 간다.

1.3 해수의 화학조성

해수 중에는 아마도 지구상에 존재하는 무든 원소가 함유되어 있다고 해도 과언이 아니다. 주요 원소와 흥미를 일으키는 원소와 함유량을 표 2-5에 나타내었다.

2. 해수와 생물

2.1 생명의 탄생

1) 코아셀벳트

1920년 Oparin(소비에트)은 지구상의 생물의 기원에 대하여 그의 최초의 논문을 발표하였다. 그 후에도 연구는 계속되고 있으나 학설의 줄거리는 다음과 같다.

시원(始原) 대기에 함유된 메테인과 암모니아가 함께 하여 탄수화합물(유기물)을 만들고, 이것이 바다에 모여 서로 작용하면서 점차 복잡한 유기물로 되고, 이에 단백질이 되었다. 다시 단백질은 주변을 엷은 막으로 싸서 알(粒)로 되었다. 이 알맹이는 물에 뜨는 유적과 같은 것으로 「core shelvet」라고 한다. 여기에 core shelvet가 복잡한 조직이 되어 주위의 해수에서 어느 성분을 받아들이거나 2개로 나누어서 증식하게 된다. 이와 같이 되면 이 단백질의 입자는 생물이라는 것으로 세포라 할 수 있다. 이것이 지구상에 있어서 생물의 탄생이다.

이와 같이 생물이 최초로 탄생한 것은 수심 10～100 m 정도의 바다 안이고, 지금으로부터 35억 년 전으로 생각한다.

2) 이산화탄소를 이용하는 생물

Core shelvet가 되고 나서 계속 진화한 생물은 외부의 유기물을 취입하여 발효작용에 의하여 유기물을 분해하여 발생하는 에너지를 이용하여 생활하는 것이다. 현재의 황화물을 이용하여 살고 있는 세균에 가까운 한 무리로 생각한다.

다시 생물이 진화하여 결국 원시(原始) 대기에 많이 함유하고 있는 이산화탄수(탄산가스)를 이용하는 생물이 나타난다. 이들 생물은 태양의 빛과 체내의 물과 대기 중의 이산화탄소를 이용하여 광합성을 행하여 이 발생하는 에너지를 이용하는 생물이다. 광합성을 행하는 부분은 엽록소이고 이와 같은 생물은 녹색식물이라 한다. 최초의 녹색식물이라 할 수 있는 것은 석회조(石灰藻)로, 지금부터 27억년 이전이라 한다. 석회조의 한 무리군은 선 캄브리아(Cambrian) 기의 지층에서 화석으로서 발견되고 있다.

원시대기에 대량으로 함유된 이산화탄소는 이 석회조나 해저의 세균작용에 의하여 탄산칼슘이나 황사칼슘으로 되어 퇴적하여 결국 암석으로 되어 대기 중의 함유량은 감소되었다.

3) 산소를 이용하는 생물

녹색식물의 출현은 대기의 조성에 변혁을 가져왔다. 이것은 광합성에 의하여 이산화탄소를 소비하면 동시에 산소를 방출하기 때문이다. 산소는 원시 대기에는 전혀 함유되지 않았으나 녹색식물의 광합성의 결과 대기 중에 나타났다. 대기 중의 산소가 늘어난 것은 약 18억 년 전의 일이다.

대기 중에 산소가 존재하게 되면 수중으로도 용존되어 그 산소를 이용하여 생활하는 새로운 생물이 나타나게 된다. 선 캄브리아 기 말기의 원생대 중에서도 10억년부터 새로운 지층에서 최근 해파리, 산호, 갯지렁이, 새우, 게 등의 한 무리의 화석이 발견되고 있고, 이와 같은 생물군이 생겨난 것을 알 수 있다.

4) 육상으로 진출하는 생물

고대의 생물에 대한 정보는 화석에서 얻는다. 5억 7,000만 년~2억 3,000만 년 전에 걸치는 고생대에 들어가면 급히 생물의 수와 종류도 늘어난다. 척추동물 이외의 2~3종류를 제외하면 대부분 생물의 한 무리가 나타난다. 이 고생대의 중경, 4억 년~3억 5,000만 년 전 시기에 카레도니아 조산운동이 일어나 육지가 확대된다. 해조의 한 무리에서 진화하여 육지에서 생활하는 식물이 생긴 것은 이 시기이다. 이 식물에 뒤따라 육상생활에 들어온 것이 곤충이나 전갈 같은 것이 이 시기이다. 이보다 조금 늦게 인류에서 진화된 양생류가 척추동물로서 처음으로 육상생활로 들어온다.

고생대에 이어 계속되는 중생대(2억 3,000만~6,000만 년 전)는 양생류에서 진화된 파충류 시대로 된다. 이래 동식물은 각종 각양의 진화를 계속하여 현재에 이른다. 인류가 출현하는 것은 신생대의 제4기, 지금으로부터 100만 년 전의 일이다.

2.2 생물을 구성하는 원소

생물이 형성될 때 그에 접하는 환경에 존재하는 원소를 소재로 하여 몸체가 만들어지는 것이다. 아주 크게 봐서 사람을 보기로 하여 생물의 조성과 해수, 지구 표층의 조성을 비교하여 본다. 중량이 아니고 원자수가 많은 순서로 늘어 보면 표 2-6과 같이 된다. 지구 표층 전체(기권, 수권 그리고 지각)와의 대응은 아니나 해수와 인체는 우주에 대응하고 있다. 해수 조성의 5번째에 해당하는 마그네슘은 인체에서는 11번째로 된다. 또 해수와 다른 것은 인체의 인이다. 인은 핵산의 성분이고 또 에너지대사의 중심물질로서 생물에 있어서 중요한 성분이다. 이것만이 해수와 다르다. 인체에서 11번째의 원소인 99.9% 이상의 양이 된다.

이상과 같이 생물과 해수와의 구성원소의 대응이 생물이 해수 중에서 발생한 하나의 근거로도 된다.

다음에 해수 중의 염류를 구성하는 중요 원소에 대하여 해조, 해산동물, 인체의 조성과 비교하여 본다. 표 2-7은 각각의 조성에서 나트륨을 100으로 하여 표시하고 있다. 이를 보면 해산동물의 조성이 약간 해수에 가까우나 해조는 칼륨이 많고 인

표 2-6. 주요 원소

순서	1	2	3	4	5	6	7	8	9	10	(11)
인 체	H	O	C	N	Ca	P	S	Na	K	Cl	Mg
해 수	H	O	Cl	Na	Mg	S	K	Ca	C	N	
지구 표층	O	S	H	H	Na	Ca	Fe	Mg	K	Ti	

표 2-7. 해수와 생물의 조성비교(Na를 100으로 할 때의 중량 비)

	해 수	해 조	해산동물	인 체
Cl	180.0	14	183	100
Mg	12.0	16	19	33
S	8.4	36	46	167
Ca	3.8	30	41	1,000
K	3.6	158	29	133

체에는 골격을 형성하는 칼슘이 많다. 이와 같이 생물을 형성하는 원소의 종류는 해소에 가까우나 원소의 중량 비는 생물의 진화과정에 있어서 크게 다르다.

여기에서 생물 중에서도 식물을 제외하고 동물에 대하여 또 껍질과 골격 등은 특별한 것이므로 동물의 인체를 가득 채우고 흐르고 있는 체액(혈액 등)에 착안하여 그 조성을 보기로 한다. 표 2-8은 각종 동물 중에 함유된 원소의 중량 비이다. 동물의 배열은 대략 상방에서 해생(海生), 담수생(淡水生), 육생(陸生)의 순서로, 또 밑으로 갈수록 고등동물의 순서로 늘어 간다.

비교하기 위하여 No 1에 현재의 해수, No. 10에 30억 년 전의 해수 조성 추정치를 나타내었다. 원래의 수치는 두 개의 문헌에서 동일의 출전이라는 것으로 생각된 수치이나, 같은 수치의 것은 한쪽의 문헌만을 기록하고, 값이 다른 것과 종류가 다른 생물에 대하여 표시하였다. 이 표를 보면 먼저 염소(Cl)를 100으로 할 때 각 원소의 양에 있어서 나트륨은 확실한 경향을 나타낸다. 즉 해양 동물의 나트륨/염소의 값은 해수의 값과 거의 같고, 표의 아래쪽으로 값이 커진다.

표 2-8. 생물의 체액 중의 원소의 중량 비

No	구 분	Cl을 100으로 한다.						양이온계에 대한 %			
		Na	Mg	Ca	K	SO_4	양이온계	Na	Mg	Na	K
1	해 수	55.25	6.69	2.16	1.99	11.55	66.09	83.6	10.1	3.3	3.0
		–						(83.1)	(10.7)	(3.2)	(3.0)
2	해파리	53.76	6.13	2.22	2.78	7.10	64.89	82.8	]9.4	3.4	4.3
3	게	53.48	5.99	2.17	3.01	7.11	64.65	82.7	9.3	3.4	4.7
4	스보야	59.88	5.38	2.15	3.23	9.70	71.00	84.3	7.6	3.5	4.5
5	가 재	58.48	1.01	2.84	2.18	3.90	64.51	90.7	1.6	4.4	3.4
6	상 어	60.24	1.48	1.63	6.45		69.80	86.3	2.1	2.3	9.2
13			"	‘’	2.78						
7	대 구	66.67	0.94	2.62	6.34		76.57	87.1	1.2	3.4	8.3
15	개구리	66.67	0.53	2.11							
8	개	77.52	0.63	1.95	5.32		85.42	90.8	0.7	23	6.2
18		71.94	0.55	2.01	4.76		79.26	90.8	0.7	2.5	6.0
16	토 끼	68.97	–	1.72	5.66						
17	말	71.43	–	1.43							
9	사 람	99.01	1.74	3.33	9.13		113.2	87.5	1.5	2.9	8.1
19		77.52	0.54	2.40	5.23		185.69	90.5	0.6	2.8	6.2
10	30억년전 의 해수	22.0	10.6	14.9	9.7		57.2	38.5	18.5	26.0	17.0

또 나트륨, 마그네슘 등의 양이온의 중량 비를 보면 표의 위에서 아래로 향하여 나트륨은 약간 많아지고, 칼슘은 거의 같은 값을 나타내는데 대하여 마그네슘은 대폭으로 감소되고, 칼륨은 2배 정도 많아지는 확실한 경향을 나타낸다. 이것은 생물의 오랜 진화의 과정, 그리고 생활환경에 의하여 생긴 변화의 결과라 할 수 있다.

지구상의 생명의 기원이 해수 중에 있고 장년 월을 거쳐 현재의 생물에 있어서도 그 이름이 남아 있는 것은 확실하다. 그러면서 오늘의 생물, 특히 고등동물의 체내를 흐르고 있는 체액의 조성은 긴 진화과정에 있어서 변화된 결과, 해수의 그것과는 달라 있으므로 이 점은 확실하게 해두지 않으면 안 된다. 동물의 체액으로 공통되고 있는 것은 주요 원소는 염소와 나트륨(즉, 소금)이고, 기타 원소의 비율은 각종 각양이다. 최근 생물이 해수 중에서 발생한 사실에서 인간의 체액이 해수와 같다고 생각하는 사람이 있으나 이것은 잘못된 것이다.

이상에서 설명한 것은 구성원소의 종류와 각 원소 간의 비율이고, 그 함량과는 별도이다. 예를 들면 사람의 체액 중에 함유되는 염분의 농도는 해수의 약 1/4에 지나지 않는다. 물은 0℃에서 얼음으로 되나, 염류용액은 0℃ 이하가 아니면 얼지 않는다. 이 현상을 빙점강하라고 하며, 염분농도가 묽은 곳에서는 그 정도는 농도에 비례한다. 표 2-9에 각 동물의 체액의 빙점강하를 나타내었다. 해양 동물의 그것은 해수에 가깝고 담수생, 육생 혹은 고등동물의 빙점강하는 적다. 즉 체액 중의 염분농도가 낮다는 것을 알 수 있다.

표 2-9. 체액의 빙점강하(염분농도) ‰

구 분	빙점강하(℃)	구 분	빙점강하(℃)
해 수	-	마 합	0.15
계산치 35‰	1.873	머거리	0.43
(네블러스)	2.29	개구리	0.76
(우스볼)	1.82	닭	0.66
		거 북	0.69
		돌고래	0.83
		고 래	0.70
해 삼	2.32	토 끼	0.57
대 구	1.97	말	0.58
가자미	0.68	소	0.60
연 어	0.57	양	0.59
송 어	0.76	사 람	0.56
		물	0

2.3 소금과 동물

동물의 체액(혈장, 조직 사이 액 등)은 일정의 성분과 농도를 유지한 염류용액으로 생체의 기능을 유지한다. 이들의 염류 중에서 최대의 것은 일정의 삼투압을 유지할 수가 있다. 동물의 체액과 같은 삼투압을 등장액이라 한다. 생리염류용액이라 칭하여 생물학, 생리학 등에서 자주 이용되고 또 혈액대체로서 의료에도 사용되는 수가 많다. 그 조성의 일례를 표 2-10에 예시하였다.

사람의 예에서도 식염의 생리작용의 중요한 것을 열거하면 다음과 같다.

① 나트륨은 세포외 액의 주성분으로서 칼륨을 주성분으로 하는 세포내 액과의 사이에서 삼투압의 평행을 유지한다.

② 식염은 나트륨이온과 염소이온으로 나누어지고 근육이나 신경에 지극을 주거나 감정을 움직이는 작용을 한다.

③ 나트륨은 불용성의 단백질, globulin을 가용성의 것으로 하여 기능을 잘 하게 한다. 또 염소이온은 위액의 주성분(염산)으로 되어 소화작용을 한다.

이와 같이 식염은 사람이 살아가는 데 불가결의 물질이다. 또 염분은 오줌이나 땀으로 배설하여 체외로 배설시키므로 이것을 입에서 음식물로서 보급할 필요가 있다. 이것은 사람만이 아니고 다른 여러 동물과도 마찬가지이다. 음식물(식품)은 동물성과 식물성으로 대별된다. 칼륨은 동물, 식물도 마찬가지로 동등하게 함유되나, 나트륨은 동물에는 인체와 마찬가지로 함유되어 있으나 식물에는 거의 함유되어 있지 않다. 따라서 식물성 식품을 많이 먹으면 반드시 나트륨의 부족을 일으키고 가까이 있는 나트륨, 염분을 요구하게 된다.

아프리카의 사반나 지대에 있어서는 이 지방에는 많은 염분을 함유한 엉켜 붙는 이야기는 각지에 있다. 독일의 옛날 소금의 못과 늪에 사슴 등의 초식동물이 모여 있는 것을 노리고 육식의 라이온 등이 나무그늘에서 숨어 있는 것은 자주 볼 수

표 2-10. 생리염류 용액(g/100mℓ)

구 분	NaCl	KCl	$CaCl_2$	$NaHCO_3$	$MgCl_2$	$MgSO_4$	개상
생리식염용액	0.9	-	-	-	-	-	사 람
링겔 용액	0.85	0.02	0.02	0.02	-	-	온열동물
링겔 용액	0.65	0.14	0.012	0.02	-	-	양생류
로쟈스 용액	2.73	0.076	0.12	0.02	0.24	0.34	해산동물
해 수	2.75	0.074	0.14	-	0.234	0.22	해산동물

있는 정경이다. 아프리카에서는 들소들이 염분을 핥기 위하여 모이는 장소를 salt lick 혹은 간단히 lick(핥다)라고 한다. Lick가 붙은 지명은 몇 개가 있다고 한다. 암염층이나 염천 등의 발견에 동물이 엉켜 붙어 있는 이야기는 각지에 있다. 독일의 옛날 소금의 거리 리네부르그의 염천 발견에는 흰 멧돼지가 등장하고 중국 사천성의 자공(自貢)에는 양, 무산(巫山 : 유산)에는 흰 사슴이 염천을 가르쳐 주었다고 한다. 일본에서는 소금 자원이 되는 온천으로서 염천이 있으나 카시오(鹿塩), 카케유(鹿教湯 ; 어느 것이나 나가노 현) 등도 사슴(鹿)이 관계하여 그 이름을 남겼다.

일본에서 가축용으로 사용되는 소금의 양은 10만 4,000 ton(1988년), 미국에서는 187만 ton(2000년)이라는 막대한 양이다.

3. 소금의 자원

3.1 해 수

지구상에 존재하는 소금의 대부분은 해수에 녹아 있다. 바다는 지구 전체 면의 71%를 차지하고, 그 평균 깊이는 3,800m이르므로 해수의 양은 막대한 것이다. 해수에는 지구상의 거의 대부분의 모든 종류의 원소가 존재하고 있으나 양적으로 주요한 성분으로서는 물을 제외하면 나트륨, 마그네슘, 칼슘, 칼륨, 염소, 황산 등이고 이들의 주요 성분 상호의 양비는 전 세계 어느 곳의 해수에서도 일정하다고 보아도 좋다. 또 총 용존량(총 염분량)은 장소에 따라 차이가 있고, 평균 3.5%이다.

총 염분 중에서 염(염화나트륨 : NaCl)은 약 78%에 상당한다. 따라서 염은 해수 중량의 3.5 × 0.78 = 2.73%이고, 전 세계의 해수 중에 존재하는 염량도 또한 막대한 것이다. 현재 해수를 원료로 하여 제염이 각지에서 이루어지고 있으나 제염자원으로서는 농도가 30% 이하인 것이 난점이다(표 2-11, 2-12).

아래에서 설명하는 각종의 염 자원은 특수한 보기를 제외하고 모두 해수 중의 염분에서 유래한 것이고, 그 의미에서 소금은 해수의 하사품이라 할 것이다. 바닷물의 주성분은 염분으로 바다에 따라 차이가 있다. 태평양, 대서양, 인도양 등 대다수의 큰 바다는 그 농도가 33～37‰(‰ ; permill로 1/1000 염분 농도를 말하며, 예를 들어 염분농도 35‰라 함은 바닷물 1,000 g 중에 물이 965 g, 염류가 35 g 들어 있음을 뜻한다)에 속하며, 세계 해양 평균 염분의 농도는 35‰이다. 그러나 대부분이 육지로 둘러싸여 있는 부속 해에서는 극단적인 농도가 되는 경우가 있다.

예를 들어 하천의 유입량이 많고 기후가 낮아서 증발이 적은 발트해에서는 10‰

표 2-11. 해수의 주성분

이 온	농도(g/㎏용액)
Cl^-	1・8.9799
SO_4^{2-}	2.6486
HCO_3^-	0.1397
Br^-	0.0646
F^-	0.0013
H_3BO_3	0.02660
총 음이온	21.8601
Na^+	10.5561
Mg^{2+}	1.2720
Ca^{2+}	0.4001
K^+	0.3800
Sr^{2+}	0.0133
총 양이온	12.6215
합 계	34.481・6

표 2-12. 해수 중의 염류

염 류	농도(g/㎏용액)	g/100g 고형물
$CaSO_4$	1.38	4/03
$MgSO_4$	2.10	6.12
$MgBr_2$	0.08	0.22
$MgCl_2$	3.28	9.59
KCl	0.72	2.11
NaCl	26.69	77.93
합 계	34.25	100.00

이하가 되는 경우가 있고, 하천의 유입량은 거의 없으면서도 증발이 심한 홍해에서는 45‰나 된다. 염분에 영향을 주는 요인은 강물(담수)의 유입량, 빙하의 융해, 증발, 강수 등에 의하여 지역에 따라 달라지지만 주로 그 지역의 증발량과 강수량에 가장 큰 영향을 받는다. 따라서 강수량이 적은 아열대나 건조한 지역 부근에는 염분이 높고 강수량이 증발량보다 많은 적도와 한대 전진대 부근의 바다는 염분이 낮다.

3.2 염토(鹽土), 프라야, 염호(鹽湖) ‰(‰ ; permill)

지질 연대적인 시간의 흐름에 있어서 지구 표면의 상황은 언제나 변화하고 있다. 4~3.5억 년 전에는 칼레도니아 조산(造山) 운동이라 칭하는 큰 지각운동이 있어 지구가 확대되고, 그 결과로서 육생의 동식물이 많아졌다는 것은 앞에서 설명하였다. 아프리카와 남미 양 대륙의 분리가 일어난 것은 2억 년 전, 알프스 조산(造山) 운동은 6,000만 년 전이라고 한다.

이와 같은 지각운동 외에 기후 변동에 의한 극지방의 증감에 의한 해수면의 상하에 의하여 일어난 바다의 육지화도 있다. 여하간 육지화 된 지표에는 염분이 남아 있다. 이렇게 하여 그 염분이 물로 씻어 흐르게 되는 조건이 있으면 염분은 언제나 그곳에 있고 그리고 건조 기후이라면 소금의 결정도 석출된다.

「세계의 지붕」이라고 하는 히말라야 중에서도 세계의 최고봉 에베레스트의 정상의 바위는 수성암이라 한다. 그래서 4,000m 가까이 높이의 티베트 고원도 중생대에는 바다라고 알려져 있다. 티베트 고원에는 물의 유출구가 없는 호수가 산재하고 있으나 그 중 몇 개는 염호이다.

티베트 고원의 북쪽 쿤룬(崑崙) 산맥과 촌산(天山) 산맥 사이에 낀 타림(Tarim) 분지는 타클라 마칸(Takla Makan) 사막이다. 주위의 산맥에서 눈이 녹아 분지로 유입하는 천은 고온 건조의 기온 때문에 물은 증발되고, 결국 타클라 마칸(Takla Makan) 사막에서 사라진다. 촌산(天山) 산맥에서 흘러나온 천은 동으로 흐르고 타림(Tarim) 분지의 동부에서 로프・노르 호(노르 또는 누르는 어느 것이나 몽골어로 호수의 뜻)로 유입된다.

이와 같은 하천의 물은 토사 중의 염분을 녹여서 흐르므로 수분은 대기 중에 증발하나 염분은 하천의 말단에 축적된다. 이와 같이 하여 말단의 호수는 염호로 되고, 하천이 사막 중에서 사라지는 사이에 소금의 원야(原野), 또는 염토의 원야로 된다(그림 2-1). 누란(樓蘭) 유적과 함께 방황하는 호수로서 유명한 로프・노르 호는 최근 조사에서는 호수의 물은 햇볕에 바싹 말려진 소금의 원야로 된 것으로 보고하고 있다.

눈을 서쪽으로 돌려 아리비아 반도의 지도를 보자. 아라비아 반도는 북에서 시리아, 네프드(Nefud), 룰브・아르・하리의 사막(총칭하여 아라비아 사막이라 한다)이 있고, 거의 전면이 사막의 나라이다. 이 사막의 이곳저곳의 지도상에는 푸른 점선으로 나타낸 와디(Wadi : 아라비아어)라고 부르는 천이 보인다. Wadi는 말라진 천으로 출수(出水) 시에만 물이 흐른다. 염분을 함유하는 토지와 건조한 기후라는 두 조건이 있으면 염분은 물에 의하여 이동 집적되어 염분이 많은 곳이 생긴다.

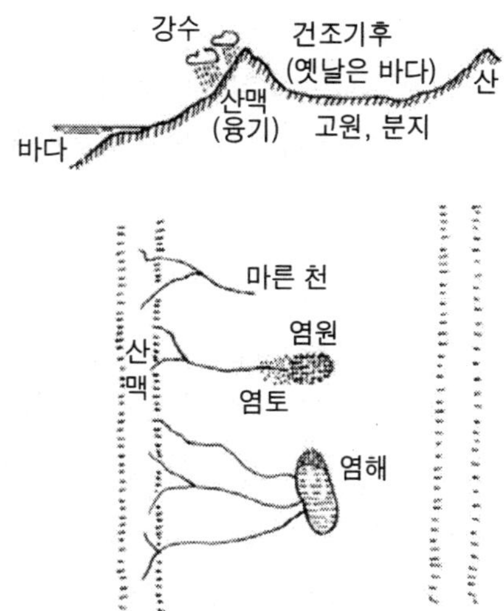

그림 2-1. 물에 의한 염분의 이동과 집적

염분이 많이 함유된 토양을 염토(鹽土)라고 한다. 염도 혹은 소금의 결정이 섞인 넓은 원야(原野)를 염원야(塩原野) 혹은 염사막(塩砂漠 : salt desert)이라고 한다. 다우 다습의 섬에서 살고 있는 사람으로는 생각되기 어려우나 세계적으로 보면 사막을 차지하는 면적은 광대하고, 총 육지 면적의 1/3이라 한다. 각지의 사막은 대체로 염분을 함유하는 수가 많으나 이 나라 국토의 30%는 염사막이라 하고 특히 동부의 카비르(Kavir) 사막이 유명하다. 염사막은 이외에도 오스트레일리아, 중앙아시아, 몽골 등에 분포하고, 남미에서는 칠레의 아타카마 고원이 유명하다.

염토의 저지에서 출수기(出水期)에는 염수의 소택(沼澤)으로 되고 물이 바싹 마르면 염분이 많은 습지로 될 수 있는 곳을 염성습지라고 한다. 또 소금 생산의 방법으로서 이와 같은 곳을 Playa[영어사전에는 없고 해(海浜 : 해변), 사막을 의미하는 스페인어로 생각된다]로 칭한다.

염호(鹽湖)는 여러 가지 형태가 있고, 그 형성 과정에 따라 염수의 조성은 다르다[지리학상으로 호수 1 ℓ 중에는 0.5 g 이상의 염류를 함유하는 것을 염호(鹽湖)라고 한다]. 육지로 쌓인 염호에서는 소금의 석출 이후라면 마그네슘, 칼륨 등이 상대적으로 많아진다. 또 일단 석출된 소금을 녹여 모인 염호에서는 염화나트륨이 많고 마그네슘, 칼륨 등이 적다. 실제는 염류의 석출, 용해를 되풀이하여 그리고 모액의 유실, 다른 성분의 유입 등도 있으므로 복잡한 조성을 나타내는 염수가 많다.

그 현저한 예로서 천연소다의 호가 있다. 아프리카의 킬리만자로(Kilimanjaro) 산의 서쪽, 은고론-고로(Ngoron-goro)산의 기슭에는 에야시(Eyasi), 나트론(Natron),

마야라(Manyara), 마가지(Magadi) 등의 4개의 호가 있고, 어느 호에나 소다를 함유하고 있다. 마가디(Magadi), 나트론(Natron)의 두 호에는 미국 캘리포니아 주 살트론(Saltron)호와 마찬가지로 천연소다의 채취사업이 이루어지고 있다.

3.3 암 염

암염(岩塩 : rock salt)은 천연에서 산출되는 소금의 결정이고 광물학에서는 halide라고 한다. 바다의 일부가 육지 안으로 들어와 염호(鹽湖)로 되고, 수분이 증발되고 이어 해저에 소금의 결정이 석출하여 염층(塩層)을 형성하여 다시 그 염층이 지중으로 매몰되어 만들어진 것이 암염(岩塩)이다. 따라서 암염의 형성에는 일찍이 그것이 바다인 것과 건조한 기후 그리고 지각변동 등의 조건이 필요하였다.

미국 북부의 암염층이 칼레도니아 조산(造山) 운동의 시대 3억 7,500만 년 전 코틀란디안(Gotlandian)기에 형성된 것이고, 남부 루지에나 주의 암염층은 주라(Jurassic) 기(1억 9,550년 전)에, 독일, 폴란드 등의 유럽의 암염층은 삼루기(약 2억 3,000만 년 전)에 형성된 것이라 한다(표 2-13). 이와 같은 암염형성의 과정을 추측할 수 있는 현상은 지금도 세계 각지에서 볼 수 있다. 이것을 소개하기 전에 해수를 농축할 때의 염류석출의 개요를 설명한다.

1) 해수에서 염류의 석출

해수의 평균 조성은 표 2-11과 같으며 이것을 염류 조성으로 나타내면 표 2-12와 같이 된다. 총 염분량은 약 3.5%로 그의 78%가 소금이다. 이 해수에서 수분을 증발시키면 액량은 감소되고, 염분농도는 상승한다. 40℃ 정도의 온도에서 증발시킨 것은 당초 해수량의 1/5 정도의 용량까지 농축되나 칼슘이 황산칼슘($MgSO_4$: 석고)으로서 석출하기 시작하고, 다시 용량이 1/10 가까이 농축되면 황산칼슘의 대부분은 남김없이 다가오고 소금의 석출이 시작된다.

염류의 78%를 차지하는 소금은 농축에 따라 점차로 많이 석출되나 액량이 1/50 정도로 되면 대부분은 남김없이 다 나오고, 다음에 황산마그네슘($MgSO_4$)이나 염화칼륨(KCl)이 석출되기 시작한다. 소금 이외의 염류 중에서 큰 비율을 차지하는 염화마그네슘($MgCl_2$)은 쉽게 석출되지 않고 최후까지 수용액의 형태로 남는다. 제염공정에서는 소금의 대부분이 남김없이 다 나온 나머지 모액을 고즙(苦汁 : 간수)이라 한다. 간수는 염화마그네슘을 주성분으로 하여 황산마그네슘과 염화칼륨 등이 섞인 용액이고, 이름과 같이 염화마그네슘의 강열한 고미를 띤다.

이상의 사실에서 알 수 있는 것과 같이 먼저 석고가 석출하여 층으로 되고 그 위

표 2-13. 암염의 연대

지질연대			연 수 (백만 년)	연 대 (백만 년)	조산(造山)운동, 해진(海進), 해퇴(海退)	암 염 산 지
신생대	제4기	충적세	0.01～0.008		빙하의 소장에 의한 해면의 승강	에티오피아, 이스라엘
		홍적세	약 2	2		
	제3기	선신세	3	5	알프스 조산기 육지의 광범위에 걸친 수몰	수단, 시리아, 소비에트(코카사스), 유고슬라비아
		중신세	17.5	22.5		알제리, 키프로스, 체코, 도미니카, 이집트, 이탈리아 이란, 이라크, 폴란드, 루마니아, 수단
		점신세	15.5	3.8		프랑스, 독일, 이란, 루마니아, 스페인, 토르코, 소비에트(코카사스)
		시신세	17	55		파키스탄, 루마니아, 스페인, 유고슬라비아, 아메리카(그린, 리바)
		만신세	10	65		제3기 – 칠레, 이스라엘, 파키스탄, 아메리카(아리조나, 캘리포니아)
중생기	백아기 (retaceous)		76	141	세계적 대해진(大海進)	앙고라, 브라질, 볼리비아, 콩고, 가봉, 소비에트(파미르), 아메리카(플로리다)
	Jurassic기		54	195		칠레, 아메리카(유타, 아이다호, 컬프・코스트), 소비에트(카자흐 동부)
	Trassic기 (삼충기)		35	230		알제리, 오스트레일리아, 캘리포니아, 덴마크, 독일, 그리스, 멕시코, 모로코 네덜란드, 포르투갈, 스페인, 스위스, 튀니지, 아메리카, 소비에트
고생기	Premian기 (이충기)		50	280	(바리스카조산기) 인도, 태평양 지역 대해진	오스트레일리아, 오스트리아, 불가리아, 덴마크, 독일, 영국, 그리스, 멕시코 네덜란드, 외몽골, 페루, 폴란드, 영국, 소비에트(우랄, 카스피해 북부) 미국(아리조나, 캔자스, 몬타나, 뉴 멕시코, 노스다코타, 오클라호마, 텍사스)
	Carbon ferous기 (석탄기)		65	345		캐나다(뉴브런즈 윌, 노바스코샤), 아메리카(버지니아, 몬타나, 노스다코타, 콜라도, 유타), 브라질(아마존)

(계속)

지질연대		연 수 (백만 년)	연 대 (백만 년)	조산(造山)운동, 해진(海進), 해퇴(海退)	암 염 산 지
고생기	Devonian기	50	395	(카레도니아 조산기)	오스트레일리아, 캐나다, 아메리카(미시간), 소비에트(우크라이나)
	Silurian기 (고토란드)	40	435	해진반복, 북미암염층	캐나다(온타리오), 아메리카(메릴랜드, 미시간, 뉴욕, 오하이오, 펜실베이니아, 웨스 버지니아)
	Ordovician기	65	500	대해진(大海進)	아메리카(몬타나, 노스다코타)
	Cambrian기	70	570	대규모의해진, 해퇴 (칼리니아 조산기)	캐나다, 이란, 파스스탄, 소비에트(바이칼호 북부)
원생대		–	2,600	(아르고망 변동)	
시생대		–	3,000~		

에 염층이 된다. 마그네슘염이나 칼륨염은 상당히 농축이 진행되지 않으면 석출하지 않는다. 실제에는 한 방향으로 진행되는 것은 드물고, 오랜 세월을 지나서 석출, 용해를 되풀이 하여 액의 유입이나 유출도 있고 또 지중에서의 분출물이 유출하는 것도 있어 석출하는 염류의 상태는 다종다양하다(그림 2-2).

지금 수심 1,000m의 바다를 바싹 말릴 때의 퇴적 높이를 표 2-12의 값에서 계산하면 다음과 같다. 최초 해저의 두께를 0.8 m의 황산칼슘 이수염($CaSO_4 \cdot 2H_2O$)의 층이 되고, 그 위에 염이 12.6m의 높이로 퇴적, 그 위에 간수가 약 2m의 수심에 남는다.

2) 육지로 싸인 바다

캘리포니아 반도의 중에는 Nexico ESSA회사의 천일염전이 있다. 이것은 원래는 사주(砂洲)로 태평양을 차단한 Black Warrior라는 lagoon(석호: 潟湖)이었다. Lagoon은 좁은 수로로 바다와 연결되어 있었으나 강한 건조 기상에 따라 lagoon 내의 해수는 증발하여 유수하는 해수를 상회하는 증발에 의하여 농도는 상승되고, lagoon 안쪽의 옅은 여울에는 소금이 석출되고 있다. 이 혜택을 받은 입지를 이용하여 지금은 세계 제일의 염전이 만들어지고 있다. 이것과 마찬가지 지형의 예로서 카피스 해(카피스 해 자체가 내륙 내의 염호이다) 안의 카라보가스 골 만이 있다.

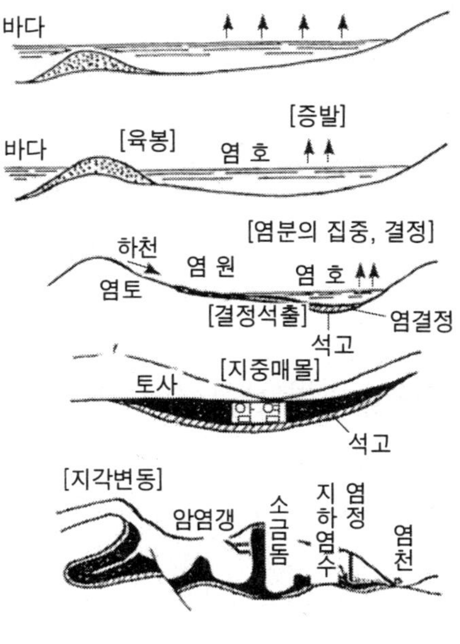

그림 2-2. 소금의 산출

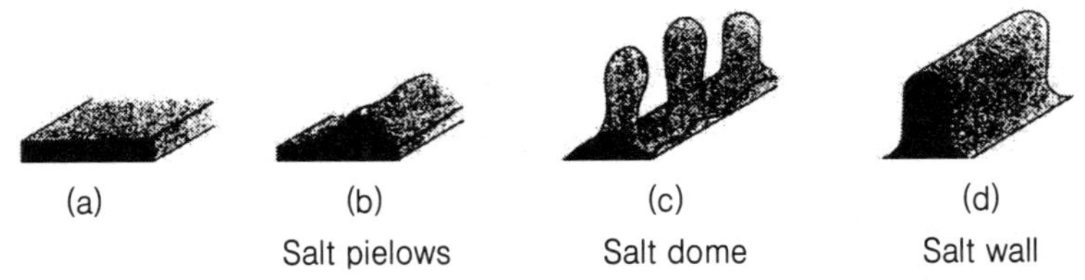

그림 2-3. 암염층의 변형

바다가 완전히 육지로 쌓이면 이것은 염호(鹽湖)이나 이것이 건조 기후 지역에서 증발량이 유입수량을 상회하는 경우에는 호수면은 저하하여 염분농도는 상승된다. 지리학상 애지(涯地 : arch)라 부르는 해면보다 낮은 육지가 있고 그 밑에는 염호를 붙잡고 있는 수가 많다. 세계에서 제일 낮은 것으로 유명한 것은 사해(死海)로 호수면은 해면에서 392m 아래이다. 사해의 연안에는 암염층이 있고 호수의 조성도 태반의 소금이 석출한 후의 간수에 가깝다.

지중해와 홍해를 연결하는 스위스 운하는 도중 bitter lake라는 염호를 이용한 것이다. Bitter lake는 이름과 같이 간수가 많은 호수로 가득 차있다. 해저에는 지금도 두터운 암염층이 있다.

3) 지각변동을 받는 암염층

염호(鹽湖)의 밑에 침적하는 소금은 거의 수평의 층으로 되나 그 후의 지각변동에 의하여 암염층은 경사로 습곡(褶曲)하여 심한 경우에는 상하의 층이 역전된다고 한다. 그림 2-3은 암염층이 지압에 따라 변형하고 여러 모양의 염괴(塩塊 : dome)가 형성되는 수도 있다. 이들의 dome은 멕시코 만 안에 300여 곳 이상이나 있고 직경이 3km, 깊이가 10km 이상에 이르는 것들이다.

3.4 천연함수

지하수가 암염층을 용해하여 진한 염수로 되어 지하에 존재하는 것을 천연함수(天然鹹水)라고 한다. 암염형성의 도중에서 지하에서 매장된 염수 혹은 모액이 존재하나 이들은 함수의 조성에 따라 판별된다. 파키스탄의 카리알라(Khariala)의 지하 함수(표 5-3 참조)와 같이 소금은 적고 염화마그네슘이 약 17%로 간수에 가까운 예도 있다.

천연함수가 천(泉)으로 되어 지표에 나오면 염천(塩泉)이 되고 인공적으로 우물을 판 것이 염정(塩井)이다. 중세 이후 유럽 내륙부의 염수용의 대부분을 조달한 것은 이 염천과 염정이었고, 19세기 영국의 염업을 지탱한 것은 치에샤 지방의 풍부한 천연 함수였다. 물론 옛날부터 암염광산도 있고 근대의 염수용의 증대에 대응하여 암염 갱의 개발도 성대하게 이루어졌으나 최근에는 지상에서 담수(淡水)를 압송하여 암염을 녹여 함수로서 퍼올리는 방법을 많이 실시하고 있다. 이 방법을 용해채광법(solution mining)이라 한다. 이것에 대하여 종전의 갱도에서 채굴하는 방법을 건식채광법(dry mining)이라 한다.

4. 소금과 인류

4.1 소금과 사람

오랜 생물진화의 과정에서 인류가 출현한 것은 지질 연대에서는 제4기의 초, 약 100만 년 전이라 한다. 중국 북경 교외의 주구점(周口店)에서 화석 골이 발견된 북경 원시인(시난토로프스·페키넨시스)은 구석기 시대의 전기, 수십 만 년 전에 이미 불을 사용하였다고 한다. 인류가 소금을 아는 데는 생식을 불로 조리하여 먹는 것을 터득한 후의 것으로 생각되나 언제인지는 확실치 않다.

고래 중국에서는 기본적인 미각으로서 짜고(鹹), 달고(甘), 맵고(辛), 시고(酸), 쓰고(苦)의 다섯 가지 맛으로 여긴다. 이 중 짠 것(鹹)은 말할 나위도 없이 소금의 맛이나 생물의 진화과정에서 생각하면 가장 근본적이고 또한 본능적인 맛이라 할 수 있다. 인류의 최초의 조미료로서 소금을 알았다는 것이다.

후석기 시대(약 4만 년 전에서)의 신인류 *Homo sapiense*는 작은 그룹을 만들어 채취수렵의 이동적인 생활을 하여 지역에 따라 반정주적인 집단을 영위하였다. 최근의 빙하기 마지막은 약 1만 년 전이고 서아시아에 있어서 농경과 목축이 시작된 것은 8,000～6,000년 전이다.

같은 시기에 미국 대륙에서도 멕시코 고원에서 호박 등의 작물재배가 시작하였다고 한다. 이 시대로 되면 인류가 소금을 사용한 것은 충분히 상상되나 고고학적으로는 벨기에에서 원시인의 동굴에서 발굴된 토기 등의 연구에 의하여 5,000년 이전에 소금이 소맥의 조미료로서 사용되었다고 한다.

4.2 소금과 고대문명

농경목축에 의하여 식료가 안정하면 사람들은 정주하게 되었다. 오랜 인류사 중에서 이동하는 생활에서 정주하는 생활로 들어가 집단을 만들게 되었다. 이렇게 고대문명이 태어나는 기초가 되었다. 고대문명의 발생지로서는

이집트(나일강) 유역	기원전 3100년
메소포타미아(티그리스 · 유프라테스 강) 유역	기원전 3300년
인더스 강 유역	기원전 2500년
황하강 유역	기원전 2000년

등을 들 수 있으나 어느 것이나 대하의 유역이고, 그 강이 형성된 비옥한 대지를 기반으로 하여 문명이 흥하게 되었다. 그러면서도 이들 고대문명의 발생지에 공통되고 있는 하나의 것으로는 사막지대에 가까운 것이고, 기후적으로는 고온 다습의 건조지대라는 것이다. 현대와 수천 년 전의 기후의 차를 고려하여도 당시 이들 지역이 건조지역이라는 것은 변함없다(표 2-14).

현대의 감각에서 보면 기후가 온화한 토지 쪽이 살기 좋은 곳으로 생각되는데 왜 기후가 가혹한 사막 가까운 곳에 고대문명이 번창하였는가. 인간의 생활에는 식료와 물을 필요로 한다. 식료는 농경이나 목축에 의존하는 것이기 때문에 농경에 알맞은 비옥한 토지는 뺄 수 없다. 또 목축의 대상은 초식동물이므로 그 사료가 되는 식물이 풍부한 것이 필요하고, 이것은 농경작물과 공통하는 조건이다.

식물생육의 면에서 보면, 건조지역보다 적당한 우량을 혜택 받은 지역 쪽이 오히려 적지로 생각된다. 그런데 앞에서 설명한 고대의 농경목축의 발생지도 고대 문명의 발생지도 함께 이 면에서는 건조로 생각되는 건조 지대이다. 이것을 이유로 한 하나의 요인으로서 「소금」을 들 수 있다. 문명의 발생의 기반이 되는 것은 사람의 집락이고, 이 때문에 식료와 물 이외에 소금이 필요하다.

이것도 당시의 기술이나 수송의 수준을 고려하면 생활의 장 가까이에 천연의 소금이 존재하거나 혹은 간편하게 소금을 만들 수 있거나, 특히 소금을 입수할 수 있는 것이 하나의 조건이다. 또 목축으로도 가까이에 염분 보급지가 있는 곳이 좋다. 이와 같은 조건을 구비한 토지, 이것은 온도가 높고, 습기가 많은 건조지대가 첫째이다. 현재 야생의 초식동물이 군생하는 데는 케냐의 초원이고 이전에 미국 들소의

표 2-14. 고대 문명 발생지의 기후 비교

	연간 강수량(㎜)	연평균 기온(℃)	연평균 습도(%)	기상 관측지
이집트	66	21.1	53	카이로
메소포타미아	156	22.7	44	바그다드
인더스	99	27.2	44	챠이코바바드
황 하	490	15.8	70	서안
(참고) 일본	1,185	14.9	76	Takmatsu

대군이 빨리 옮아온 것도 사막에 가까운 초원이었다. 이들의 초원에는 가는 곳마다 염호나 salt lick이 있었다.

이집트 문명의 무대로 된 나일강 하구 부근에는 작열의 태양에 의하여 해변의 사막에 소금의 결정이 하얗게 석출한다. 이와 같은 기후이기 때문에 내륙부에 이어서도 소금을 얻는 것은 어렵지 않았다. 메소포타미아나 인더스강 유역에 있어서도 마찬가지로 염호와 염천은 가는 곳마다 있고, 극히 간이 천일제염법으로 소금을 만든다. 또 사해 그리고 아비시니아(에티오피아) 등의 암염도 유사 이전부터 알려져 있었다. 황하의 고대 문명을 지탱하는 것은 산서성(山西省) 운성(運城) 가까이에 있는 해지(海池)이라 불리는 대 염호이었다. 」

고대 이집트 사람은 오리, 메추라기, 정어리 등을 소금으로 조미하였고 트로이의 사람들은 생선을 염장하였다. 식용 외에 이집트에서는 죽은 사람의 미라를 만드는데 소금을 사용하였고, 또 다른 것은 기원전 1200년경에 금의 정련에 소금이 사용되었다. 오스트리아의 짤스부르그 교외 할스타트(Hallstatt)에는 기원전 1000～500년경의 암염채굴 유적이 있다. Hallstatt는 소금과 철의 교역을 통하여 당시의 지방문화의 중심지로 되어 있었다.

기원전 5～3세기에 만들어진 것으로 알려져 있는 고대 인도의 서사시 「라마야나에」 의하면 조미료로서 소금과 후추가 사용되었다. 소금과 고추는 로마에서도 중요시되어 통화 대신으로도 사용되었으나 현대의 프랑스 요리에서도 보통 「조미한다.」 라고 하면 「소금과 고추를 사용하는 것」을 의미한다고 한다. 구미의 식탁에는 반드시라 해도 좋을 정도로 소금과 고추의 용기가 짝을 지어 갖추고 있다. 소금과 인류의 관계도 영원한 것이다.

5. 생활 속의 소금

5.1 고대사회의 소금

인류의 최초의 조미료로서 등장한 「소금」은 간 절임, 소금조림 등의 조미에도 사용되었다. 소금이 없으면 빵, 면류 등도 성립되지 않는다. 또 식료의 방부, 보존을 위한 소금 간 절임, 염지가 이루어지고 있고 그리고 염장과 발효의 작용에 의하여 각종의 식품, 조미료가 만들어지고 있다.

고대 중국에서는 매실 초, 매실 장아찌가 소금에 이어 제2의 조미료로서 사용되어 있다. 또 각종의 「장(醬)」이 만들어져 식용에 제공되었다.

초장(草醬) : 야채 등의 염지, 각종의 염지류

곡장(穀醬) : 된장, 간장으로 발전
어장(魚醬) : 생선의 염지즙액,
육장(肉醬) : 염장 육, 각종 젓

고대 로마에서는 생선의 염지즙액(어장)을 가람이라 칭하여 시민의 중요한 조미료로서 사용되어 가람 제조업자까지 존재하였다. 이와 같이 소금은 고대부터 식생활에 없어서는 안 될 물자였다. 또 염탕(塩湯), 염온엄법[塩溫罨法 : 염석(塩石)] 등 식용 이외에도 사용되었다.

소금은 고대부터 신성, 청정으로 귀중한 자료로서 성서에는「지의 염(地의 塩)」으로 기록되고 그리스, 로마사람들은 우의(友誼), 신뢰(信賴)를 나타내는 데는 소금을 제공하고 아리비아, 인도에서는 소금을 굳은 신의 상징(「塩의 契約」)으로 하였다.

5.2 소금의 용도

대부분의 사람들은 소금을 조미료로서만 생각하나 소금은 다른 화학물질에 비하여 훨씬 더 다양한 용도로서 사용되며, 그 수는 14,000건 이상으로 추정된다. 소금은 인간이 먹는 식사에서 필수적인 부분을 차지하며 생리적으로 매우 중요한 역할을 담당한다. 체내에서 소금은 두 이온으로 분리된다. 즉 염소와 나트륨으로 분리되어 세포기능을 촉진시키고, 위액의 구성 성분인 염산을 형성하며, 근육의 작용을 정비하는 등 중요한 작용을 맡게 된다.

식품산업에서 소금은 향미 촉진제의 역할을 하며 단맛을 증가시켜 음료나 다른 제품에 사용하면 설탕의 사용 용량을 줄일 수 있다. 고기나 생선을 저장할 때 방부제의 역할을 하기도 하며 햄이나 베이컨을 숙성시킬 때 소금은 조미와 방부력을 나타낸다. 또한 소지지 제조과정에서 소금은 고기의 근육단백질을 용해하기 위하여 사용된다.

소금은 화학공업에서도 유용하게 사용되는데, 소금의 고성 물질인 나트륨은 다른 원소와 결합하여 여러 종류의 화학반응에 촉매제로서 이용되고 있다. 염소도 종이와 섬유의 표백이나 물을 소독할 할 때 사용된다. 이 밖에 소금은 가축산업에서 방부제로 사용되며 길에 쌓인 눈이나 얼음을 녹이는 제거에도 사용되고 있는 등 그 용도가 매우 다양하다.

소금은 인류가 최초로 획득한 조미료이고, 식생활에 없어서는 안 될 것이다. 옛날부터 사람의 생활에 여러 곳에 사용되어 왔다. 그 개요를 열거하면 다음과 같다.

① 식용 소금으로서

- 조미 : 기본적인 조미료
- 조리 : 소금 문지르기, 소금으로 씻기, 소금으로 삶기, 생선의 점액 제거, 식료의 탈수, 색채에 관계, 빵, 면(국수, 메밀국수)
- 소금절이, 염지, 염장 : 방부보존, 저장
- 침채류, 발효 : 초장(草醬 : 채소, 무 등의 침채류), 육장, 곡장(된장, 간장), 어장(염즙액, Nampla, 가람)

② 식용 이외 : 치약, 소금 마사지, 소금목욕, 염온석(塩溫石)

③ 신사(神事), 습속(習俗) : 신찬(紳饌), 성염(盛塩) 정염(淨塩)

④ 공업용, 기타
- 농업용 : 가축사료, 비료(보리 등), 토양 개량제
- 은의 정련 : 석회소
- 요업 : 염유(塩釉), 기와구이, 염색

5.3 현대 사회에 있어서 소금의 용도와 소비량

현대 사회에서는 인간이 생활하는 데 필요로 한 의식주의 모든 것에 소금이 관여하고 있다. 예를 들면 소금은 염미를 나타내는 조미료로서 사용되기 때문에 직접 식(食)에 관계하고 있는 것을 곧 알 수 있지만 의주(衣住)에 대하여는 소다 공업제품을 통하여 간접적으로 관계하고 있다. 소금을 원료로 하여 어떤 제품을 만들고 있는가를 그림 2-4와 같이 소금의 나무로서 나타내었다.

일반적으로 소금의 용도는 14,000건이나 된다고 하며 소금이 없이는 문화적 생활은 성립되지 않는다. 세계에서 있어서 소금의 농도와 소비량을 표 2-15에 나타내었다. 세계적으로 보면 소다공업을 포함한 화학공업용이 압도적으로 많고 이어 식용(食用), 융빙설용(融氷雪用) 등이 있다.

표 2-15. 용도별 소금의 소비량(세계, 2000년)

용 도	소비량(백만 톤)	%
클로르 알칼리	82	41
소다회	32	16
기타 화학약품	6	3
식 용	46	23
융빙설(融氷雪)	16	8
기타 용도	18	9

일본의 소금 용도는 표 2-16과 같이 식용 소금 분야는 말할 나위도 없이 그 이외의 여러 분야에 이용되고 있다. 용도에 있어서 우리나라 소금 소비량을 표 2-17에서 보면 2000년도의 식품공업용이 약 100만 톤으로 그 중에서도 수산, 장류, 조미에서 많이 소비되고 있다. 생활용 소비량은 26만 톤이다. 이 수치는 일반 가정에서 사용되는 양을 나타내고 있으나 센터 소금만의 집계치는 매년 감소되고 있다.

표 2-16. 소금의 용도

	가장・자가용		일반 식용염(조미, 조리, 기타)
일반용	식품공업용	침채류	매실절이, 매실장아찌, 단무지, 기타 침채류
		된 장	
		간 장	
		수 산	어염장, 어란 염장, 해초 염장, 어패류의 염장
		조 미	소스. 마요네즈, 토마토케첩, 식초, 핵산 조미료
		면 류	
		빵	빵, 빵가루
		가공식품	유제품(버터, 치즈, 마가린),육제품(햄), 연제품, 어육소시지・햄, 통조림(보일드, 가미), 기타 식품(즉석 카레, 수프)
	일반공업용・약품・기타	염료・안료	합성염료, 하이드로설파이트, 안료(유기안료)
		화학약품	규불화소다, 염소산소다, 차아염소산나트륨, 이산화
		합성고무	(SBR)
		피 혁	원피의 염장, 피혁의 모두질
		유 지	(비누)
		화 약	(다이나마이트)
		요 업	생석회・소석회, 녹색탄화규소, 도관・점토기와, 석고 블라스터
		광 업	정련(구리합금), 제강(압연), 용해조제, 재료의 열처리, 금속티탄, 석유정제. 바나신산암몬
		이온교환제 재생	연수연화, 탈색
		염 색	염색의 풀, 염색
		냉 동	브라인 냉동, 냉장고
		가축용	가축용 고형염, 배합사료
		의약품	여국용 소금, 고순도 염화나트륨
		쓰레기처리	소각장 부생 소금
		토양처리	
		아스텍	(보링용 조니제)
		향 료	
		융빙설	
소다 공업용			가성소다, 소다회, 금속소다

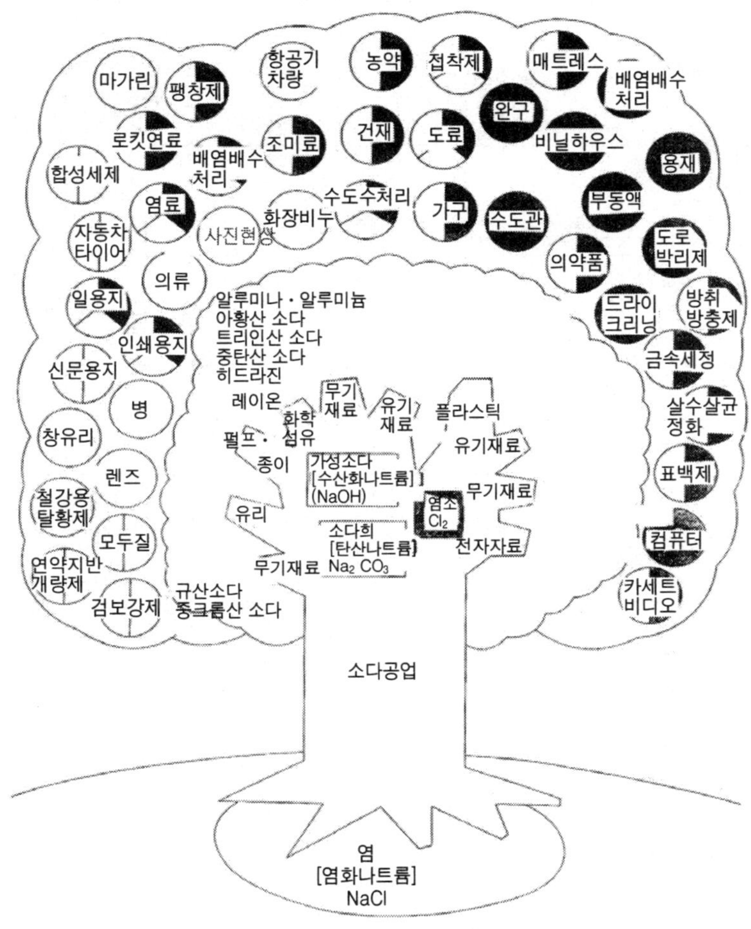

그림 2-4. 소금과 소다 공업제품의 주요 응용분야

이전의 통계 값에서 생각하면 가정용은 약 50만 톤이다 공업용으로서는 약 17만 톤으로 이온교환수지 재생, 피혁에 사용되고 있다. 기타 가축용으로서 약 9만 톤, 의학용으로 4만 톤이 사용되고 있다.

그림 2-5에 나타낸 것과 같이 매년 증가경향에 있다. 이들을 합하면 190만 톤의 소비량이다. 소금의 포화용액의 빙점은 이 중 약 140 톤이 이온교환염법에서 생산되는 국내염이다. 기타 소다공업용으로서 약 750만 톤이 소비되나 이것은 전량 수입되는 천일염이다.

표 2-17. 우리나라의 소금 소비현황 (단위: 천 톤)

구 분		수 요	공 급 원				
			국내염				수입 염
			천일염	기계염	부산물염	계	
일반 가정용	김장용	81	48	6		54	27
	된장, 간장용	62	45	6		51	11
	식탁용	80	20	20		40	40
	소 계	223	113	32		145	78
식품공업용	수산물 가공용	155	58	20		78	77
	장유공업용	57	15	22		37	20
	식품절임용	67	45	6		51	16
	식품가공용	66	13	18		31	35
	소 계	345	131	66	-	197	148
계		568	244	98	-	342	226
일반 공업용	정수제지용	31	1	16	-	17	14
	염색유지용	34	1	17	4	22	12
	피혁제조용	31	2	5	7	14	17
	식육부산물용	30	8	3	-	11	19
	사료용	68	5	25	-	30	38
	농업용	26	3	5	-	8	18
	기 타	53	35	5	-	40	13
	소 계	273	55	76	11	142	131
화학공업용	소다회용	-	-	-		-	-
	가성소다용	2,294	-	-		-	2,294
	염료용	17	-	-		-	17
	기 타	15	-	-		-	15
	소 계	2,326	-	-	-	-	2,326
계		2.599	55	76	11	142	2.457
합 계		3,167	2.99	174	11	484	2,683

자료 : 대한염업조합

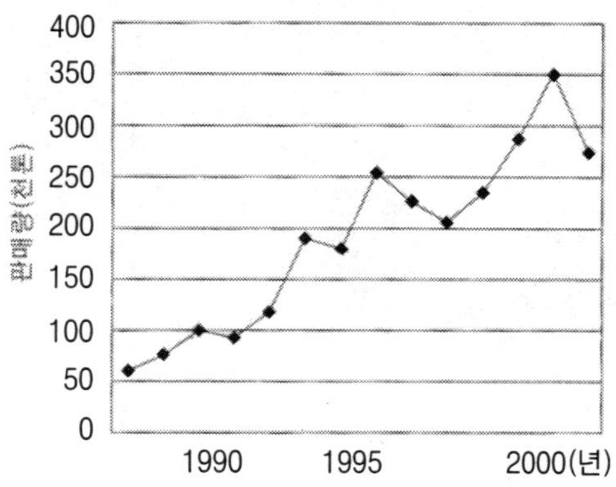

그림 2-5. 융빙설용(融氷雪用) 소금의 판매량 추이

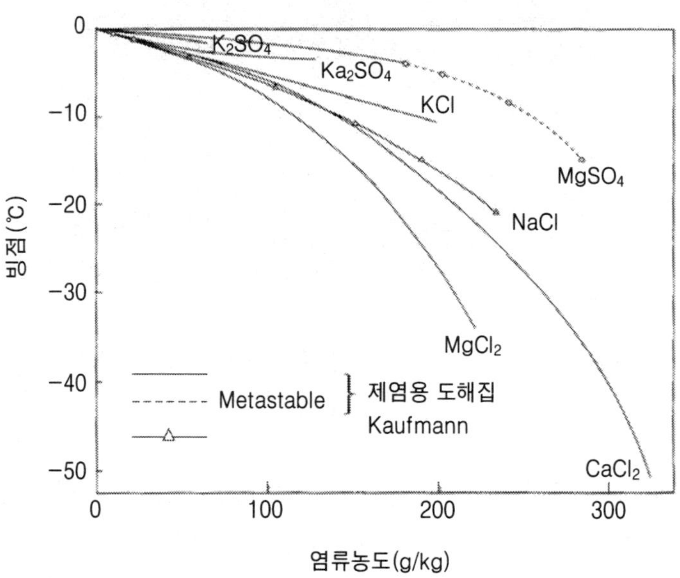

그림 2-6. 염류의 빙점 강하

현대 사회에서는 겨울철 교통의 확보와 안전대책은 중요한 문제이다. 여기에서 소금은 큰 역할을 하고 있다. 소금의 빙점 강하작용을 이용하여 융빙설제(融氷雪劑)로서 소금, 기타 염류가 사용된다.

그림 2-6에 나타낸 것과 같이 염류농도에 따라 빙점이 변하고 농도가 높을수록 저하한다. 소금의 포화용액의 빙점은 -21.3℃이다. 고형의 소금을 살포한 경우 소금

그림 2-7. 융빙설용(融氷雪用) 소금의 살포작업

그림 2-8. 암스테르담의 광장에 살포되는 융빙설용(融氷雪用) 소금

이 용해하여 없어질 때까지 -23.3℃와 기온과의 습도차로 눈이나 얼음은 녹으나 농도가 묽어지면 빙점이 상승하므로 빙설의 온도도 상승하여 기온과의 온도차가 작아지기 때문에 융빙설(融氷雪) 효과는 작아진다. 따라서 소금의 융빙설(融氷雪) 효과는 기온이 -10℃ 정도까지로 생각하는 쪽이 좋다. 그 이하의 기온이라면 염화마그네슘, 그리고 염화칼슘을 살포한다.

그림 2-7은 도로에 소금을 살포하고 있는 작업 모양이며, 그림 2-8은 암스테르담의 광장에 소금을 살포하는 광경이다.

제 3 장

소금과 제염의 역사

1. 한국의 제염

1.1 제염법

소금은 지구상의 어느 곳에서나 존재하고 있으나 자원으로서 생각할 수 있는 것은 지하에 매장되어 있는 암염(岩鹽)과 바다에 함유되어 있는 해염(海鹽)이 있다. 그밖에 염호(鹽湖)·염천(鹽泉)·염정(鹽井) 등에서 산출된 소금을 들 수 있다. 암염은 지층 중에 있는 암염층으로부터 다른 광물과 마찬가지 방법으로 채굴하여 이용하는데 독일·소련·미국 등지에서 행해진다. 또한 바닷물에는 약 3%의 소금이 함유되어 있어서 풍부한 자원이 되고 있다.

바닷물을 이용하여 소금을 만드는 방법으로는 천일제염법이 있는데 이것은 태양과 바람을 이용하여 수분을 증발시켜 소금을 결정화하는 방법이다. 이 방법은 기후풍토의 조건만 좋으면 해변에서 소금을 손쉽게 소금을 생산할 수 있기 때문에 많이 사용되고 있다. 우리나라는 열대지방에 인접한 위치에 있지는 않으나 국토의 3면에 해안선을 가지고 있기 때문에 제염법에 적합한 지리적 조건을 가진 나라이다. 제염법의 기원은 정확하게 측정하기 어려우나 아마도 유구한 시일에 걸쳐서 영위되어 왔으리라 생각할 수 있다.

1907년 우리나라에서 천일염이 시작되기 전에는 전부 화력에 의한 전오제염법(煎熬製鹽法)에 의존하여 왔으며, 천일제염이 시작된 것을 계기로 수천 년의 역사를 가진 우리나라 제염업은 일대 전환기를 맞이하게 되었다. 천일제염법은 염전에 해수를 도입시켜 햇볕과 풍력만으로 해수를 농축시켜 소금의 결정을 석출시키는 방법이다.

천일식 전오법(煎熬法)은 염전에서 얻어진 진한 함수(鹹水)를 인공적으로 가열 농축시켜 소금의 결정을 석출시키는 것을 말한다. 함수를 인공적으로 가열 농축시켜 소금의 결정을 석출시키는 방법에는 직화식(直火式), 진공증발식, 증기식, 진공증발식, 그리고 증기 가압식 등 여러 가지 방법이 있다.

전기제염법은 해수의 전기저항을 이용하여 해수 또는 함수를 발열시켜 농축하는 방법이다. 열효율을 높이기 위하여 해수의 농축은 전기로 가열하고, 소금의 석출은 진공식 증발법으로 하는 방법이 이용되고 있다. 냉동제염법은 해수의 수분을 증발시키는 대신에 동결시켜 염분농도가 진한 함수는 가열에 의하여 제염하는 방법이 이용된다.

이온교환막법은 이온교환막을 이용하여 해수를 농축시켜 함수를 만들고, 함수를 다시 진공식 증발법으로 제염하는 방법이다. 우리나라에서는 최근(1979)에 와서 이온교환막법에 의한 제염도 실시하고 있다.

보통 소금에는 염화나트륨 이외에 여러 가지 불순물이 섞여 있는데 이들 중 특히 마그네슘 따위는 소금의 품질을 크게 떨어뜨리는 원인 물질이다. 즉 마그네슘 류 따위는 소금의 맛을 떨어뜨릴 뿐만 아니고 소금에 조해성을 가지게 하여 어장하기 어렵게 한다. 또 칼슘염류도 마찬가지로 소금의 품질을 저하시키는 불순물 중의 하나이다. 따라서 소금을 정제할 때는 주로 이들 마그네슘 따위와 칼슘 따위를 제거하는 동시에 흙, 유기물, 그밖의 불순물을 제거하는 것이다.

불순물을 제거하는 방법으로는 세정법, 재결정법, 산화칼슘과 탄산나트륨을 이용하는 법, 소염법(燒塩法) 등이 있다. 세정법은 포화소금물로써 소금의 결정을 씻는 방법인데 완전한 정제법은 되지 못한다. 재결정법은 소금을 깨끗한 물에 녹여 포화소금물을 만들어 여과하고, 이것을 인공적으로 가열 농축하여 처음에 떠오르는 것을 제거하고 다음 90%까지를 재결정시켜 재취하고 나머지는 보통 간수로 한다. 식탁염은 이렇게 하여 만들어진다.

또한 정제식염은 충분히 세정한 다음 건조, 체 분리공정을 거쳐 소량씩 포장한다. 탄산나트륨과 산화칼슘을 방법은 깨끗한 물에 소금을 녹여 포화식염수를 만들어 여과한 다음 수산화칼슘을 가하면 마그네슘 염류가 수산화마그네슘으로 침전되므로 이것을 여과하여 제거한다.

이렇게 처리하여 얻은 소금물을 가열 증발시키면 정제소금을 얻을 수 있는데 순도가 좋아 약용이나 시약으로도 사용된다. 그리고 소염법은 소금을 186℃ 이상으로 가열하여 염화마그네슘을 불용성 물질로 변환시킨 다음 물에 녹여 재결정시키는 방법이다.

2. 유럽과 미국의 제염

2.1 기원전의 제염

인류의 생존에 소금은 없어는 안 될 것으로 소금의 역사는 인류의 역사와 함께 시작되었다고 한다. 고대 이집트 사람이 천연염의 채집에서 간사(干瀉 : 호수가 밀려간 개펄)에 간단한 홈이나 휴반(畦畔 : 도랑과 두둑)을 설치하고 천일염의 조형(粗型)이라 할 수 있는 방법에 도달된 것이라는 것은 충분히 상상되지만 확증은 없다. 바빌로니아에는 염천, 염정 등에서 얻은 염수를 천일로 결정하였다고 한다.

지중해 동부의 페니기아 사람이 해운, 교역으로 활발한 것은 기원전 12~6세기의 일이다. 그들은 사해 부근의 암염만이 아니고 2,000마일 떨어진 스페인의 암염상(岩鹽床)에서 소금을 채굴하고 또 카치스의 천일염을 실어내어 지중해 연안에 팔았다. 스페인의 카치스는 지중해에서 대서양으로 나가는 곳이다.

가까이에는 산 페르난도(San Fernando)에 수심이 낮은 구가 좁은 만(灣)으로 되어 있고, 이 만(灣) 전체가 천연의 염전으로 되어 있다. 좁은 만(灣) 입구를 봄에 전부 닫아 두었다가 여름철에 태양열을 이용하여 증발시키면 드디어 소금의 석출이 시작된다. 고래(古來)로 산 페르난도의 salt pan이라 불리는 천연의 천일염전이다. 페니기아 그리고 고대 로마사람은 여기에서 건어나 염지어와 함께 소금을 실어내기 시작하였다.

지중해 연안의 기후는 강수량이 적고 특히 여름철에 비가 적으므로 천일제염에 적합하고, 현재에도 각처에 천일염전이 있다. 이 지중해의 한 가운데 돌출한 이태리 반도에는 로마 가까이에 위치한 코르네트・탈루키니아에 있어서도 해수를 방치하여 천일을 이용하여 제염을 하였으나 그 품질은 좋지 않았다. 로마 4대 왕인 안커스 마르티누스(Ancus Martius, 재위 : B.C 642~617)는 이벨 하구의 오스디아(로마의 외항)에 염전을 만들고 다시 로마까지 도로를 건설하여 기원전 630년경까지 이용되어 왔다.

이 도로를 염도로(Vir Salaria Road)라고 한다. 후에 로마 제국의 소금 수송을 위하여 도로도 확대되어 국내의 중요 도시는 물론 중앙 유럽에서 브리다니아(지금의 영국)에까지 도달하였다. 이들 도로의 건설과 경비는 로마의 병사가 맡았으며 군인들의 급료는 소금으로 지급되었다. 오늘날의 월급(salary)이라는 말은 라틴어의 salarium(soldier's salt)에서 유래되고 있다. 오스트리아의 윈의 북쪽 Salzburg는 현재 암염의 산출지로 유명하다. 여기 가까이에 위치한 Hallstatt(Hal은 켈루트어의 소금, statt는 장소를 의미한다)에는 기원전 1000~500년경 암염의 채굴이 성행하여 소금의 교역을 통하여 유럽의 문화 중심지가 되었다.

2.2 해 염

1) 천일염전

아프리카의 지중해 연안과 같이 고온건조의 지방에서는 해안의 모래 면에서 천일염이 석출한다. 따라서 소금을 채취하기 위한 도랑이나 두둑 등의 인공을 가한 것 등은 상상하기 어렵다. 이와 같은 채굴법이 19세기 말, 흑해에 접한 쿠리미아 지방에서 실시되었다. 또 수심이 얕은 작은 만(灣)의 입구를 전부 닫아두어 해수의 유입을 방지하고, 여름철에 여기에서 석출되는 천일염을 채취한다. 스페인・삼페루난드의 예는 앞에서 설명한 바와 같다.

이탈리아 북부 아드리아 해에 접한 코마키요 지방은 고래(古來)의 제염지이고 제염장에 관한 최고의 기록은 814년의 것이 있다. 현재 코마키요 염전의 원조는 1810~1815년 나폴레옹 1세가 구축한 것이라고 하나 그 이전의 상황은 「함지(鹹池, 함소(鹹沼), 함강(鹹江)으로서 담수와 교통을 절단한 것은 반듯이 앞서 염장제조의 업을 일으키는 것이다....」로 되어 있고, 봄부터 10월까지의 제염시기 이외는 이들의 수면은 어업이나 기타의 것으로 사용하였다.

그러나 이 지방의 기후는 전술한 스페인의 카치스 정도로는 증발하지 않으므로 전부 닫아 둔 수면 전부를 결정지로서 사용하였다고는 생각되지 않는다. 아마도 연변에 얕은 결정지를 칸막이 하고 여기에서 채염을 하였을 것이다. 기원전의 코르네트・탈루키니아의 제염이나 오스디아의 제염도 방법의 근본은 이 코마키요의 재래법과 다르지 않다고 생각된다. 현대에도 계속하여 천일염전 방식은 10세기 초기 이태리의 시실리 섬에서 선교사가 개발하였다고 한다.

게오르그・아그리코라가 1550년에 저술한 『드・레・메타리카』에 16세기 유럽의 제염법이 기록되어 있다. 제염법에서는 천일염전, 함수천(鹹水泉)의 함수 전공(煎工 : 塩煎工程), 온천열 제염, 그리고 타고 있는 장작에 염수를 뿌려 재와 소금의 혼합물을 취하는 방법의 4항목에 대하여 기재하고 있다. 이 중 천일염전법에 대하여 아그리코라의 서문에 제염에 대하여는 이태리의 위아논기오・비린구티오의 저서(코마키요에 가까운 베네치아에서 1540년 간행)를 참고하였다는 것과 그리고 기술된 염전의 구조는 해수 저수지가 없고 간만의 차가 거의 없는 지중해 연안의 방식의 색채가 진한 사실에서 여기에서 기술되는 천일염전은 이태리의 것으로 생각된다.

그이 기술에 따라 염전을 도시하면 그림 3-1과 같이 된다. 염전의 일 단위는 변의 길이 200 feet(16m)의 정방형이고 A, B, C 세 가지의 크기 구혁으로 된다. A,

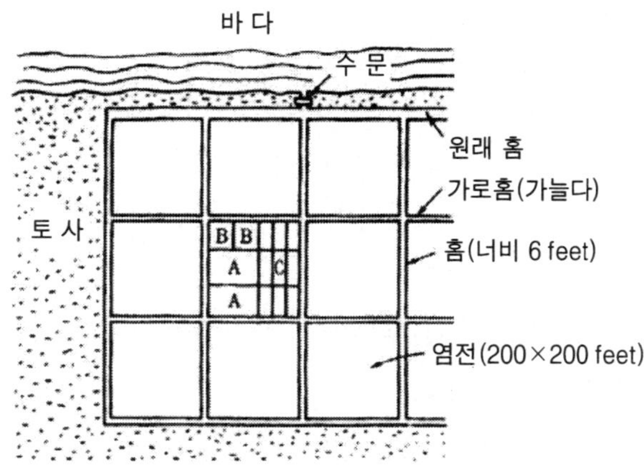

그림 3-1. 16세기의 천일염전

B는 농축지이고, C는 결정지이다. 천일염전의 구조나 조작법은 기후에 따라 크게 좌우된다. 고온 다습으로 증발이 심한 지방에서는 염전도 간단한 저수지 정도로 좋고 조작도 단순하여 좋다. 기후조건이 제염에 불리할수록 염전의 구조나 조작에 연구할 필요가 있다.

유럽의 지중해 연안은 기후도 상당히 높고 강수량이 적어 특히 여름철에 강수량이 적은 지중해형 기후에서는 천일제염이 알맞다. 대서양 측은 지브랄타(Gibraltar)에서 북상으로 갈수록 점차로 기온은 낮아지고 강수량이 증가하여 제염에는 부적하게 된다. 브로더(Brodeur) 반도의 남 안이 천일염전의 북으로 되어 있다. 기후 외에 또 하나의 요소는 간만의 차이다. 지중해는 대조차(大潮差)가 0.2～0.4 m로 거의 간만의 차가 없으나 대서양 연안에서는 상당한 간만의 차가 있다. 간만 차의 대소는 해수의 취입과 우수의 배출 등에 관련하고 염전형태의 크기에 영향을 준다.

19세기 후반의 유럽에서는 프랑스와 포르투갈이 천일염 산출이 많아졌으며, 이어 스페인, 이태리가 있으나 산출액은 포르투갈의 한 지방에 미치는 정도이다.

2) 기타 염사제염

(1) 염사(鹽砂)제염법과 염부(鹽釜)

프랑스의 아브랑슈(Avranches)는 노르망디(Normandie), 브르타뉴(Bretagne) 양 반도에 싸인 만의 안 구석에 위치하고 있다. 이 주변에는 천연의 간사를 이용하여 염사제염이 이루어지고 있고, 이 제품을 아브랑슈(Avranches)염이라 한다. 이 지방은 간만의 차가 크나 만조가 되면 곳곳의 평탄한 사빈(砂浜)이 염장으로 된다.

6월 초에서 8월 말 사이에서 청천의 때를 보고 염사채취의 작업이 이루어진다. 사기기(砂寄器)를 말에 끌게 하여 모래를 모아 3m 간격으로 바둑판 모양으로 사퇴(砂堆)를 만든다. 작업을 1일 2회 하고 4~5일에 걸쳐 각 1m 정도의 다수의 염사퇴(塩砂堆)가 되면 그 다음은 두 마리의 마차로 한 번에 5~6개 분량의 염사를 육지의 제염소 가까이 옮기고 지면에 판 구멍에 염사(塩砂)를 투입하고 이어 지상에 염사의 둥근 구(丘)를 만든다. 이것을 염사퇴(塩砂堆)라고 부르고, 그 위의 표면을 저토로 덮어 굳히고 다시 우수배제를 위한 도란을 파 둔다. 이 염사는 수년 간 보존에 견딘다고 한다.

함수(鹹水)의 채취는 목제 침출장치(밑은 가마니를 2층으로 하고 있다)는 염사퇴에서 베어 나온 염사를 넣어 위에서 물을 껴 얹어 함수를 적하시키고, 물을 낙하시켜 약 4시간에 걸쳐 1주야 전염공정(煎塩工程)분의 2kℓ의 함수를 2개의 통에 채취한다. 염부(鹽釜)는 깊이 8cm, 용량 30ℓ 사가의 납판제로 제염소내 가마마다 3개 직렬로 설치하고, 석탄 또는 목탄을 연료로 하여 1주야에서 175kg의 소금을 만든다(그림 3-2).

이 제염법은 상고시대의 유산이라 한다. 672년 시루데릭 왕이 산・란벨에게 준 특허장에 노르망디 주 쥬프의 근방 브데유에 염장을 설치하였다고 기재하고 있는데 이 염사제염법일 것으로 추정한다. 1121년 아브랑슈 가까이 설립한 사원은 이 소금을 재원으로 하여 경영하였다. 그 후 1768년 그 지방의 소금 산업진흥을 위하여 특별한 세금을 면제한 것으로 제염은 성행되었으나 1790년에 프랑스 전체에서 염세가 폐지되었기 때문에 다른 지방의 소금 생산에 눌려 노르망디의 제염은 한 고비가 지났다. 다시 1800년대에 이르러 해운의 편리로 인하여 서부 그리고 남부의 천일염이 이 지방의 시장에 출하됨으로써 노르망디의 제염장은 거의 폐업되었고, 1875년 경에는 겨우 빈민의 생계 자본으로서 잔재하고 있을 뿐이었다. 그런데 이것과 마찬가지로 제염법이 영국의 잉글랜드나 스칸디나비아에서도 이루어지고 있었다.

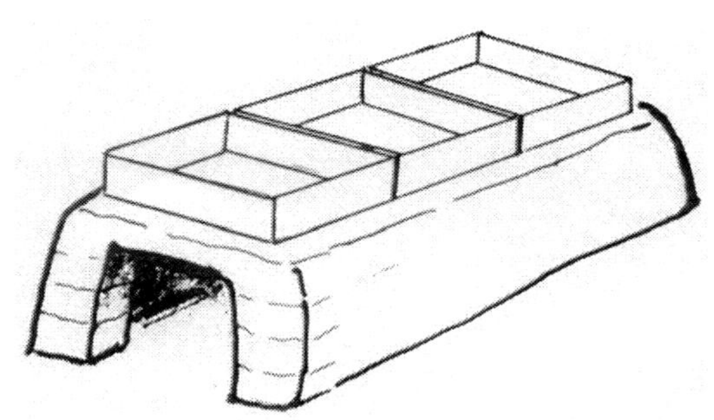

그림 3-2. 19세기 프랑스 아브랑슈의 염부(鹽釜)

(2) 함염(鹹塩) 이탄 채함법(採鹹法)

영국의 동부, 네덜란드, 스칸디나비아 등의 비가 비교적 많은 북유럽의 북해 연안에는 이탄(泥炭)이 풍부하다. 해수로 잠긴 염분이 스며들어간 이탄을 연소하여 그 재를 해수로 추출하여 함수(鹹水)로 취하고, 이탄(泥炭)을 연료로 하여 큰 솥에서 졸여 소금을 만드는 방법이 이들 지역에서도 9～16세기에 이루어졌으며 특히 네덜란드에서 성행하였다.

현재 영국 동해안의 브로드, 네덜란드의 미아, 프랑스의 그레루라 부르는 호가 있는데, 이들은 제염용의 이탄(泥炭)을 채굴한 흔적이 남아 있다.

(3) 기 타

시베리아, 스웨덴 등의 북미의 한랭지에는 겨울철 동결법에 의한 채함법(採鹹法)이 이루어지고 있다. 염수(塩水)는 동결할 때 수분만이 물로 되어 밑에 농축되어 염수가 남는다. 이 염수를 솥에서 졸여 소금으로 만든다. 또 기후, 염자원에 혜택을 받지 못한 지방, 예로서 영국의 어느 지방 등에서는 해수를 직접 졸이는 제염법이 이루어지고 있다.

이상 해수를 자원으로 하는 제염법을 설명하였으나 염호, 함천(鹹泉) 등에서도 마찬가지로 제염이 이루어지는 것은 물론이다.

3) 해염 제조법의 발달과정

인류와 해염의 만남은 해변에 자연으로 석출한 천일염의 결정이었다. 인류의 지혜는 이들에서 얕은 해수류(海水溜)를 만들거나 혹은 작은 강 입구를 전부 막고 천일염을 만드는 방법을 발견하였다. 이것이 자연 해변의 천일제염이다. 한편, 바싹 마른 해조 표면에 생기는 하얀 소금의 결정에서 해조를 태워 재 이외의 소금 혼합물[회염(灰塩)]을 얻는 방법을 생각해 내었다.

토기의 출현은 액체를 끓여 조리는 것이 가능하여 해수를 직접 조리거나 회염(灰塩)에서 진한 염수를 추출하여(採鹹) 이것을 끓여 졸여서 소금을 만든 방법이 생겼다. 앞에서 설명한 해수가 스며든 이탄의 재에서 채함(採鹹)하는 제염법은 이 계통이고, 고대 그리스의 기록에 있는 갈대(노위, 蘆葦)의 회(재)를 이용한 채함법도 이것과 관련이 있다. 또 채함(採鹹)의 농축매체로서 해조 등의 식물이 아니고 모래를 이용한 염사 채함법도 발달하였다(그림 3-3)

모두의 천일염제법(天日鹽製法)은 제염상의 기후조건의 혜택으로 유럽 남부를 중심으로 발달하여 자연 해변에서 제방, 도랑(개천)등이 인공을 함께 하여 천일염

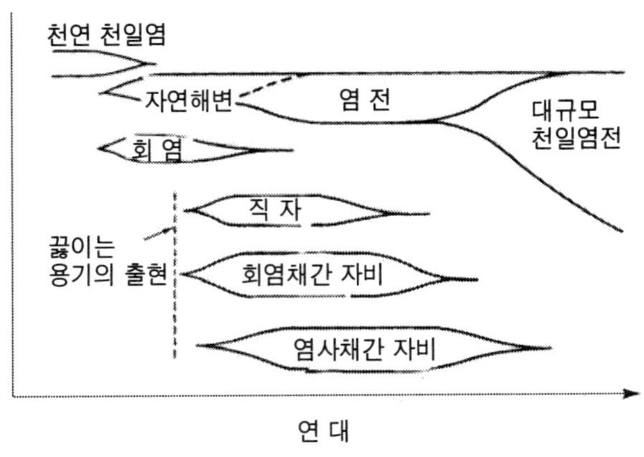

그림 3-3. 해염 제조법의 변천

전으로 변하고, 그 구조도 점차로 고도화하여 규모도 확대되었다. 해염의 제조는 해수에서 대량의 물을 퍼내어 조작한다. 직접 끓이는 법(직자법, 直煮法)은 극히 단순한 방법이나 막대한 연료를 요하므로 태양열, 바람 등의 자연의 힘을 이용하게 되어 그 토지에서 성립되는 제법은 기호조건에 따라 거의 결정된다.

제염법의 분포를 정리하면 표 3-1과 같다. 위도가 높을수록 기후는 제염에 불리하게 되어 제법은 천일염전에서 채함(採鹹) 전염공정(煎塩工程)을 조합한 방식으로, 이것이 직자법(直煮法)이다. 북미에서는 증발법은 아니고 수분을 얼음으로 하여 분리하는 동결법까지 실시되었다. 어느 지역에 있어서는 종래의 제염법보다 우수한 방법이 나타나 이것으로 대신하고 또 유통교역이 성행하게 되면 우수한 제법이 나타난다. 산지의 소금이 시장을 확대하여 다른 것을 압박하는 것은 당연하다.

영국에서는 치에샤 지방의 천연함수에 의한 제염의 발달에 따라 해염은 소멸되고

표 3-1. 해염 제조법의 분포

제 염 법	나라 · 지역
천일염전법	지중해 연안, 프랑스 · 브르타뉴 반도 이남
염사채함법	프랑스 · 노르망디 지방, 영국, 잉글랜드, 스코틀랜드
함염니탄법	영국 동부, 네덜란드, 프랑스 북부, 스칸디나비아
직자법	영국
동결법	스웨덴, 시베리아

중부 유럽에서는 내륙의 암염(巖鹽) 그리고 정염(井鹽)이 수요에 따라 공급하게 되었다. 대서양 쪽에서는 18세기 말부터 천일염전법이 염사채함법(鹽砂採鹹法)보다 압도하고, 19세기 중엽 이후 지중해 연안에 대규모 천일염전이 발달하여 대서양 쪽의 소규모 재래의 천일염전을 사양으로 밀어 내었다. 현재, 유럽은 원래보다 세계의 해염제조는 거의 대부분이 천일염전법에 의한 것이다.

2.3 암염(岩鹽)과 정염(井鹽)

1) 암염채굴과 천연함수

노두(露頭 : 광맥, 암석 등이 지표에서 드러난 부분)에서의 채취로 시작한 암염의 채굴은 염갱(塩坑) 굴삭으로 발전하였다. 오스트리아의 하르슈다트 암염갱(岩鹽坑)은 기원전 1000～500년에 채굴이 성행하였다. 11세기의 러시아에서는 유형자(流刑者)를 시켜 암염채굴을 하였다. 염갱(鹽坑) 내부가 광대하여 유명한 폴란드의 비엘리즈카(Wielizka) 염갱(鹽坑)의 창업은 1044년으로 전해지고 있으나 채굴이 성행한 것은 13세기부터이다.

천연함수는 암염층과 관계가 있고, 자연으로 용출하는 염천, 혹은 인공의 정호(井戸 : 鹽湖)에서 퍼올린다. 고대 바빌로니아에서는 이미 정호(井戸)가 있었고 진나라 시대 중국 사천성에는 기원전 400년경 심정호(深井戸)의 굴삭이 이루어지고 있었다 한다. 현대 영국의 대제염지 Cheshire 지방에 염천의 천연함수를 이용한 평부(平釜) 전염공정[煎塩工程 : 전공(煎工)]의 제염법을 가르치는 로마사람이 있었으며, 2～3세기의 것으로 전해진다. 이후 이 지방은 천연함수에 의한 제염이 성행하였고, 7세기에는 암염층도 발견하였다. 윌리암 1세(재위 1067～1087)는 데토로윗치의 염광구(塩鑛區)를 왕실 직할로 하였다.

소금은 생활필수품으로서의 특수성 때문에 아주 옛날부터 교역 품목이다. 또 군주, 영주, 사원 등의 권력자가 소금 장악에 노력하였다. 위릿카에 가까운 보쿠니아 염광(塩鑛)은 1251년 보레스라 후(侯) 부인에 의하여 발견되어(본격적 갱염 채굴은 1442년 이후), 하르슈닷트는 알루피레트 1세(재위 1283～1308)의 비 엘리사베스에 의하여 확장되었다. 13세기 후반, 암염갱의 개발에 2명의 여성이 등장한 것은 기이한 인연이 있으나 당시 성행된 염업개발의 뒷받침이라 할 수 있다. 또 슈네베크의 제염업자는 13세기에 있어서 이미 조합을 조직하고 있었다.

프랑스에서는 필립 6세가 1334년 소금 전매제를 실시하여 악명 높은 염세(鹽稅)를 부과하여 훗날 프랑스 혁명의 한 원인으로 되었다고 한다. 오스트리아 국왕은 일찍부터 염산지를 관할하고 있었으며, 1449년 프리드릿히는 총 염업을 국영으로 하였다. 영국에 있어서도 엘리자베스 1세(재위 1558～1603)때 제염업은 왕실에 관계가 있는 귀족에게 독점권이 주어지고, 각 제염장에서 생산을 제한하여 높은 염세(鹽稅)를 과세하였다.

이와 같이 유럽의 염업은 거의 영주와 국왕이 장악하였다. 17세기 이후도 각지에서 암염광(岩鹽鑛), 함천(鹹泉)의 조사 개발이 이루어져 제염소가 건설되었다.

2) 전염법(煎塩法)과 함수농축법

암염채굴 그리고 천일염전법은 직접 고형의 소금이 얻어지나, 함천(鹹泉)이나 염정(塩井)에서는 함수(鹹水)를 솥에서 끓여 졸임으로써 소금을 석출시키는 공정이다. 따라서 이 전염공정[煎塩工程 : 전공(煎工)]은 함천(鹹泉)에 의한 제염이 이루어진 것으로 고대에서도 있었다는 것은 확실하다.

로마가 브르타니아를 정복할 때 로마의 제염사가 치에샤 지방의 토착민에게 전염법(煎塩法)을 가르쳤다고 한다. 그리고 고래(古來)의 개방형과 달라 염부(鹽釜)가 영국과 독일에서 발견된다. 이것은 그림 3-4와 같이 밀폐 솥에서 발생한 증기를 관을 통해 개방 솥 중으로 통하여 증기의 열을 유리하게 이용한 것이다. 밀폐 둥근 솥 중에는 스크레이퍼가 설치되어 상부의 톱니바퀴에 의하여 회전한다.

영국의 예에서는 둥근 솥을 농축용으로 하고 각형을 결정 솥으로 사용하여 거친 입자의 어업용 소금을 만들고 있었다. 독일에서는 양방 공히 결정 솥으로 하여 사용하였으나 밀폐 둥근 솥은 고온(109℃)에서 운전하여 소립 소금을, 개방솥은 85℃에서 증발시켜 대립의 어업용 소금을 만들었다. 증기의 열을 재이용하면 저온에서 서서히 증발시켜 대립의 소금을 만드는 점에서 특징이 있는 염부(鹽釜)이다.

다음에 미국의 포메로이에도 독특한 형식의 염부(鹽釜)가 있었다. 카나와(Kanawha)천 연안의 지방에서 사용된 것을 Kanawha식 염부라고 부른다. 이것은 원조의 솥이라 부르는 밀폐 각형의 농축 솥 5기가 솥 위에 설치되어 여기에서 발생되는 증

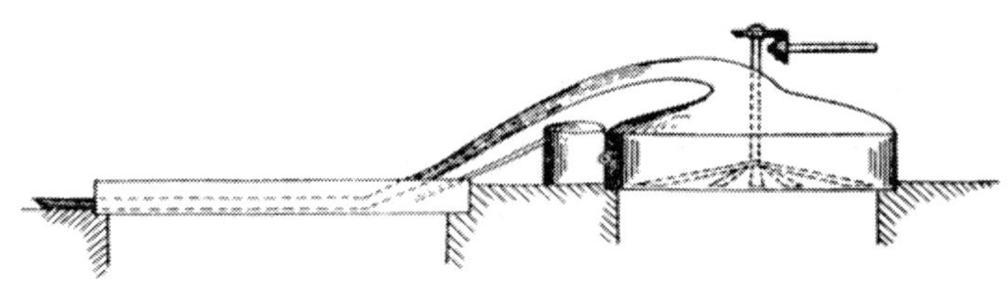

그림 3-4. 밀폐・환형 염부(독일 쉬네벡크)

기가 근방에 설치된 침전조, 증발조 그리고 결정조의 열원이 된다. 이와 같이 독특한 형식의 염부가 발달한 것은 가나와(Kanawha) 지방의 함수농도가 낮은 것(약 9 Be')에 의한 것이다.

증기의 열 이용 방식은 또한 다중효용 진공식으로 발전되고, 현재 세계의 제염용 증발장치의 주류로 되어 있는 것은 이 진공식 증발관(진공관)이다. 단효용 진공관은 당초 영국에서 제당용에 채용되었으나, 1887년 미국에서 Ducan이 제염에 응용하여 이것으로 소금의 원가가 저감되어 품질의 향상을 꾀하였다. 그 후 제당업에 있어서 다중효용 진공관이 고안되어 미국에서는 1899년 Ministee Iron Works에 의하여 제염용의 다중효용 진공관이 개발되었다. 진공식 증발관은 20세기에 들어와 발달을 거듭하여 세계적으로 보급하여 현재에 이르게 되었다.

2.4 소다공업의 발달과 염업개발

1) 글라스·비누의 제조와 알칼리

(1) 글라스

선사시대 후기, 이집트나 메소포타미아 사람들은 유리제조 기술을 가지고 있었다. 메소포타미아에서 최고의 유리제법 교과서는 기원전 2200년이라 한다. 기원전 1세기, 시리아에서 취법(吹法 : 부는 법)이 개발되어 병모양의 기구나 판이 만들어졌다. 기원 1세기에 저술한 프리뉴스의 『박물지(博物誌)』에는 해수, 소금에 이어 소다의 기술이 있고, 천연소다의 산지인 이집트 나일강 하변에서의 소다 생산법이나 소다의 효용, 용도를 기술하고 있다.

그 중에서 당시 소다의 최대 용도는 유리의 제조용이라 하였고, 이어서 유리에 대해서도 시술하고 있다. 이것에 의하면 천연소다와 모래를 혼합하여 처음으로 유리를 만든 것은 시리아의 페니키아이고 기원 1세기 당시 이태리, 갈리아, 히스파니아, 이집트, 인도의 각지에서 유리제품이 만들어지고 있었던 것 같다.

로마시대, 유럽의 유리 직업인은 시랑 사람과 유다 사람이 주였으나 로마 제국이 몰락하면서 유리 제조는 시리아와 잔틴에 집중하였다. 5세기 후 교회당에 유리창이 늘어나고, 10세기에 들어와서 스탠드 글라스의 창이 성행하여 만들어지게 되었다. 9세기경 시리아, 비잔틴, 제노아, 베네치아 등의 유리업자는 천연소다가 아닌 해조회(海藻灰)를 사용하였고 내륙 지방에서는 목회(木灰)를 사용하여 유리를 만들고 있었다(전자는 나트륨 글라스, 후자는 칼륨 글라스라 한다).

1291년 베네치아의 글라스 업자는 무라노 섬에 유리 노(盧)를 옮기고 글라스를 제조하였다. 1402년 티물의 군대가 시리아의 타마카스를 공략하여 시가를 파괴하였으므로 글라스 공업도 소멸되었다. 그 후에는 베네치아가 유리제조의 중심지로 되어 발전을 계속하였다.

(2) 비 누

프리뉴스의 『박물지』에 기원전 1세기의 골 사람이 짐승 기름과 나뭇재로 비누를 조제하고 머리를 씻을 때 이용하였다고 기술하고 있다. 2세기로 들어와 사람은 이 비누를 랏샤의 세탁용으로 사용하였고, 이후 이 비누는 유럽 각지에 널리 사용되었으며, 비누의 제조는 7세기 이태리의 중요 산업의 하나로 되었다. 바다에 접한 이태리에서는 나뭇재가 아닌 해조회가 이용된 것으로 생각되고 있다.

13세기에는 론돈, 프리스톨, 코번트리 그리고 마르세유 등의 여러 도시에서 비누제조법이 성행하였다. 이 경우 스페인의 내륙지방에서는 나뭇재가 사용되었으나 일반적으로는 해조회가 사용되고, 양질의 올리브기름과 해조회로 혜택 받은 지중해 연안의 프랑스와 이태리에서 비누제조업이 발달하였다.

2) 해조회

이슬람의 황금시대(10, 11세기), 아라비아 사람은 고도의 화학지식을 가져 식물의 재(나뭇재와 해조회)를 총칭하여 알칼리라고 이름을 붙였다. 칼리(칼륨)는 재의 뜻이다. 그리고 그들은 소다(Na)와 칼리(칼륨, K)의 차이도 인식하였다.

글라스와 비누제조업의 발달과 더불어 그 알칼리 원으로서 해조회의 수요도 급증하였다. 해조회의 주산지는 마르세유, 브르타뉴, 아일랜드 등의 연안이었다. 프랑스의 마르세유는 비누의 제조가 성행하였고 해조회의 수요도 많았다. 1692년 루이 14세는 왕실 해조제조회사를 설립하여 해조회의 생산에 적극적으로 나섰다.

영국에서는 1610년 토머스・파시발이 석탄을 태우는 글라스 노(盧)를 개발하여 1662년에는 토마스・딜만이 「크리스탈 납 글라스」를 만들었다. 또 조지・레우스크로프트는 1673년 런던에 2개의 글라스 공장을 건설하고, 조수 비숍의 협력을 얻어 최초의 양질 「새로운 프린트글라스」의 제조를 시작하였다. 이와 같은 글라스공업의 발달을 받아 1720년 스코틀랜드에서도 해조회(kelp) 제조업이 흥하고, 18세기 후반의 전성기에는 연간 매상이 200만 달러에 이르렀다고 한다.

고대의 천연소다에 대체하여 글라스, 비누공업의 알칼리제로 된다. 해조회는 대형의 해조(주로 갈조류)를 채취하여 해변에서 건조하고, 이것을 찜 구이를 한 재이다. 육상식물에는 칼륨이 함유되어 있으나 나트륨은 거의 함유되지 않았고 나뭇재의 주성분은 탄산칼륨이다. 그런데 해조에는 칼륨 이외에 나트륨이 많이 함유되어 있고,

해조회의 주성분은 탄산나트륨(소위 소다)이다.

일본 사람이나 우리나라 사람은 옛날부터 세계에서도 유수의 해조를 다식하는 민족이나 유럽에서는 일부의 연안지역을 제외하고 해조를 식용하는 것은 적다. 초식동물인 우마(牛馬), 양에서는 나트륨이 많은 해조는 절호의 무기질원이고 연안지역에서는 가축사료로서 옛날부터 이용되었다. 또 해조의 성분은 농작물에 있어서는 필수 성분이므로 해조는 비료로서 다량으로 채취 이용되었다. 사료, 비료로서 해조 이용은 12세기경부터 성행하였고, 영국의 일부나 아일랜드 서부 그리고 도버 해협에 접한 프랑스 서해안에서 해조 채취가 이루어져 해변가를 정비하여 양식을 꾀하는 것도 이루어지고 있었다.

한편, 전술한 바와 같이 글라스, 비누 제조용의 알칼리 자원으로서 해조회의 수요는 증대의 길을 걷고, 1692년에는 프랑스에서, 1720년에는 스코틀랜드에 해조회(kelp) 공장이 건설되어 이후 해조공업은 유럽 전역으로 확대되어 결국 미국, 뉴질랜드에서도 이루어졌다. 또 1812년, 해조회에서 요오드의 추출에 성공되어 요오드는 사진재료, 약제(요오드 팅크쳐, 요오드포름) 원료로서 고가로 팔리었다. 해조공업의 산물은 소다, 칼륨(비료, 화학약품) 그리고 요오드가 중요한 것이 되었다. 18, 19세기는 해조공업의 최고 전성기였다.

다음에 설명되는 바와 같이 19세기에 들어와서 소다공업이 발흥하여 소금을 원료로 한 소다가 만들어지게 되어 해조소다는 쇠퇴하였다. 그리고 스탓스후르트(현재의 독일) 주변의 칼륨광산에서 생산된 칼륨제품이 해조에서 칼륨으로 대체하게 되었고, 20세기에 들어와서 해조공업은 점차로 쇠퇴되고 말았다.

3) 소다공업의 발흥(發興)

(1) Leblanc법(르블랑 법)

프랑스의 말루세유는 비누공업이 성행하였다. 원료의 해조회는 오직 스페인의 발리라에 의존하고 있으나 에스파야 왕위계승 전역(1701~1714년) 이래 그의 발리라의 공급이 조절되고 해조회의 확보에 고생하였다. 그 해결책으로서 1755년 프랑스의 아카데미는 10만 프랑의 상금으로 해염에서 소다를 제조하는 방법을 공모하였다. 이미 듀아멜루가 식염과 탄산소다(Na_2CO_3, 간단히 소다라고 한다) 이외의 화학적 관계가 밝혀지게 되어 마르크그라프가 소다와 칼륨(탄산칼륨)과의 차이를 입증하였으므로 그 공업적 제법을 공모한 것이다.

Orleans 공가(公家)의 의사이고 또 화학자인 니콜라스 류블란(Nicolas Leblanc, 1742~1880년)이 이 문제에 도전하고 이어 소다의 제조법을 고안하였다. 1783년 아카데미상의 수여가 약속되어 1791년에는 특허를 취득하였다. 이 방식을 Leblanc 법이라 한다.

① 식염과 황산을 이용 황산소다와 염산을 만든다.

$NaCl + H_2SO_4 \rightarrow NaHSO_4 + HCl$——철 가마

$NsHSO_4 + NaCl \rightarrow Na_2SO_4 + HCl$——전기로 적열

② 황산소다에 석회석, 석탄을 혼합하여 작열 용융한다.

$Na_2SO_4 + 2C \rightarrow Na_2S + 2CO_2$

$NaS + CaCO_3 \rightarrow Na_2CO_3 + Ca$

흑색(회흑색의 용융괴)

③ 흑회(黑灰)를 물로 추출하면 탄산소다의 수용액이 얻어진다. 이것을 증발 농축하여 결정 탄산소다를 얻는다.

Leblanc은 Orleans 공(公)의 지원을 받아 1791년 파리 교외의 Saint Denis에 공장을 건설하고 소다의 생산을 시작하였다. 그러나 때마침 프랑스 혁명에 의하여 Orleans 공(公)은 1793년에 단두대에서 죽고 재산의 몰수와 함께 Saint Dennis의 공장도 몰수되고 조업은 정지되었다.

한편, 해조회의 수입은 혁명 이후 점차 어렵게 되어 프랑스의 산업에 지장을 주게 되었으므로 공안위특별위원회는 Leblanc에게 소다제조법의 공개를 명하고 전에 몰수한 공장을 반환하여 변상금을 지불하기로 하였다. 그러나 변상금은 그 일부만 지불되어 Leblanc은 공장 재개도 하지 못하고 1806년 1월 16일 황폐된 공장 부지에서 권총으로 자살을 하였다.

그 후 파리 근교에는 몇 개의 Leblanc법 소다공장이 건설되어 조업하였다. 영국의 W. S. Losh는 1814년 Wlker에서 소규모 공장을 시작하였으나 당시의 영국은 오랫동안에 걸친 나폴레옹 전쟁으로 경제적 부담을 보상하였기 때문에 1815년 1톤마다 30파운드의 무거운 염세(鹽稅)를 물게 되어 그의 소다공장은 성공되지 못하였다. 1823년 이 무거운 염세(鹽稅)가 철폐되어 소금을 공업원료로 하여 자유로이 사용할 수 있는 정책이 나와 영국에 소다공업이 다시 부흥하였다.

Jamrs Muspratt(1793～1886년)는 리바풀에 황산공장을 건설하고 영국의 산・알칼리공업의 창시자로 되었다. 그 후 원료의 황산, 염, 석회석, 석탄이 풍부한 뉴캇슬이나 남 란카샤 지방에 산・알칼리 공장이 건설되어 표백분, 소다 그리고 황산을 주요 제품으로 하는 화학공업이 발달하였다. Leblanc・소다공업은 영국 섬유공업의 급속한 발전과 함께 수요 증가에 따라 약진을 계속하여 이후 1세기에 걸쳐 영국이 세계의 무기화학공업에 군림하는 기초를 구축하였다.

(2) Solvay법(솔베법 : 암모니아 소다법)

Leblanc법에 이어 등장한 것이 암모니아·소다법이다. 이 방식의 이론과 아이디어는 1811년에 Fresnel이 제창하였으나 실용화가 되기에는 구조적으로 어려웠다. 이 난제를 해결하여 1861년에 탄산소다제조법이 벨기에서 특허법을 취득한 것이 Ernest Solvay(1838～1922년)이고, 그 제법을 Solvay법(솔베법)이라 한다.

그는 Eudor Primez(변호사, 후에 벨기에 정부의 관료가 됨)의 재정 원조를 받아 1863년에 Societe Solvay & Cie를 설립하여 공장을 Couillet에 건설하여 2년 후에 조업을 시작하였다. 한편 영국, 프랑스에서 제조 장치에 관한 특허를 얻어 1866년에 일산 1.5톤의 소다회 제조에 성공하였다. 1867년의 파리 세계박람회에서는 청동패를 수령하고, 1869년에는 설비를 확장하여 생산량을 3배로 늘렸다. 그리고 다시 1872년에는 프랑스의 난시(Nancy) 군교의 돔발(Dombasle)에 일산 10톤의 공장을 건설하였다. 이리하여 Solvay법(암모니아·소다법)은 세계의 소다공업으로 되었다.

Solvay법(암모니아·소다법) :

① 염수에 암모니아와 이산화탄소를 흡수시킨다. → 중조

$$NaCl + NH_3 + CO_2 + H_2O \rightarrow NaHCO_3 + NH_4Cl$$

② 중조의 열분해 → 탄산소다

$$2NaHCO_3 \rightarrow Na_2CO_3 + CO_3 + H_2O$$

③ 암모니아의 회수

$$NH_4Cl + Ca(OH)_2 \rightarrow 2NH_3 + CaCl_2 + 2H_2O$$

④ 이산화탄소와 암모니아는 순환 사용한다.
상품은 탄산소다와 염화칼슘

Leblens법은 소금, 석회석, 석탄 등과 고체 연료의 조작이고 또 연료의 소비량도 많다. 이것에 대하여 Solvay법은 식염수, 암모니아, 이산화탄소 등의 유체조작이고, 더욱이 반응은 저온에서 이루어지므로 연료비도 크게 내려가 종래의 Leblanc법의 업자는 소다회와 병산되는 염산, 표백분, 차아염소산 등의 판로를 넓혀 1890년에는 48개 공장이 연합하여 알칼리연합협회(United Alkali Co.)를 조직하여 암모니아법의 공격에 대항하였다.

(3) 전해법

독일, 프랑크푸르트의 Griesheim 화학회사는 1890년 직립격막법에 의하여 염화

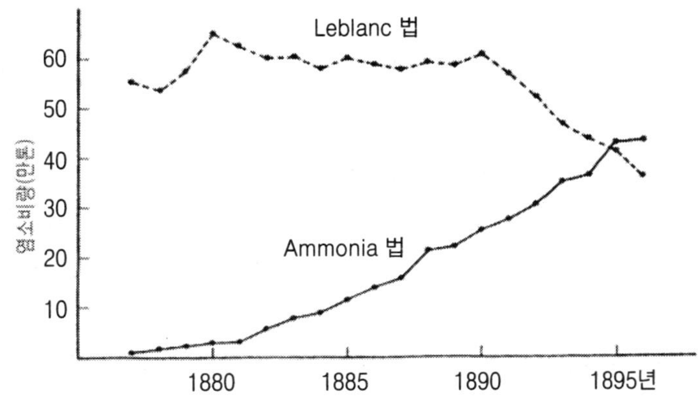

그림 3-5. 소다용 소금 소비량(영국)

칼륨의 전해법에 성공하였다. 전해 알칼리법의 창시이고 식염수를 전기분해하면 가성소다와 염소가 얻어진다. 이 전기분해법 소다는 1895년 이후 각국에서 기업화되었다. Leblanc법은 암모니아법과 전기분해법의 협공을 받으므로 점차 쇠퇴의 길을 밟아 1920년경에 소멸되고 말았다(그림 3-5).

4) 소다공업의 발달과 염업개발

18세기 중엽에 영국에서 산업혁명이 시작하고, 기계방직업을 중심으로 공업의 발전이 현저하였다. 또 이와 더불어 표백, 날염 그리고 염색업도 성행하여 이들은 다량의 소다를 필요로 하였다. 1736년 프랑스에서 발견된 Leblanc · 소다법은 영국에 있어서 발전의 기초가 되었다.

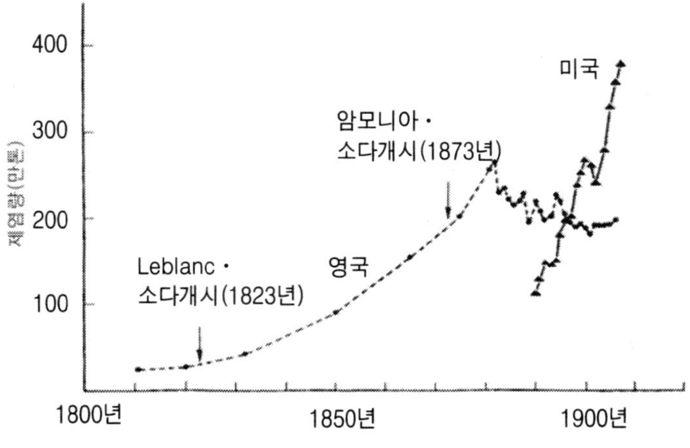

그림 3-6. 영국, 미국의 제염량

즉, 1823년 영국은 염세(鹽稅)를 폐지하고 같은 해 리바풀 부근에서 Leblanc・소다공장이 제조를 개시하였으며, 이후 약 1세기에 걸쳐 영국이 세계의 무기화학공업에 군림하는 계기가 되었다.

소다공업의 발흥・발달에 따라 제염업도 비약적으로 발달하여 18, 19세기를 통하여 영국은 세계 제1의 제염국으로 되었다. 한편 미국에서는 10세기 후반에 암염자원이 발견되었으며 이것에 의하여 미국이 20세기에 제1의 제염국으로 신장되었다(그림 3-6).

소다공장에서는 원료 소금을 물에 녹여 협잡물을 분리제거한 정제염수를 사용하므로 원료는 고형 소금보다 오히려 염수 쪽이 바람직하였다. 미국에서는 1880년 조지 스미스가, 영국에서는 1881년 토마스 벨리가 암염층에 담수를 주입하여 염수로서 채취하는 방법을 고안하고(프랑스에서는 그 이전에 실시하고 있었다), 암염으로서 채굴하는 외에 염수로서 양수하는 것이 많아졌다. 현재 영국에는 암염갱(岩鹽坑)은 한 곳에만 있고, 다른 모두는 염수채취 식으로 되어 있다.

제 4 장

염업의 현황

1. 세계의 염업

1.1 염업의 발전

소금은 옛날부터 조미, 조리, 식품가공 혹은 침채류, 염장 등 널리 이용되어온 생활필수 물자이다. 더욱이 그 산출은 암염갱(岩鹽坑), 염천, 해안으로 한정되어 있으므로 기원전부터 교역의 대상이 되고 또 국가나 권력자가 이것을 장악하는 것은 고금동서나 세상의 통례였다.

이와 같은 소금의 중요성을 다시 결정지은 것은 19세기에 대두된 소다공업이었다. 소금은 Na(natrium, sodium, soda)와 Cl(염소, chlorine)의 화합물이고 공업적으로 소다와 염소를 제조하는 경우의 거의 유일한 원료이다. 소금의 소비량이 그 나라의 화학공업의 바로미터라고 하며 또 국민의 생활수준의 지표로 되는 수도 있었다. 이 때문에 19세기 말부터 20세기에 걸쳐 각국은 경쟁하여 암염이나 지하 담수(鹹水) 등의 소금자원의 조사 개발에 노력하고 또 천일염의 적지를 찾아 대형 염전을 축조하였다.

1) 암염자원의 탐사와 개발

각국의 열심히 자원조사가 이루어져 각지에서 암염광산이 발견되어 개발이 진행되고 있다. 이렇게 하여 새로운 소금산지가 각지에 출현하여 연산 100만 톤을 상회하는 대규모 암염(岩鹽) 채굴장도 나타났다.

다른 한편으로 눈부신 발전을 보인 것이 용해채광법(solution mining)의 기술이다. 이것은 그림 4-1과 같이 지하의 암염층에 깊은 우물을 파고 물을 압입하면 암

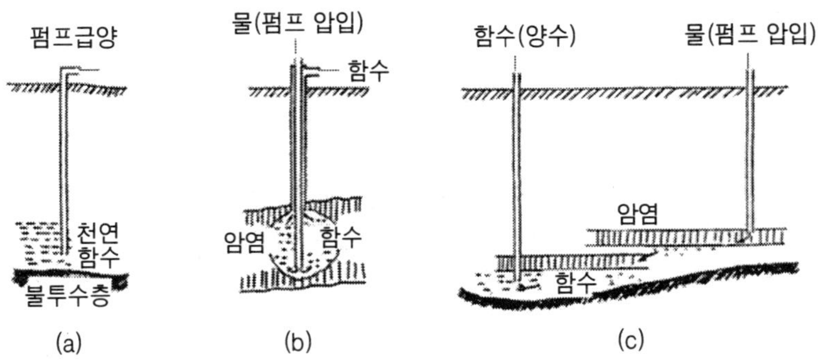

그림 4-1. 함수의 퍼올림, 용해채광법

(a) : 천연함수, 염정
(b) : 한 개의 정호(井戶)에 의한 용해채광법
(c) : 압입과 퍼올림을 나눈 용해채광법
(수력채광법 : hydraulically fracturing)

염층은 물에 녹아서 진한 염수(鹹水, 함수)로 되므로 이것을 지상으로 퍼올리는 방법이다. 이에 대하여 종래의 갱도 굴삭의 방법도 건식채광법(dry mining)이라 한다.

용해채광법의 방식은 19세기 말부터 구미에서 시도되었으나 20세기 중기에는 보다 고도의 기술을 확립하여 지하 1,000 m 정도의 깊은 암염층에서도 채광할 수 있게 되었다. 암염 채굴은 직접 소금의 결정이 얻어지나 용도에는 그대로 사용되지 않고 일단 물에 녹여서 염수로 하여 협잡물을 제거 정제하여 소다 용해조에 보내거나 증발관에서 제염하여 식용 또는 기타의 용도에 맞게 하여 쓴다.

용해채광법에서의 암염은 염수로 하여 펌프로 퍼올려 그대로 소다공장으로 보내거나 제염공장에서 소금으로 한다. 종합적으로 보면 건식채광법보다 용해채광법 쪽이 경제성이 있으므로 암염의 채굴은 융빙설용(溶氷雪用)과 같이 암염이 그대로 이용되는 용도분 만으로 하고 기타는 용해채광법에 의한 제염장이 많아졌다.

용해채광법은 지하 깊은 곳의 암염층에도 적용되므로 종래 제염장이 없었던 지방에서도 새로운 제염장이 출현하였다. 이 채취 소금층의 깊이도 차차 깊게 되고, 지금은 3.000 m급의 사업소도 많이 있다.

2) 대규모 제염 플랜트

용해채광법의 발달에 따라 대량의 함수(鹹水)가 얻어지게 되었다. 소다공장용은 간수의 그대로가 좋으나 그 이외의 용도에서는 제염하지 않으면 안 된다. 이 때문에 대규모인 제염 플랜트가 각지에 건설되었다. 소다공장에서는 간수의 협잡물을 제거, 정제하여 공정에 이용하거나 증발관에서의 제염도 하나의 정제조작이므로 정

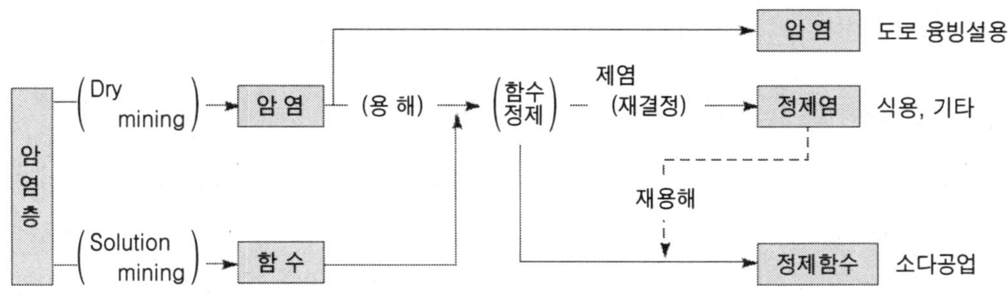

그림 4-2. 용해채광법과 건식채광법(소금 이용과의 관계)

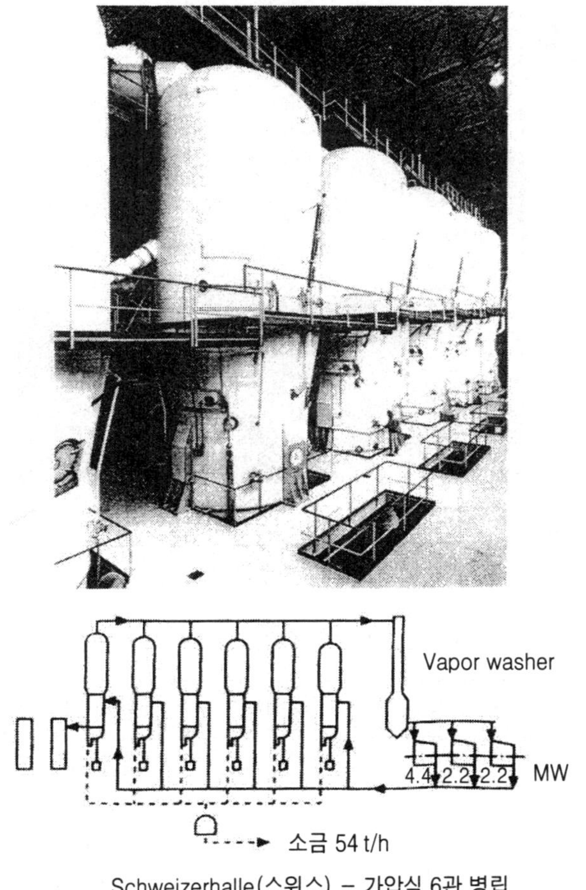

Schweizerhalle(스위스) – 가압식 6관 병립

그림 4-3. 가압식 증발관(병열)
(스위스의 제염공장)

제염을 다시 물에 녹여 소다제조에 이용하는 방식이 성립된다. 제염공장에서 원심 탈수된 소금은 용해조에 투입되어 정제염수로 되어 인접하는 소다 플랜트에 보낸다(그림 4-2).

용해채광법의 개발은 대규모인 제염공장이나 소다공장의 출현을 일으켰다. 현재로는 연산 100만 톤 이상의 제염공장도 가동하고 있다(그림 4-3).

3) 대규모의 근대식 천일염전

1953년 미국 NBC(National Bulk Carrier)회사가 멕시코에 초대형의 천일염전 구축을 시작하였다. 이 계획은 일본으로 수출을 목적으로 하여 진행된 것으로 그 생산규모는 연간 600만 톤을 넘는다. 현재에도 세계 제일의 규모를 과시하고 있으며, 생산염의 반 이상을 일본으로 수출하고 있다. 이것에 이어 1960년대에는 오스트레일리아 서해안의 몇 개소에 대규모 천일염전이 함께 건설되었다(그림 4-4). 표 4-1에 나타낸 바와 같이 이들 두 나라 외에도 인도, 중국, 브라질 등이 해염의 생산량을 대폭 증가시키고 있다.

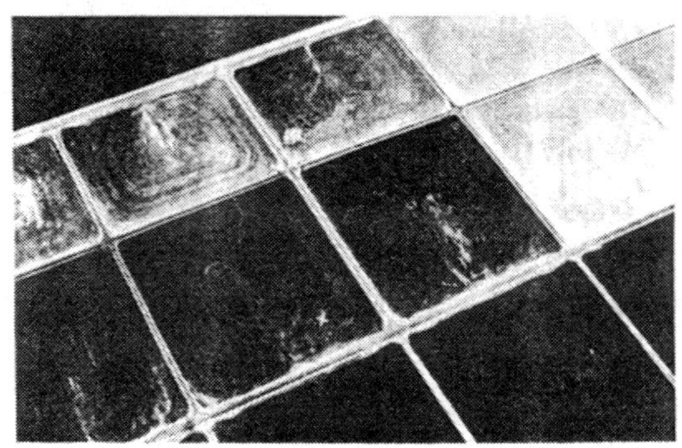

그림 4-4. 천일제염
(오스트레일리아의 담피아 염전)

표 4-1. 이스라엘의 사해와 미국 유타 주의 그레이트 솔트 호의 비교

구 분	이스라엘의 사해	미국 유타 주의 그레이트 솔트 호
넓 이	880 km^2	4,700 km^2
길 이	85 km	128 km
폭	16 km	80 km
평균 수심	360 m	4.5 m
염 도	23~33%	20~27%
관련된 주요 강	갈릴리 해, 요르단 강	유다 호, 요르단 강

1.2 세계 유명 소금 생산지

1) 사막에 위치한 미국 그레이트 솔트 호의 소금호수

미국 유타 주 북부에 자리잡은 그레이트 솔트 호는 서반구에서 가장 큰 내륙 염수 호로서 유명하다. 유타 주와 아이다호의 접경에 있는 베어 호나 유타 주 프로보의 서쪽에 있는 유타와 마찬가지로 그레이트 솔트 호수 역시 선사시대의 담수호인 바너빌 호가 남아 생겨난 음수호로 그 중 가장 규모가 크다(표 4-1).

100만 년 전에 생긴 홍적색의 바너빌 호는 지금의 유타 주 서쪽 2만km^{2}와 현재의 네바다 주 그리고 아이다호 주까지 펼쳐져 있다. 베에・유버・조던 강에서 물이 흘러들어 오기는 해도 나가는 통로가 없기 때문에 호수의 크기는 증발량과 유입되는 강물의 양에 따라 큰 변화를 보인다. 1873년과 1980년대 중반, 최고 수위였을 때는 그 크기가 약 6,200 km^{2}나 되었지만 1963년 수위가 낮아지자 약 2,460 km^{2}까지 줄어들기도 하였다. 중간 수위일 때는 수심이 일반적으로 4.5m를 넘지만 깊은 곳은 약 11m나 된다.

사해처럼 사막지대에 위치한 그레이트 호 역시 염도가 바닷물보다 훨씬 높은 17~20%나 되어 일부 하등동물만이 서식할 뿐 어류는 살지 못한다. 넓게 펼쳐진 모래벌판, 소금기가 가득한 땅 등으로 인하여 고립된 불모지에 불과했던 이곳도 무기질 공급으로 부각되면서 휴양지 그리고 야생동물 보호구역으로 새롭게 조명되고 있다. 그레이트 호 바닥에 쌓여 있는 소금의 양은 총 60억 톤에 달하는데, 대체로 염화나트륨 함량이 높지만 황산염, 칼륨 성분도 다량 함유되어 있어 무기질 공급원으로 각광받고 있다.

2) 유기농 소금을 생산하는 유럽의 다단계 증발식 천일염전

기후의 변화가 심하지 않은 호주나 멕시코에서는 증발 지(못)와 결정 지(못)를 따로 구분하지 않는 경우가 많아 한곳에서 증발과 결정이 모두 이루어진다. 이에 반하여 유럽(프랑스, 포르투갈, 이탈리아, 슬로베니아 등)과 아시아(베트남, 중국, 한국 등)처럼 사계절이 뚜렷하고 여름철 몇 달 동안만 증발량이 강우량보다 많은 지역에서는 효율적인 증발을 위하여 여러 단계의 증발 지(못)를 경우하면서 바닷물을 농축시키는 생산방식을 발전시켜 왔다.

여러 단계에의 증발 지(못)를 거치면서 함수가 농축되면 결정 지(못)에서 빠른 시간 내에 소금의 결정이 형성되기 때문이다. 그 중에서도 증발 지(못)의 단계 수가 가장 많은 우리나라 염전이 단위 면적당 효율성이 가장 높다.

우리보다 오랜 역사를 지닌 갯벌 천일염 생산지로는 프랑스의 게랑드와 포르투갈의 알가브 지역이 꼽힌다. 특히 연간 15,000 톤 정도의 소금을 생산하는 프랑스 게랑드 반도의 염전은 지금까지도 전통적인 장인기법을 고수함으로써 세계적인 명성을 유지하고 있다.

3) 피부병 치료에 효과적인 이스라엘 사해의 소금 호수

물 1ℓ당 염분량이 0.5g 이상 함유되어 있는 내륙의 호수를 소금호수, 즉 염호(塩湖)라고 하는데, 염수호(塩水湖) 또는 함수호(鹹水湖)라고도 한다. 염호(塩湖)는 아프리카 동부와 아나톨리아 고원, 호주, 북아메리카 서부 등에 많고, 남극지방에도 분포하고 있다. 이 중 사해, 그레이트 솔트 호, 가피스 해 등이 특히 유명하다. 호수의 물이 농축되어 형성된 염호는 건조한 지역에 많고, 높은 농도의 염분을 가진 물이 유입되어 형성된 염호는 화산지역이나 칼슘, 마그네슘염이 많은 지역에서 볼 수 있다.

염호는 물이 고여 있기 때문에 우기와 건기 또는 오랜 기간의 강수량 변동에 따라 수위 변화가 큰 것이 특징이다. 호주의 에어 호처럼 시기에 따라 염호가 소멸되는 경우가 있고, 건기가 계속되면 호수의 물이 말라 없어지는 경우도 있다.

요르단과 이스라엘 사이에 자리잡은 사해는 수면이 평균 해수면보다 약 400 m나 낮아 지표상 최저점에 위치한 염호이다. 사해(死海), 즉 「죽음의 바다」라고 불리는 것은 염분의 농도가 일반 바닷물보다 8～10배나 높아 어떠한 생물도 살 수 없기 때문이다. 그러나 나트륨 함량이 적은 반면 염소이온과 마그네슘, 칼슘, 칼륨, 브롬과 같은 양이온의 함량이 높은 것으로 알려져 왔다. 이들 성분들이 류머티즘과 피

표 4-2. 소금에 함유된 기타 무기질의 주요 기능

성 분	중요 기능
염 소	체내의 무기질의 균형을 잡아주고, 세포의 신진대사를 활성화 시킨다.
마그네슘	세포의 신지대사를 촉진시키고 효소를 활성화한다.
나트륨	신체에 적당한 수분을 유지시키며, 근육운동을 강화시킴과 동시에 세포 내 노폐물을 배출시킨다.
칼 슘	세포막과 뼈를 강화시키며, 심장근육과 신경에 관여한다.
칼 륨	수분유지를 통하여 노폐물을 몸 밖으로 배출하는 등 신진대사와 관련 있으며, 근육수축을 조절하고 신경근의 원활한 활동에 필수적이다.
브 롬	각종 피부병 치료에 효과적이고, 저항력을 강화시킨다.

부병 치료에 효과적이라는 사실이 알려지면서 오래 전부터 사해는 치료의 바다로 이용되어 왔다(표 4-2).

4) 중국 심해정((深海井)의 소금우물(염정 : 塩井)

중국 촉남죽해(蜀南竹海) 북쪽에 위치한 자공(自貢) 지역은 바다로부터 1000 ㎞ 이상 떨어진 대륙 도시이면서도 중국 최고의 소금 산지로 꼽힌다. 이 지역에서는 소금을 바다가 아닌 우물에서 얻는데 지하 1,000 m까지 파내려가 염정을 만든 후 소금물을 퍼올린다. 이렇게 채취된 소금물은 햇빛이나 화력을 이용하여 수분을 증발시키면 소금이 된다.

정염이란 땅속 깊숙이 잠겨있는 염분이 많은 지하수를 퍼올리거나 샘처럼 흘러나온 함수를 이용하여 만든 소금을 말한다. 정염을 만들려면 태양열이나 화력을 사용하여 소금물의 수분을 증발시켜 추출해내면 되는데 중국, 미국, 프랑스, 러시아 등이 주요 생산지다.

자공(自貢)은 춘추전국시대부터 소금도시로 유명했으며 염업 역사가 2천년이 넘는 셈이다. 옛 중국인들이 까마득한 깊이까지 구멍을 파기 위하여 고안해 낸 방식은 우물파기였다. 땅에 좁은 구멍을 뚫은 후 일직선으로 뚫고 내려가는 방법인데 4천 년 전 용산(龍山) 유적지에서도 우물이 발굴될 정도로 중국인의 우물파기 기술은 상당히 앞서 있었다. 소금우물을 파는 데는 길고 육중한 쇠막대가 이용된다. 무거운 쇠막대를 이용하여 땅을 조금씩 파내려 가다가 도중에 암반이 나타나면 암반이 부서질 때까지 쇠막대로 내려치기를 반복하는 식이었다. 흙이 무너져 내리는 것을 방지하는 장치를 설치하고 우물을 일직선으로 곧게 파내려 가면서 흙과 깨진 돌멩이는 지상으로 끌어 올렸다.

이런 식의 우물파기는 소금기가 함유된 지하수나 지층이 나올 때까지 계속되었는데 일부 지역에서는 이 과정에서 천연가스층을 발견하기도 하였다. 이 천연가스는 소금물을 끓이고 소금화학공업에 필요한 연료를 사용하였다. 땅을 뚫고 내려가다가 소금층을 찾으면 구멍 속으로 맑은 물을 부어 소금기를 녹인 후 퍼올렸다고 한다. 소금물을 퍼올릴 때는 쇠막대 대신 주둥이가 위쪽으로만 열리는 파이프를 이용하였다. 이렇게 퍼올린 소금물을 다시 커다란 도가니에 넣고 끓여 수분과 불순물을 제거하면 소금결정이 생겼다.

자공(自貢) 지역에서 지금까지도 옛 방식 그대로 소금을 생산해 내는 곳으로는 심해정(深海井)이 유일하다. 1835년부터 굴착이 시작된 심해정은 현재 국가 중점 문물로 지정되어 있는데, 학생들과 관광객을 위하여 여전히 소금을 생산하고 있다.

그러나 하루 생산량은 겨우 2～3 톤으로 자공(自貢) 시내에 거주하는 인구 50만 명이 이용하기에도 부족하다. 이 때문에 심해정에서 생산되는 소금은 현대화된 시설에서 생산되는 소금보다 비싼 값에 거래되고 있다.

심해정에는 지금도 통나무와 목책, 수레바퀴와 도르래를 이용하여 지어진 18.4m 높이의 굴착시설이 마당 한가운데 버티고 서 있다. 사막 위에 세워진 유정(油井)처럼 피라미드 모양이다. 1142m 깊이까지 닿는 밧줄을 묶어 두는 직경 4.5m의 거대한 물레도 인상적이다. 지금이야 전기모터로 밧줄을 되감지만 예전에는 물레를 돌리기 위하여 물소 4～5마리가 쉬지 않고 맴돌았다고 한다.

5) 세계의 관광지인 폴란드 비엘리츠카 소금광산

암염(岩鹽), 즉 소금바위는 러시아 연방 남동부, 프랑스 다크스, 인도 펀자브, 캐나다 온타리오, 미국 서부와 뉴욕 중부 등에 대규모로 형성되어 있으며 중국과 파키스탄에도 분포되어 있다. 그 중 대표적인 암염지역이 폴란드의 비엘리츠카 소금광산이다.

증발 지(못) 단계수를 비교하면 베트남, 중국, 인도 등지는 3～4단계, 게랑드는 8～9단계인데 비하여 우리나라는 최고 16단계에 이른다. 게랑드 지역이 결정 지(못)에서 소금결정을 얻는데 10～15일이 걸리는데 비하여 우리나라는 2일 정도면 채염이 가능할 정도로 효율성이 높다.

이곳은 180만～200만 년 전 바닷물이 증발하고 소금만이 남아 형성된 곳으로 소금층이 무려 10 km에 걸쳐 있고, 두께는 500～1,500m에 이른다. 이 소금광산은 11세기에 알려지면서 14세기부터 개발되었는데 당시 국가 재정의 1/3이 이곳에서 캐낸 소금을 팔아 충당될 만큼 국가와 국가 권력자에게 절대적으로 중요한 부의 원천이었다. 7세기 동안에 걸쳐 이곳에서 캐낸 소금의 양이 7,500만 톤에 달한다고 하는데, 이를 화차에 실어 줄을 세울 경우 적도의 1/5 길이에 해당될 정도로 어마어마한 양이다.

17세기부터 소금 채굴량이 줄면서 소금광산으로서 의미는 퇴색되었으나 수백 년간의 채굴과정에서 형성된 독특한 광산 내부 자체가 관광자원으로 개발되면서 연간 80만 명의 관광객을 끌어들이는 유명 관광지가 되었다. 소금 광산이 관광자원이 될 수 있었던 가장 큰 이유는 광산 노동자들이 채굴 뒤에 남은 공간에 놀라운 예술작품들을 남겼기 때문이다. 노동자들은 소금광산 속에 예배당, 운동장, 성인(聖人)이나 유명인을 기념하는 공간을 만들면서 내부에 수많은 조각품을 남겼다. 한결같이 광산 노동자들이 소금으로 직접 만든 것이다. 현재는 세계 12대 관광지이자 유네스코 문화유산으로 등록되어 있다.

6) 고대 잉카제국 소금 생산지인 지페루 살리나스의 소금밭

남미 페루의 3,000m 고지대에 자리잡은 마라스라는 마을에는 살리나스(Salinas)라는 염전이 있다. 15세기부터 16세기 초까지 남아메리카의 중앙 안데스 지방(페루, 볼리비아)을 지배한 고대 잉카제국이 소금을 생산하여 왔던 곳이다. 만년설로 뒤덮인 안데스 산맥에서 흘러내리는 물줄기가 암염지대를 통과하면서 바닷물보다 짠 함수로 바뀌는데, 이 물을 산비탈 염전에 모아 수분을 증발시키는 방법으로 소금을 생산하였다. 잉카인들이 소금 물줄기를 효과적으로 모으기 위해 계단식으로 만든 염전이 좁은 V자형 협곡에 아직도 수백 개나 남아 있다.

마치 밭농사를 짓는 것처럼 산비탈에 만들어진 계단식 염전이 독특한 풍광을 연출하는 살리나스 협곡을 상상해 본다. 새하얀 소금밭이 산을 따라 층층이 쌓여 있는 이곳은 관광지로 유명하다.

7) 세계 최대 규모의 한국 서해안 갯벌염전

세계 5대 갯벌 중의 하나인 한국 서해안에는 세계에서 가장 큰 규모의 천연갯벌 염전이 조성되어 있다. 전라남도 서해안은 특히 염전이 밀집되어 있는 곳으로 한국 천일염의 82%가 이곳에서 생산되고 있다. 중국의 황어 강을 비롯해 여러 강물이 각종 토사물을 품고 흘러들어와 만들어진 질이 좋은 갯벌이기 때문에 이곳에서 만들어진 소금 역시 각종의 소금 이외의 무기질이 풍부하다.

특히 예로부터 소금으로 유명한 전라남도에서는 천일염과 갯벌 염전을 적극적으로 연구·지원하고 있다. 2007년에는 한국에 남아 있는 유일의 석조 소금창고와 보존상태가 좋은 염전을 근대 문화유산으로 지정하고 친환경적인 소금 관광지를 개발하기 위해 힘을 쏟고 있다.

8) 호주 담피어(Dampier) 소금회사의 대규모 천일염전

호주 북서해안의 퍼스(Perth)로부터 1,300 km 북쪽에 위치한 담피어 천일염 생산지역(Dampier solar salt field)은 일본의 화학공업 발달과 밀접한 관련이 있다. 1960년대 후반 공업용 소금의 수요가 폭발적으로 증가한 일본이 호주에 대규모 천일염전을 조성한 것이다. 이 염전에서는 현재에도 일본과 동남아시아에 소금을 공급하고 있다.

담피어(Dampier) 지역은 덥고 건조한 기후, 편리한 항구, 광대한 지원 인프라 등 천일염 생산에 이상적인 조건을 갖추고 있다. 열대성 저기압으로 인하여 우리나라의 태풍과 같은 사이클론이 자주 발생하는 지역이지만 이에 대항하기 위한 조림 방지시설까지 갖추고 있다.

우리나라의 천일염전이 대부분 소규모 모여서 소금 생산이 수작업으로 이루어지는데 반하여 세계 최대 규모로 자랑하는 담피어 염전은 모든 작업이 기계를 이용한다. 광활한 평지에 1～5년간 바닷물을 가둬놓았다가 25～40cm 두께의 소금이 쌓이면 수확하는데, 이 정도 두께의 소금은 불도저와 같은 기계를 이용하지 않고는 엄두도 낼 수 없다. 수확 후에는 수출용 고품질 소금을 만들기 위하여 세척, 탈수 등의 가공과정을 거치기도 한다.

1.3 세계의 소금 생산과 수요

세계 각국의 소금 생산량의 추이는 표 4-3, 그림 4-5, 4-6에 나타내었다. 1938년의 총 생산량은 약 3,000만 톤이며, 100만 톤 이상의 소금 생산국은 7개국이었다.

표 4-3. 세계의 소금 생산 (단위 : 백만 톤)

국 가	1990	1995	2000	2003	2006
미 국	37.0	42.2	45.6	43.7	46.0
중 국	20.0	29.8	31.3	32.4	48.0
독 일	15.7	15.2	15.7	15.7	18.6
인 도	9.5	12.5	14.5	15.0	16.0
캐나다	11.3	11.0	11.0	13.3	15.0
호 주	7.2	8.1	8.8	9.8	12.4
멕시코	7.1	7.7	8.9	8.0	8.5
프랑스	6.6	7.5	7.0	7.0	7.0
브라질	5.4	5.8	6.0	6.1	7.3
영 국	6.4	6.7	5.8	5.8	5.8
기 타	45.6	52.5	58.5	53.2	55.4
합 계	183	100	214	310	240

자료 : 북미소금협회

제2차 세계대전 후 각국의 부흥은 급속도로 진행되어 산업개발도 성황리에 진행되었다. 화학공업도 급속한 발전을 하여 그 기초가 되는 소다의 수요도 비약적으로

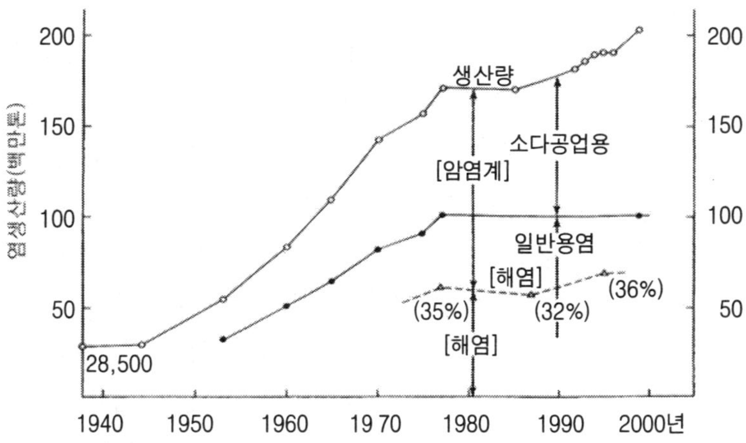

그림 4-5. 세계의 소금 생산량과 용도

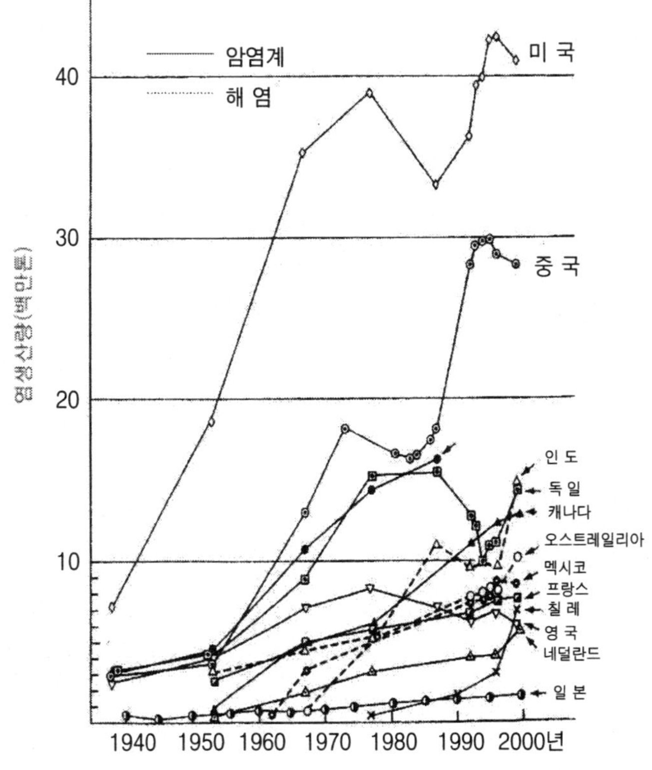

그림 4-6. 각국 소금 생산량의 추이

증가하였다. 여기에 더하여 염화비닐로 대표되는 염소의 수요가 급증하여 소다공업은 염소・알칼리공업이라 칭하는 쪽이 알맞은 상황이 되었다. 이렇게 하여 이들의 원료인 소금의 수요는 급증하였다.

1953년의 소금 총 생산량은 약 5,500만 톤으로, 미국의 1,900만 톤을 필두로 200만 톤 이상의 소금 생산국은 7개국을 헤아린다. 이것이 1977년에는 총 생산량이 1억 7,700만 톤으로 3.2배 이상 증가하였다. 소금 수요의 약 40%는 소다공업이다. 1980년 이후, 일반 소금 수요는 약 9,000만 톤으로 보합시세에 있으나 소다공업용은 증가를 계속하고 있다. 1999년의 소금 총 생산량은 2억 톤을 넘고 이 중 소다공업용이 1억 1,000만 톤, 기타 일반염이 9,000만 톤으로 되어 있다. 이 소금 생산의 약 2/3이 암염상(岩塩床) 자원이고 다른 1/3이 해염이다.

미국의 소금 생산량 절반 이상이 암염이지만 판매액으로는 증발염, 암염, 천일염 순이다 미국의 소금 소비의 가장 큰 비중을 차지하는 것은 제설용으로 뿌려지는 것이며, 화학공업용은 감소 추세이고, 연수 제조용이나 식품용은 증가 추세이다.

1.4 한국의 소금 생산과 소비

1) 한국 소금의 종류와 수급현황

(1) 천일염

소금은 크게 바닷물을 염전에 끌어 들여 바람과 태양열로 수분을 증발시켜 결정화한 천일염(天日鹽), 지층이나 바위와 같이 암석을 이룬 소금을 채취한 암염(岩塩), 그리고 해수를 이온교환막에 전기 투석시켜 정제한 농축함수를 증발관에 넣어 제조한 정제염(기계염) 등으로 구분한다. 대부분의 천일염은 호주, 멕시코, 미국, 이탈리아, 프랑스, 중국 등 강수량이 적은 연안에서 생산되고 있으며 한국과 같은 갯벌 천일염은 프랑스, 포르투갈, 중국, 베트남 등에서 상대적으로 적은 규모로 생산되며 정육면체의 소금입자 구조를 형성한다.

천일염은 태양열, 바람 등 자연을 이용하여 해수를 저류지로 유입하여 바닷물을 농축시켜 만든 소금이다. 이의 산지는 지중해, 홍해 연안의 각국을 위시하여 미국, 인도, 중국 등 각 해안 연안에 많으며 한국에서는 서해와 남해에서 생산된다. 천일염의 염도는 일반적으로 90% 내외이고 색택은 백색이나 투명색이 있으며 한국산은 기후조건으로 염도 80% 내외의 백색이다

대규모 염전에서 생산되는 천일염은 한국의 천일염에 비하여 3~8배 싼 가격으로 수입, 판매되고 있으며 한국의 천일염과 형태가 비슷한 중국산은 1/3 정도의 가

격으로 수입되어 일부는 원산지를 속이고 국산으로 판매되고 있는 실정이다.

현재 천일염은 산업자원부 염관리법으로 관리되고 있으며 식품위생법은 식용소금(재제・가공・정제소금)에 대해서만 관리하고 있다. 최근 천일염이 젓이나 장류 등 전통식품에 사용되고 있는 현실을 감안하여 천일염을 식품에 사용하도록 위생규격을 새로 만들어 입안 예고하였다.

서남해안 청정해역에서 재래식 방법으로 생산되는 한국의 천일염은 염화나트륨 순도가 80～86% 정도로 낮은 반면 우리 몸에 이로운 각종 무기질을 다량 함유하고 있어 김치나 젓 그리고 장류 등의 발효식품에 가장 적합한 소금일 것이다. 그러나 천일염은 소금 이외의 몸에 필요한 마그네슘, 칼슘, 칼륨 등의 무기질이 많고 알칼리성의 소금이고 백색의 광택을 가지며, 좋은 맛을 가진 것이 장점이다. 반면 수분 함량이 높아 조해성이 당하고 이물의 혼재 위험이 있으며 소금의 부식성이 있는 것이 단점이라 할 수 있다.

천일제염법은 아래와 같은 입지조건을 충족시켜야 성립될 수 있는 제염방식이다.

즉, ① 우량이 적을 것
② 기온이 높을 것
③ 공기가 건조 할 것
④ 바람이 강할 것
⑤ 지질이 점토질일 것
⑥ 지형이 평탄 광활할 것
⑦ 해안에 접해 있고 부근에 강이 없을 것
⑧ 육송, 해송의 교통이 좋을 것
⑨ 값싸고 풍부한 노동력이 있을 것

이상의 조건을 갖추고 있는 장소는 한국의 서남해안에 간사지가 넓게 발달되어 있고 또 큰 조석 간만에 기상조건에 있어 강우량이 많고(1,2000 mm 내외), 강우횟수(약 80회)가 잦아 증발량이 적으며(1,2000 mm 내외), 육지에서의 많은 강물의 영향으로 원료 해수의 농도가 낮아(2～3 보메) 타 지역(3～5 보메)에 비하여 아주 불리한 조건에서 염전이 건설된 것 같다.

우리나라에는 천일제염법으로 천일염 연 약 35만 톤을 생산하며 이온교환막식 기계제염(울산, 강릉 2개 공장)으로 정제염을 연간 약 25만 톤을 생산하고 있으며 생산된 천일염을 원료로 하여 재결정시킨 재제염, 분쇄, 세척, 건조, 첨가 등의 과정을 거쳐 만든 가공염 등 다양한 소금이 생산되고 있다.

〈천일염산업의 정의와 제조공정〉

천일염산업은 바닷물을 바람과 태양열로 수분을 증발시켜 결정화한 천일염과 이의 가공·유통과 관련된 산업을 말한다. 일반적으로 천일염 제조공정은 순서는 아래와 같으며, 공정도는 그림 4-7과 같다.

① 저수지로 바닷물을 유입
② 제1 증발지로 이동(염도 약 3~8도)
③ 제2 증발지로 이동(염도 약 9~15도)
④ 결정지에서 소금 생성(염도 16~25도)
⑤ 채 염
⑥ 소금창고나 야적장 보관
⑦ 자연탈수(약 15일)
⑧ 포장·출고

천일염을 만들기 위하여 원료해수를 저장할 수 있는 저수지와 염전이 필요하다. 염전은 제1 증발지, 제2 증발지, 결정지, 함수류(函數溜) 수로 및 휴반(畦畔)으로 구성되는데 면적 5ha(50,000 m^2)가 정형의 한 개 단위가 되며, 길이 450m, 폭 111m의 장방향의 모양으로 제1 증발지 57.5%, 제2 증발지 16.5%, 결정지 10%, 함수류 수로 22%, 및 휴반 13.8%의 면적비로 배분되게 된다.

염전과 각 부분 중 생산량과 품질에 제일 영향을 미치는 부분은 결정지 부분이다. 증발지에서 증발 농축된 포화함수를 넣어 결정 석출시키고 이를 채염하는 지역을 말하며, 증발지 하단에 위치한다. 4단 8열로 구획된 각지는 100 m^2 내외 정방형으로 축적되며, 지반이 매우 견고하다. 개량 결정지는 토판 결정지에 타일 혹은 비닐을 부설하여 고농도 함수의 누수방지, 토사 오염방지 등의 이점이 있어 한국에서 특히 많이 채택되고 있다.

천일제염법은 염전에 해수를 도입하여 태양열과 풍력 등의 자연력에 의존하여 수분을 증발시켜 해수 중에 용존되어 있는 소금을 결정시키는 과정이므로 천일염전에서의 제염작용은 광활한 염전 면적을 이용하여 수분의 증발을 촉진시키고 바다 함

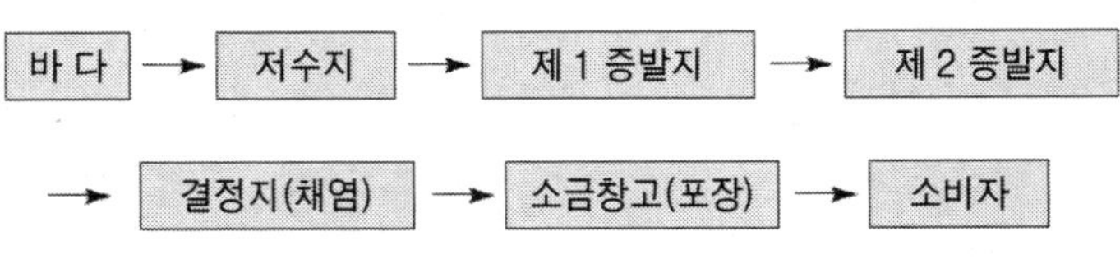

그림 4-7. 천일염 제조공정

수의 누수방지와 외수에 의한 희석을 방지하고 포화함수에서 소금을 결정시키는 조작을 기상의 자연력에 맞추어서 조정하여 채염하는 등의 작업으로 대별하여 시행한다.

작업은 기온에 따라서 지역별로 약간의 차이는 있지만 동절 결빙기에는 휴업하고, 이른 봄에는 제염 준비 작업을, 고온기에는 제염작업을, 늦가을에는 염전 정리 및 월동 준비 작업을 각기 수행하는데 이것을 4기로 구분하여 작업기간은 다음과 같다.

- 춘계 제염 준비 작업기 : 2월 10일~3월 말(50일간)
- 제염 작업기 : 4월 1일~10월 말(214일간)
- 추계 정리 작업기 : 11월 1일~11월 말(30일간)
- 동계 휴업기 : 12월 1일~2월 9일(71일간)

그리고 천일염은 맑은 날에만 생산되고, 강우일에는 생산이 안 되기 때문에 가뭄이 심하면 소금 풍년이고, 장마가 길면 소금 흉년이 되는 것이지만 기상통계상 4, 5, 6월은 건조기로 보아 연간 생산량은 63%, 7, 8, 9, 10월은 37%를 생산하는 것이 보통이다.

강우량의 품질은 절대적으로 결정지에서 좌우된다 할 수 있다. 강우량이 적은 지역 염전에서는 결정지 모액의 수심(10~20cm)을 깊이로 하여 장기간 년 1~2회 채염 결정시킴으로써 고염도의 천일염을 만들고 있는데 한국과 같이 강우가 잦은 나라에서는 결정지 수심을 낮게 하여 매일 채염을 하므로 고염도 소금이 아닌 비교적 타 염류를 많이 함유하는 저 염도 소금을 생산해 오고 있다.

한국은 1999년 3월 현재 1,276개 염전, 총 면적 5,0882ha에서 생산되고 있는데 전술한 바와 같이 기상상태 여하에 따라 생산량의 기복이 심하며 연 25만 톤~35만 톤의 생산을 하고 있다. 대규모 염전은 공단, 주택지 등 다른 목적으로 전용되고 현재는 100ha 이상 2개 염전을 제외하고는 대부분은 영세한 규모이며, 주로 전남 해안지방 및 인근 도서에 분포되어 있다(표 4-4).

일반적으로 소금 결정형성은 토판, 장판, 타일이나 옹기각 등의 바닥 재료구조를 가진 결정지에서 이루어지며, 이렇게 얻어진 천일염을 이용한 가공염은 여러 가지 가열과 첨가 등의 과정을 거쳐 생산된 부가기능을 가진 소금을 말하며 천일염의 유통은 국내 및 국외 판매(홍보, 마케팅 포함)와 관련된 분야를 말한다. 그리고 전남산 천일염은 염화나트륨(NaCl) 함량은 낮은 반면 상대적으로 수분과 황산이온 함량이 높을 것을 알 수 있다. 프랑스산 천일염은 상대적으로 불용분 함량이 높고 호주나 멕시코산 천일염은 염화나트륨이 대부분을 차지한다(표 4-6).

표 4-4. 천일염 생산량 (2006년 12월)

구 분	면 적(ha)			업체 수		생산량(톤)
	허 가	가 동	휴 업	허 가	생 산	
전 국	4,736	3,926	810	1,275	1,119	285,568
전 남	3,330	2,977	353	1,134	1,000	235,568
대 비	70%	76%	44%	89%	89%	82%

자료 : 대한염업조합

표 4-5. 연도별 천일염 생산현황 (단위 : 톤)

연도별	국내 생산량	전남 생산량	전국 대비(%)	전년대비 증감(전남)	비고
2000	355,417	265,233	74.6	78,463	
2001	260,711	173,420	66.5	△91,813	
2002	204,541	146,488	71.6	△26,932	
2003	155,951	123,884	79.4	△22,604	
2004	339,951	290,832	85.6	166,948	
2005	334,215	288,241	86.2	△2,591	
2006	285,4568	235,440	82.4	△52,802	

자료: 대한염업조합

표 4-6. 전남산과 수입산 천일염의 주요 성분 비교 (단위 : %)

	전남산	게랑드산	중국산	베트남・일본	호주・멕시코
염화나트륨	82.85	89.89	88.47	90.53	98.99
수 분	9.77	4.96	5.01	5.16	0.62
황산이온	1.86	1.13	0.91	0.73	0.13
불용분	0.07	0.47	0.08	0.05	0.01
합 계	94.55	96.45	94.46	96.47	99.75

자료: 전남보건환경연구원(2007)

전남산 천일염은 소금 이외의 중요 무기질 함량이 높고 특히 칼륨과 마그네슘 함량에 있어서 다른 수입산 천일염에 비하여 3배 정도 높게 함유한다. 대신 멕시코산 천일염은 칼륨, 마그네슘 함량이 매우 적게 함유한다(표 4-7).

우리나의 소금은 주로 식용, 산업용, 공업용 등으로 사용되고 있으나 소금은 크게 원염으로 천일염, 암염, 기계염이 있으며, 2차 가공염으로 재제염(재제조염)과 가공염이 있다(표 4-8).

(2) 암염(岩塩)

한국에서 생산되지 않으나 상당량이 수입되고 있으므로 소개한다. 천연으로 땅속에서 층을 이루고 파묻혀 있던 것을 제염한 것으로 특히 미국, 영국, 독일, 소련 등지에서 많이 산출되며 채굴된 암염은 분쇄, 선별, 가공되어 공업용과 식용으로 널리 사용된다. 암연은 염도가 96% 이상이고, 색은 투명색이 보통이나 지질에 따라 회색,

표 4-7. 전남산과 수입산 천일염의 주요 소금 이외의 주요 무기질 성분 비교

(단위 : mg/kg)

무기질	전남산	게랑드산	중국산	베트남·일본	호주·멕시코
칼슘(Ca)	1,429	1,493	920	761	349
칼륨(K)	3,067	1,073	1,042	837	182
마그네슘(Mg)	9,797	3,975	4,490	3,106	100

자료 : 전남보건환경연구원(2007)

교정 : 식품성분은 100g을 단위로 하여 표시한다. 이 표의 단위는 mg/kg로 되어 잘못이다.

표 4-8. 염의 용도별 구분

식 용		공 업 용	
일반 가공용	식품산업용	일반 가공염	화학공업용
가정 식탁용 김장용 장류용 요식업용 기 타	수산물 가공용 장류 공장용 찬류 공장용 통조림 공장용 면류 식품공장용 인스턴트식품 공장용 조미료 공장용 기타 식품공장용	피혁 가공용 비누, 합성세제용 염색용 정수용 유지용 사료용 기타 공업용	소다회용 가성소다용 염료용 정제용 기타 화학공업용

갈색, 적색, 청색 등의 색이 있다.

(3) 이온교환막 기계제염(기계염)

기계염(機械塩)은 정제염이라고도 하며 바닷물을 여과조에 담아 침전조에 화공약품을 섞어 NaCl 이외의 물질을 제거한 후 이온교환막을 통과시켜 Na^{+} 이온과 Cl^{-} 이온만을 전기분해하고 농축 함수를 증발관에 넣어 수분을 증발시켜 이것을 원심분리기에 넣은 후에 수분 0.01%로 건조기에서 완전히 건조하여 만든 소금을 말한다. 보통 염화나트륨의 순도 99% 이상으로 높인 것으로서 마그네슘이 제거되어 흡습성이 적고 백색을 띤다. 천일염과 같이 방대한 염전이 필요하지 않고 또 기상에 좌우되지 않는 말 그대로 전천후 제염방식이다. 약 3.3%의 해수를 이온교환막에 정착된 투석조를 거쳐 16~18%의 염수를 만들고 이를 증발관에서 증발시켜 정제염을 만들어 내는 공정이다(그림 4-8).

우리나라에서는 1979년 최초로 울산에 15만 톤 규모의 이온교환막식 기계제염 공장이 가동되었고, 2년 후에 다시 20만 톤 규모로 증설되었다. 1994년에는 또 다시 강릉지역에 10만 톤 규모의 제2공장이 준공되어 우리나라 전체의 생산능력은 30만 톤으로 확대되었다. 이렇게 만들어진 정제염은 순도가 높고 위생적이며 품질이 일정하여 화학공업, 식품공업 등에서 주로 사용되고 있다. 이 제염방식은 많은 장점을 가지고 있으나 많은 에너지(스팀, 전기)를 소요한다는 불리한 점이 있다.

이상과 같이 천일염에는 염화나트륨(NaCl) 이외에도 인체에 필요한 80여 가지 무기질이 소량 함유되어 있으나 정제염은 염화나트륨만 남아 있는 상태이다. 성분상으로 또는 결정입자가 너무 커서 사용하기가 부적합한 천일염을 분쇄, 세척, 용융 등의 과정을 거쳐 입자를 적게 하고 성분을 깨끗하게 만든 소금에 다른 성분을 첨가한 소금을 통 털어서 가공염이라 한다.

(4) 재제염

재제염(再製鹽)은 원료 소금을 용해, 탈수, 건조 등의 과정을 거쳐 다시 재결정

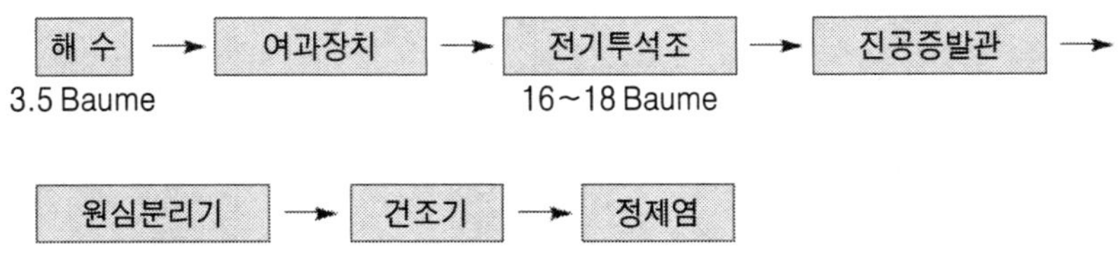

그림 4-8. 이온교환막식 기계 소금 제조공정

화시켜 제조한 소금을 말하며, 보통 국내산 천일염 32%와 수입 소금 80%를 섞어 115℃로 18시간 동안 가열하여 생산하고 염도는 90% 이상으로 높인다.

재제염은 백염 혹은 꽃소금이라 불리기도 하며 천일염을 녹여서 여과한 깨끗한 소금을 평부(평부)에서 재결정시킨 소금이다. 천일염 중 함유된 물 불용성 성분이 완전히 제거된 인편상의 결정으로 얻어지는데 이 소금은 부피가 크고 용해속도가 매우 빠르다는 특징이 있어 일반 가정은 물론 일부 식품공업으로도 선호도가 큰 소금이다. 결정 모액을 몇 보메까지 사용하는가에 따라 다양한 조성의 소금을 얻을 수 있는데, 염도는 88～90%의 비교적 저염도 소금이 만들어지게 된다. 현재 국내에서 약 30여 개 업체에서 연간 10～15만 톤을 생산 판매하고 있다.

(5) 가공염

가공염(加工塩)은 원료 소금을 볶음, 태움,· 용융 등의 방법으로 그 원형을 변형한 소금 또는 식품첨가물을 가하여 가공한 소금을 말한다. 식품공전 상에서는 원료 소금을 세척, 분쇄, 압축의 방법으로 가공한 것은 제외한다. 태움에 의한 가공염에는 구운 소금과 죽염 등으로 나눌 수 있다. 가공염의 제조공정은 그림 4-9와 같다

1970년대 초 국내에서 생산되는 천일염을 원료로 가공염이 만들어지기 시작하였고 NaCl 80～85% 천일염(표 4-6. 천일염 조성 참조)을 세척 → 분쇄 → 세척 탈수 → 건조 → 포장의 전 과정을 거쳐 NaCl 99% 전후, 물 불용성분 0.02% 미만, 물 용해성 불순성분($NgCl_2$ + $MgSO_4$ + KCl 등) 0.5% 내외의 정제염에 준하는 가공염이 제조되었다. 당시 이 방법은 널리 유행되어 라면 등 식품가공업체, 염료 등 화학공장, 정수용 등에 공급되었으며 울산 이온교환막식 기계제염 공장이 가동될 때까지 약 10～15년 유행되었다.

가공과정 중 단순 분쇄 과정만으로 가공염을 만드는 공장이 가동된 것은 1976년 말부터이다. 소다공업용 원료소금 이외에는 수입이 금지되어 오던 것이 원자재용, 염료, 안료 제조용 등에도 수입이 가능하였기 때문이다. 호주, 멕시코 등에서 수입된 이 수입 소금은 화학성분 자체는 양호하나 결정입자가 크고 단단해서 분쇄과정을 거쳐야 사용할 수 있기 때문이다.

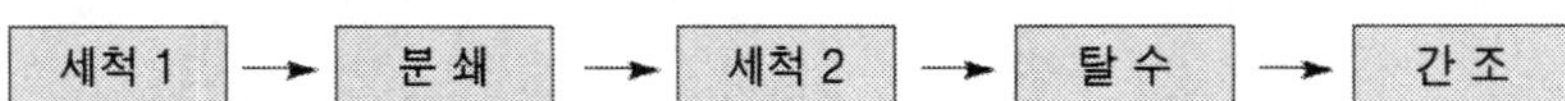

그림 4-9. 가공염의 제조공전

1997년 소금 수입자유화 이후에는 수입 염 분쇄공장이 20여 업체에 이르고 그 가공 염은 10～15만 톤에 달하며 미역 등 수산물 가공용으로 염료, 안료제조용, 사료용, 피혁용 등 광범하게 공급되고 있다.

① 구운 소금: 구운 소금은 기준 온도 400℃로 올려 주지 못하면 유해물질을 거의 제거할 수 없으므로 이것이 재래식의 한계이다. 그러나 제조방법에서 먼저 1단계로 400～450℃, 1～4시간 동안 가열하면 유기물과 비소가 제거되며, 2단계로 550～600℃, 30분～4시간 동안 가열시 비소, 산화물, 카드뮴이 제거된다고 한다. 마지막 단계로는 700～800℃, 30분～4시간 동안 가열시 납, 내화성 유기물, 칼슘, 마그네슘 산화물이 제거된다. 납은 600～700℃에서 급히 감소되며, 초기 값의 20% 수준이 된 후 800℃ 이후에는 거의 없어진다. 원료 천일염에 따라서 세척과정이 일부 또는 전부가 생략될 수 있다.

② 용융가공염: 천일염을 소금의 융점(MP 801～803℃)과 비점(MP 1,349℃) 사이의 고온까지 가온하여 액상으로 용융시켜 불순물을 분별 처리함으로써 순수한 소금을 얻는 가공법이다. 1970년 초기 NaCl 85% 정도의 천일염을 전기로에서 용융시켜 부유 불순물을 제거하고 노즐을 통하여 액체용융 소금을 분사하여 20～80mesh의 가공염을 만들어 일부 식품공장에서 사용된 적이 있었으나 과중한 에너지 비용으로 곧 자취를 감추었다. 용융가공염으로 오랜 역사를 가지고 있는 것이 죽염이라 할 수 있다.

③ 죽염(竹鹽): 죽염은 왕대나무를 한쪽이 뚫리도록 다시 마디를 자른 후 천일염을 다져 넣고 뚫린 윗부분을 반죽한 황토로 막는다. 이렇게 준비된 대나무 통은 용융시설에 2～3층으로 세워 놓은 아궁이에 소나무 장작을 이용하여 최소한 1,000℃ 이상의 고온에서 구워 낸다. 다 구워진 후에는 대나무 통은 고온에서 타서 없어지고 서로 뭉쳐 구워진 소금은 원통을 유지하면서 남아 있는데 이물질을 제거한 다음 분쇄하여 초벌구이 하는 식으로 9번 정도 굽는 것을 거듭하는데 이 과정 동안 천일염 속의 성분들이 대나무 속의 황, 송진, 철 성분 등과 혼합되는 것으로 알려지고 있다.

마지막 구울 때는 송진만으로 불을 질러 1,400℃에서 1시간 정도 가열하여 녹여 내는데, 불이 꺼진 후 굳어져 돌덩어리처럼 변한 것이 바로 죽염이다. 현재에는 15업체에서 약 20억 원 상당의 죽염이 생산되고 있으며, 일반식용, 건강보조식품, 미용, 화장품, 비누, 치약 등 여러 용도로 이용되고 있다.

④ 첨가염: 소금에 특정 목적을 통하여 기타 물질을 첨가 가공한 것을 첨가염이라 한다. 정제염에 MSG 용액 혹은 분발을 코팅한 맛소금이 용기 내에 고결되지

표 4-9. 식품공전상의 소금 특성

구 분	천일염	기계염	재제염	가공염
생산 방식	해수를 유입하여 태양열로 증발	이온교환막식으로 얻어진 함수를 증발관에 넣어 제조	1차 원염을 희석시켜 증발	1차 원염을 분쇄, 세척 등의 방식으로 가공
유통	집산지 거래와 집산지 외 거래	특약점 거래와 직접 판매		가공 위탁 업체로 직접 유통
염질	NaCl : 80~85% 결정입자 : 불균형 등 공업용 및 재제염 원료로 부적함	NaCl : 99% 이상 결정입자 : 균등	NaCl : 88% 결정입자 : 균등	
보건 위생	전근대적 생산방식과 해수오염 가능성 우려, 국민들의 입맛에 일치	불순물을 완전 제거한 위생염이지만 해수오염 가능성 우려, 국민들의 입맛에 부적합	불순물 제거한 위생염, 국민들의 입맛에 일치	
용도	식용 식품가공용	식용 일반 공업용	식염 식품가공염	수출용 원자재 사료용

않고 잘 흘러내리게 하기 위하여 free runner(free flowing agent)를 0.5~3% 첨가한 식탁염 등이 있다.

지금까지 설명한 소금별 특성을 요약하면 표 4-9와 같다.

2) 한국의 소금의 수요와 소비

1960년대 말까지는 식용, 농업용, 수산용의 아주 단순한 수요 구조를 갖고 있었으나 양이나 품질에 있어서도 당시의 1,400개 염전, 총 면적 1,200ha(이 중 1,897ha 국영 염전)로서 자급자족이 되는 수준이었다. 물론 기상상태 여하에 따라 생산량이 많은 기복을 보였고, 생산염의 품질도 만족스럽지는 못하였다.

1950년대 말부터 소금이 화학공업의 원료로서 사용되기 시작하였는데, 그 첫째가 염산의 제조였다. 당시 염화가공업협동조합 산하의 30여 개 업체가 주로 경인지방과 부산지방에 산재되어 약 2만 톤의 소금을 공업용으로 쓰기 시작하였던 것이다.

당시 염산의 제조방법은

① 황 분해식(Hargreaves process)

$S + O_2 \rightarrow SO_2$

$SO_2 + FO_2 + H_2O + 2NaCl \rightarrow Na_2SO_4 + 2HCl\uparrow$

② 황산 분해식(Manheim process)

$2NaCl + H_2SO_4 \rightarrow Na_2SO_4 + 2HCl\uparrow$

1960년대 초부터는 격막식 및 수은식 전해 공장이 제법 규모를 갖추고 역시 경인지역과 부산지역을 중심으로 성행하기 시작하였고, 1968년에는 동양화학의 소다회공장 준공으로 본격적인 소금 이용공업이 시작되었다. 당시 이 공장은 솔베이법, 즉 Ammonia soda precess로서 초기에는 약 6만 톤의 원료 소금을 소요하였으며 인근 국영 염전에서 생산되는 NaCl 88% 이상 소금과 수입 소금으로 충당하게 되었다.

표 4-10. 한국의 소금 수급현황 (단위 : 천 톤)

구 분		1999	2000	2001	2002	2003	2004	2005	2006
공급	합 계	2,880	2,970	3,098	3,260	2,962	2,978	3,212	3,167
	국내 생산	517	596	501	328	262	455	507	484
	- 천일염	286	355	261	205	156	340	334	299
	- 기계염	231	241	240	123	106	115	173	174
	수입염	2,347	2,358	2,581	2,921	2,692	2,514	2,698	2,683
	부산물염	16	19	16	11	8	9	7	11
수요	합 계	2,862	2,879	3,96	2,914	3,288	2,011	3,174	3,167
	식 용	611	599	553	482	607	555	622	568
	- 천일염	446	432	381	343	547	480	507	470
	- 기계염	165	167	172	139	60	75	115	98
	공업용	2,251	2,280	2,543	2,432	2,681	2,356	2,552	2,599
	- 천일염	2,152	2,218	2446	2,363	2,635	2,304	2,494	2,512
	- 기계염	99	62	97	69	46	52	54	76

자료 : 대한염업조합

표 4-11. 한국의 소금 수입현황(2006년도) (단위 : 톤)

	합 계	천일염	식 염	암 염	순염화나트륨	미용염	기 타
합 계	2,683,560	2,528,306	79,269	10.276	5,673	108	59,927
호 주	1,265,906	1,265,408	494	0	0	3	0
멕시코	925,846	925,840	6	0	0	0	0
중 국	435,677	292,693	78,031	7,502	67	6	57,378
인디아	29,260	29,260	0	0	0	0	0
베트남	14,522	14,441	80	0	0	1	0
파키스탄	3,382	514	5	2,775	0	0	88
영 국	2,809	0	0	0	1,535	2	1,272
뉴질랜드	1,504	0	240	0	1,258	6	0
태 국	1,477	0	0	0	1,476	1	0
독 일	1,136	1	0	0	960	3	171
스페인	520	0	0	0	0	0	520
미 국	397	0	120	0	2	27	248
아르헨티나	391	61	252	0	36	0	42
덴마크	216	0	0	0	216	0	0
일 본	197	0	17	0	82	45	53
터 키	90	0	0	0	0	0	90
이스라엘	63	0	0	0	0	1	60
페 루	49	49	0	0	0	0	0
그루지나	42	0	0	0	0	0	0
이태리	27	16	8	0	42	3	0
마다카스카르	20	20	0	0	0	0	0
캐나다	11	0	11	0	0	0	0
스웨덴	5	0	0	0	0	0	5
프랑스	4	0	0	0	0	4	0
홍 콩	3	1	0	0	0	2	0
아일랜드	3	0	0	0	0	0	0
오스트리아	3	0	3	0	0	3	0
스위스	1	0	0	0	0	1	0
벨기에	1	0	1	0	0	0	0
라트비피	0	0	0	0	0	0	0
피 지	0	0	0	0	0	0	0

자료 : 관세청, 수출입 통계

표 4-12. 국내 소금 소비현황 (단위 : 천 톤)

구 분		수 요	공 급 원				
			국내염				수입염
			천일염	기계염	부산물염	계	
일반 가정용	김장용	81	48	6		54	27
	된장, 간장용	62	45	6		51	11
	식탁용	80	20	20		40	40
	소 계	223	113	32		145	78
식품공업용	수산물 가공용	155	58	20		78	77
	장유 공업용	57	15	22		37	20-
	식품절임용	67	45	6		51	16
	식품가공용	66	13	18		31	35
	소 계	345	131	66	-	197	148
계		568	244	98	-	342	226
일반 공업용	정수제지용	31	1	16	-	17	14
	염색유지용	34	1	17	4	22	12
	피혁제조용	31	2	5	7	14	17
	식육 부산물용	30	8	3	-	11	19
	사료용	68	5	25	-	30	38
	농업용	26	3	5	-	8	18
	기 타	53	35	5	-	40	13
	소 계	273	55	76	11	142	131
화학공업용	소다회용	-	-	-		-	-
	가성소다용	2,294	-	-		-	2,294
	염료용	17	-	-		-	17
	기 타	15	-	-		-	15
	소 계	2,326	-	-	-	-	2,326
계		2.599	55	76	11	142	2.457
합 계		3,167	2.99	174	11	484	2,683

그러나 한국의 기상조건으로는 고순도 공업염의 생산 확보가 용이치 않아 바로 전량을 수입 소금에 의존하였다. 이후 소다공업 이외에도 염료제조, 안료제조, 피혁공업, 사료공업 등 다양한 소비구조를 갖게 되었으며, 1970년대 초부터 시작된 각종 식품공업은 소금의 품질 고급화를 요구하며 가공염과 정제염의 생산 공급을 유도하게 되었다.

1998년까지의 우리나라의 용도별, 연도별, 업종별, 수급현황, 수입현황 그리고 소비현황은 표 4-10, 표 4-11, 표 4-12와 같다.

1.5 소금의 용도

소금은 소다공업 이외에도 다양한 분야에서 널리 대량으로 사용된다. 세계 제1의 소금 생산국이이고 최대 소금 소비국인 미국의 용도별 소비량은 표 4-13에 나타내었다. 1996년에 있어서 총 소비량은 5,280만 톤, 이 중 소다공업용은 2,240만 톤(42%), 기타 공업용(유지, 금속가공, 섬유염료, 피혁 등)으로 348만 톤이 사용되었다. 의외로 많은 용도는 융빙설용이고 1,770만 톤이 도로, 가로, 고속도로 등에 살포되었다. 물 처리용이란 경수연화제의 재생 세정용으로 사용된 것이다. 일반 식용염은 식품가공 업무용을 포함하여 약 700만 톤이고, 소와 양 등의 가축이 160만 톤의 소금을 먹었다.

유럽의 여러 나라에 있어서 생산과 수요를 그림 4-10에 나타내었다. 지금 소금 생산량의 반분은 소다공업의 원료로서 사용되고 나머지가 일반의 용도에 해당된다. 최근 수요가 늘어난 것은 도로 등의 융빙설용 소금이고 이어 가축사료와 물 처리용의 분야로 되어 있다.

표 4-13. 미국의 소금 소비량

	1976년	1986년	1996년
화학약품(클로르알칼리)	25,400	17,963	22,400
일반공업	-	1,830	3,480
식품가공공업	1,725	1,111	1,490
농업(가축사료)	1,854	1,497	1,620
물처리	561	1,409	534
융빙설・토양안정제	8,668	9,563	17,700
도매・소매・기타(가정용)	4,917	3,135	5,539
합 계	43,125	36,511	52,800

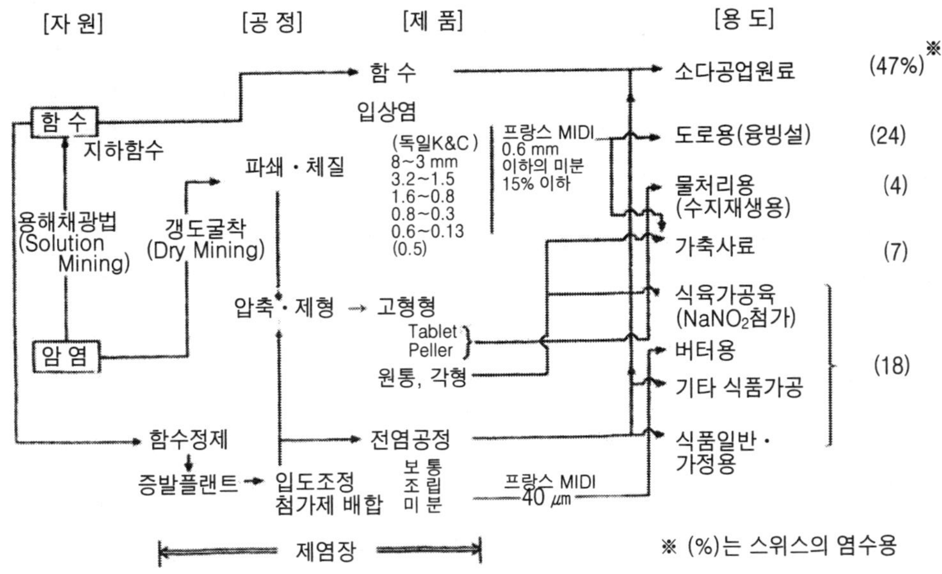

그림 4-10. 유럽제국의 소금생산과 용도

2. 한국의 염업 변천과 소금에 관련된 법률

2.1 소금관리의 변천

우리나라의 소금관리의 역사적 흐름은 아래와 같이 정리할 수 있다.

- 고려 11대 문종왕 때(1046~1083년) 도염원(都塩院)을 두어 염분(鹽盆) 관리와 염세(塩稅)를 징수하였다.
- 1309년 고려 26대 충성왕 때 각 염법의 시행으로 민부(民部)에 통합하여 소금 전매를 실시하였다.
- 1907년 순종 1년에 주안(인천)에서 최초로 염전을 축조하고 관영하였다.
- 1910년 일제 강점기가 시작되자 소금은 완전히 전매제가 되었고, 1961년에 소금 전매법이 폐지되자 종전의 국유 염전과 민영업계로 양분되었다.
- 1942년 조선 소금 전매령 제정 이래 전매제도 유지
- 1955년 소금의 자급자족
- 1962년 소금의 전매제 폐지
- 1963년 염전의 개발과 소금의 수급을 조절함으로써 염업의 건전한 육성을

도모하고 국민 경제발전에 기여하게 함을 목적으로 염관리법을 제정(1963. 10. 28)하였다.

- 1967년 소금 제조자로 하여금 조합을 설립할 수 있도록 대한염업주식회사법(염업조합법)제정으로 민영화, 소금 제조자가 생산한 소금은 품질검사를 하고 그 검사는 조합이 행하도록 하였다(1967, 3. 30).
- 1994년 GATT/BOP 제2단계 수입자유화 계획에 의거 1997년 7월 1일부터 소금 수입을 자유화하기로 결정하였다(산업정책심의회, 1994. 3. 28).
- 1995년 수입자유화에 따른 구조개선 추진을 뒷받침한 법률 개정.

소금산업의 구조개선을 촉진함으로써 소금산업의 건전한 육성을 도모하고 국민 경제의 발전에 이바지함을 목정으로 가격 경쟁력이 취약한 국내 소금산업의 구조개선을 촉진하기 위하여 천일염전의 폐전을 지원하고 행정규제 완화 차원에서 기계 소금염 및 일부 가공 소금에 대한 제조허가제를 신고제로 하고 전환하여 소금 생산을 희망하는 신규 업체의 자유로운 참여가 가능하도록 하며, 식용으로 사용되고 있는 재 제조염과 일부 가공소금 관리를 보건복지부로 이관(1996. 7. 1부터 식용염의 관리가 염(鹽)관리법으로부터 식품위생법으로 이관)을 주요 내용으로 하는 염(鹽)관련법령 전면개정, 염(鹽)산업 구조조정 체제로 전환(11995, 12. 29).

또한 1997년 7월 1일부터 2001년 12월 31일까지의 기간 동안에 소금을 수입하는 자에 국내 가격과의 차액의 범위 안에서 수입 부담금을 부과·징수할 수 있도록 하고 동 수입 부담금으로 소금안정 기금을 조성하여 이를 천일염전 폐전 지원 등에 사용할 수 있도록 함.

- 1997년 7월 1일부터 소금수입 자율화
- 1999년 소금산업의 자율성을 높이기 위하여 소금 제조업자·소금 판매자 또는 소금 수입업자에 대한 감독관청의 보고요구 및 검사제도를 폐지(규제정비 계획에 따라 7개 규제사항 폐지, 1999. 2. 5)

※ 실제로는 2005년 1월 1일부터 검사제도가 폐지되었으며 현재 자가 품질표시제 등으로 대체.

- 2001년 소금의 품질검사 기관을 복수로 지정할 수 있도록 하고 안전성이 확인되지 않은 부산물 소금이 식용으로 유출되는 것을 금지하며 천일염전의 폐전 지원 기간 및 수금의 품질검사 시행기간을 2004년 12월 31일 까지 각각 3년간 연장함. 또한 부칙 제4조, 법률 제6101호 기금관리 기본법 중 개정법률 부칙 제4조 제5항 중 「일반회로 세입 조치한다.」를 염업조합에 의한 「염업조

합에 귀속한다.」로 개정.

- 2005년 지방분권을 통한 선진 지방자치의 실현과 소금관리 업무의 효율적인 추진을 위하여 염전의 개발 및 소금 제조업의 허가에 관한 사무를 국가에서 특별시・광역시・도로 이양(2005. 5. 26).
- 2006년 기존의 제제, 정제, 태움・용융소금, 가공소금과 더불어 천일염을 식품으로 허용하는 식품의 기준 및 규격 개정(안)입안 예고(식약청, 2006.12. 7)
- 2007년 염(鹽)관리법 개정(산자원부, 2007.11. 21) - 천일염의 식품 허용 근거(법 제25조 제3호): 식용 천일염은 식품위생법을 다루도록 함.
- 2008년 천일염 식염화(2008. 3. 28)(광물에서 식염으로)

2.2. 소금과 관련되는 법률

1) 염(鹽)관리법(일부 개정 2005년 5월 26일, 법률 제7509호)

- 제1조(목적) 이 법은 소금산업의 구조개선을 촉진함으로써 소금산업의 건전한 육성을 도모하고 국민경제의 발전에 이바지함을 목적으로 한다.
- 제2조(정의) 이 법에서 사용하는 용어의 정의는 다음과 같다.
  ① 염전(鹽田)이라 함은 소금을 제조하게 위하여 바닷물을 농축하는 자연 증발지를 가진 지면을 말한다.
  ② 염(塩 : 소금)이라 함은 100분의 40 이상의 염화소다를 함유한 결정체(이하 결정체 염이라 한다)와 함수(鹹水)를 말한다.
  ③ 함수(鹹水)라 함은 그 고형 분 중에 염화소다를 100분의 50 이상 함유하고 섭씨 15도에서 보메 5도 이상의 비중을 가진 수용액을 말한다.
  ④ 부산물 소금이라 함은 화학물질의 생산과정에서 생기는 부산물을 정제하여 제조하는 소금을 말한다.
  ⑤ 천일식 기계제법이라 함은 바닷물을 증발지에 끌어들여 태양열에 의하여 농축하고, 그 농축한 함수를 증발시설에 넣어 결정체 소금을 제조하는 것을 말한다.
  ⑥ 이온교환막기계제법이라 함은 바닷물을 이온교환막에 전기 투석시켜 함수(鹹水)를 제조하거나 그 함수를 증발시설에 넣어 결정체 소금을 제조하는 것을 말한다.
  ⑦ 재제조(再製造)라 함은 소금의 이용가치를 높이기 위하여 결정체 소금을 용해하고 그 용해한 것에 조작을 가하거나 함수(鹹水)에 조작을 가하여 다

시 소금을 제조하는 것을 말한다.

⑧ 가공(加工)이라 함은 소금의 이용가치를 높이기 위하여 소금을 태우거나 용융·세척·분쇄·압축 등 용해외의 방법으로 그 형장을 변경 또는 불순물을 제거하거나 다른 물질을 첨가하여 그 질을 높이는 것을 말한다.

⑨ 염제조업(塩製造業)이라 함은 염전(鹽田)을 개발하는 자와 다음 각목의 1에 해당하는 것을 업으로 하는 자를 말한다.

가. 염전에서의 소금의 제조
나. 천일식 기계제법에 의한 결정체 소금의 제조
다. 이온교환막식 기계제법에 의한 소금의 제조
라. 부산물 소금의 제조
마. 소금의 재제조
바. 소금의 가공

2) 염(鹽)조합법(일부 개정 2005년 3월 31일, 법률 제7428호)

- 제1조(목적) 이 법은 소금의 수급 조절과 품질향상 및 소금 제조업자의 공동이익과 복지증진을 위한 염업조합(이하 조합이라 한다)의 설립을 목적으로 한다(개정 1976년 12월 31일).
- 제2조(용어의 정의) 이 법에서 사용되는 용어의 정의는 각호와 같다(개정 1995년 12월 29일)

① 영업이라 함은 염(鹽)관리법 제2조의 규정에 의한 염(鹽) 또는 함수(鹹水)를 제조하거나 소금을 재제조 또는 가공하는 것을 업으로 하는 것을 말한다.

② 소금 제조자라 함은 제1호의 규정에 의한 영업을 영위하는 자를 말한다.

3) 식품공전(2011년도) 상의 식염의 유형과 규격

식품공전(2011년도) 상의 식염의 유형과 규격은 아래와 같다.

(1) 정 의: 식염이란 해수(해양 심층수 포함)나 암염, 호수염 등으로부터 얻은 염화나트륨이 주성분인 결정체를 재처리하거나 가공한 것 또는 해수를 결정화하거나 정제·결정화한 것을 말한다.

(2) 원료의 구비조건

① 식용으로 수입하는 천일염과 기타 소금은 생산국가에서 식염으로 분류 인증된 것으로서 각 식염 유형의 정의에 적합하게 위생적으로 생산된 것이야

한다.

② 천일염은 식품첨가물 등 다른 물질을 사용하지 않은 것이어야 한다.

(3) 식품의 유형

① 천일염 : 염전에서 해수를 자연 증발시켜 얻은 염화나트륨이 주성분인 결정체와 이를 분쇄, 세척, 탈수 또는 건조한 소금을 말한다.

② 재제소금 : 원료 소금(100%)을 정제수, 해수 또는 해수농축액 등으로 용해, 여과, 침전, 재결정 탈수, 염도조정 등의 과정을 거쳐 제조한 소금을 말한다.

③ 태움·용융소금 : 원료 소금(100%)을 태움·용융 등의 방법으로 그 원형을 변형한 소금을 말한다. 다만 원료 소금을 세척, 분쇄, 압축의 방법으로 가공한 것은 제외한다.

표 4-14. 식염의 유형과 규격

항 목	천일염	제재염	태움·용융소금	정제소금	기타 소금	가공소금
염화나트륨(%)	70.0 이상	88.0 이상	88.8 이상	95.0 이상 (해양심층수염은 70.0 이상)	88.0 이상	35.0 이상
총 염소(%)	40.0 이상	54.0 이상	50.0 이상	58.0 이상 (해양심층수염은 40.0 이상)	54.0 이상	20.0 이상
수분(%)	15.0 이하	9.0 이하	4.0 이하	4.0 이하 (해양심층수염은 10.0 이하)	9.0 이하	5.5 이하
불용분(%)	0.15 이하	0.02 이하	3.0 이하	0.02 이하	0.15 이하	-
황산이온(%)	5.0 이하	5.0 이하	5.0 이하	0.4 이하 (해양심층수염은 56.0 이하	5.0 이하	5.0 이하
사분(%)	0.2 이하	-	0.1 이하	-	-	-
비소(mg/kg)	0.5 이하	0.5 이하	0.5 이하	0.5 이하	0.5 이하	0.5 이하
납(mg/kg)	2.0 이하	2.0 이하	2.0 이하	2.0 이하	2.0 이하	2.0 이하
카드늄(mg/kg)	0.5 이하	0.5 이하	0.5 이하	0.5 이하	0.5 이하	0.5 이하
수은(mg/kg)	0.1 이하	0.1 이하	0.1 이하	0.1 이하	0.1 이하	0.1 이하
페로시안화이옴(g/kg)	불검출	0.010 이하	0.010 이하	0.010 이하	0.010 이하	0.010 이하

④ 정제소금: 해수(해양심층수 포함)를 이온교화막 등의 방법으로 정제한 농축함수 또는 원료 소금(100%)을 용해한 물을 진공증발관 등에 넣어 제조한 소금을 말한다.

⑤ 기타 소금: 식염 중의 식품유형 ①부터 ④ 이외의 소금으로 암염이나 호수염 등을 식용에 적합하도록 가공하여 분말, 결정형 등으로 제조한 소금을 말한다.

⑥ 가공소금: 천일염, 재제소금, 태움·용융소금, 기타 소금을 50% 이상 사용하여 식품 또는 식품첨가물을 가하여 가공한 소금을 말한다.

(4) 규 격: 표 4-14에 나타낸 바와 같다.

제 5 장

해수에서 제염

1. 제염의 개요

모든 소금은 해수에서 유래한 것이다. 해수에는 약 3%의 염류(salts)가 녹아 있다. 지구상의 해수는 약 5억 3,000만 km^3이고, 그 중에는 약 42× 10^{15}톤의 소금이 녹아 있다고 한다. 해수가 왜 짠가에 대하여 MacIntyre의 논문이 있다. 2, 3억 년 전에 내륙에 가두어진 해수가 증발하여 생긴 소금이 암염(岩鹽 : rock salts)이다. 암염(岩鹽)은 유럽, 북아메리카, 러시아, 중국에 많이 있다. 암염의 채광에는 석탄을 파는 것 같이 하는 건식채광법(dry minig)과 암염 층에 물을 주입하여 소금을 녹여내는 용해채광법(solution mining)이 있다. 이것을 정제하여 칼슘, 마그네슘 등의 불순물을 제외한 함수(鹹水 : brine, 진한 염수)를 그대로 공업용 소금으로 하거나 조려 식용으로 하여 제염하고 있다.

한편, 염전(salt field)에 취입된 해수를 태양열과 풍력으로 증발시켜 만든 소금이 천일염(solar salt)이다. 멕시코, 오스트레일리아, 유럽, 인도, 아시아의 연안에서 혹은 내륙부의 함수(鹹水)로 대량으로 만들고 있다.

세계에서 옛날부터 그 지역의 특색을 살려 여러 가지 소금을 만들어 왔다. 그러나 일본에 있어서 해수에서의 소금 만들기는 염전 제염시대에서도 현재의 이온교환막제염에서도 세계에는 예가 없다. 일본의 기후조건이 제염에 맞지 않기 때문이다. 악조건 하에서 제염하는 기술로서 우선 염전에서 해수를 농축하여 함수(鹹水)를 만들고(채함공정 : concentration process), 다음에 그 함수를 조려서 소금을 채취하는 결정공정(結晶工程 : crystallization process)의 2단계의 공정이 필요하다. 현재의 제염법은 채함공정(採鹹工程)이 염전에서 이온교환막 전기투석장치로 대처되었을 뿐이다. 예외적으로 증발관(pan, evaporator)에서 해수를 직접 조려서 소금을 만들기도 하였다.

해수에서의 제염에 관한 데이터는 옛날에는 일본전매공사 중앙연구소가 발간한 『제염용 도표집』에 수록되어 있다. 구체적인 제염법은 『바다・함수의 자연농축』이나 『해염의 화학』에 기술되어 있으나 1972년에서 제염법이 이온교환막 제염법에 전면적으로 전환되어 있으므로 여기에 관한 연구 데이터가 수록된 『해수이용 핸드북』이 먼저 출판되었다. 이온교환막 제염법은 『해수의 화학』에서 1장을 할애하여 기술되고 있다.

전에 출간된 『해염의 화학』을 대폭 개정하여 내용을 충실히 한 『해수의 과학』」에서 해수이용 공업의 일부로서 이온교환막 제염법이 많이 들어 있다. 입빈식(入浜式) 염전 제염시대에서의 역사를 포함하여 해수의 제염법, 해수 담수화기술, 해수 중의 염수에 관한 정보 등을 눈에 보이는 형으로 편집한 『해수자원의 이용』은 귀중한 자료집이다. 최근에는 소금의 민속전승, 문화면도 넣은 『소금의 과학』이 출판되었다. 제염을 위시한 소금에 관한 여러 사항들을 Q & A형으로 정리한 것도 있다.

2. 해수의 농축

해수를 농축하여 얻은 진한 염수를 함수(鹹水)라고 하고, 함수를 조려서 소금이 석출되어 나올 때의 액을 모액이라 한다. 제염으로 소금을 채취한 나머지의 액을 간수(bittern)라고 한다. 해수농축에 따라 농도가 상승되어 가나 그 양상을 염분농도(salinity), 밀도(density), 보메 비중(Baume' specific gravity)이라는 말로 표현하고, 이들의 말 사이에는 어떤 관계가 있는가를 그림 5-1에 나타내었다.

보메 비중은 물보다 가벼운 액에 대한 경(輕) 보메와 물보다 무거운 액에 대한 중(重) 보메가 있다. 소금이 녹아 있는 물은 물보다 무거우므로 제염에는 중(重) 보메를 사용한다.

보메 비중과 참 비중과의 관계는 (1)식과 같이 정해져 있다.

$$d = 144.3/(144.3 - Bé) \quad \cdots\cdots (1)$$

여기에서 d는 참 비중이고, Bé는 보메 비중이다. 보메 비중은 $Bé_t^T$와 같이 표시되나, 제염에서는 보통 액의 온도가 15℃의 보메 비중으로 함수농도를 표시하므로 측정온도가 다르면 15℃의 값으로 결정한다.

해수를 농축하면 여러 가지 염류가 석출하게 된다. 그 순번은 해수 중에 용해하고 있는 염류의 용해도(solubility)의 크기에 따라 결정되고, 용해도가 작은 염류에

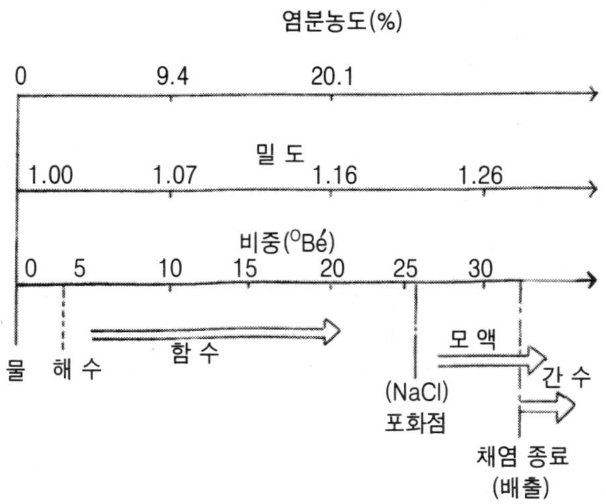

그림 5-1. 해수・함수・간수의 관계

서 순차로 석출되어 나온다. 이것은 A. L. Lavoisier가 서서히 해수를 증발시켜 분별결정법으로 탄산칼슘을 위시하는 일련의 화합물이 석출하는 것을 약 200년 전에 설명하였다.

해수를 27℃에서 농축하면 액량이 감소됨에 따라 어떤 액량 범위에서 어떤 염류가 석출되는가를 이시바시(石橋) 등이 데이터를 기초로 하여 그림 5-2를 작성하였다. 해수 100㎖를 농축가면 용량이 감소됨에 따라 60㎖를 교차하는 항에서 이산화철(ferric oxide, Fe_2O_3)과 탄산칼슘(calcium carbonate, $CaCO_3$)이 침전하기 시작하고, 10㎖로 줄 때까지는 100% 석출한다. 20㎖가 되는 시기부터 황산칼슘[calcium sulfate, $CaSO_4$, 석고(gypsum)라고도 한다]이 나오기 시작하여 최초의 액량이 1/10로 줄어든 10㎖를 교차하여 염화나트륨(sodium chloride, NaCl)이 나오기 시작할 때까지에 80% 이상이 석출한다. 그 후 염화나트륨이 석출되기 시작하나 황산칼슘도 동시에 석출되므로 소금 중에 석고가 섞여 있다.

액량이 3㎖로 되면 황산마그네슘(magnesium sulfate, $MgSO_4$)이 석출되기 시작하여 소금에 혼입되고 소금의 품질이 나빠지므로 그 전에 농축을 멈추고 남은 모액(母液, mother liquor)을 간수(bittern)로서 배출한다.

그림 5-2에는 일본의 염전제염법과 해외에서 이루어지는 천일염전에 의한 제염법의 양상을 함께 기재하였다. 해수를 농축하면 액량의 밀도가 변화되고 동시에 각종 용존 염류의 농도도 변화되는데 그 양상을 그림 5-3에 나타내었다.

황산칼슘은 밀도 1.10 부근에서 석출되기 시작하는 것을 알 수 있다. 농축됨에 따

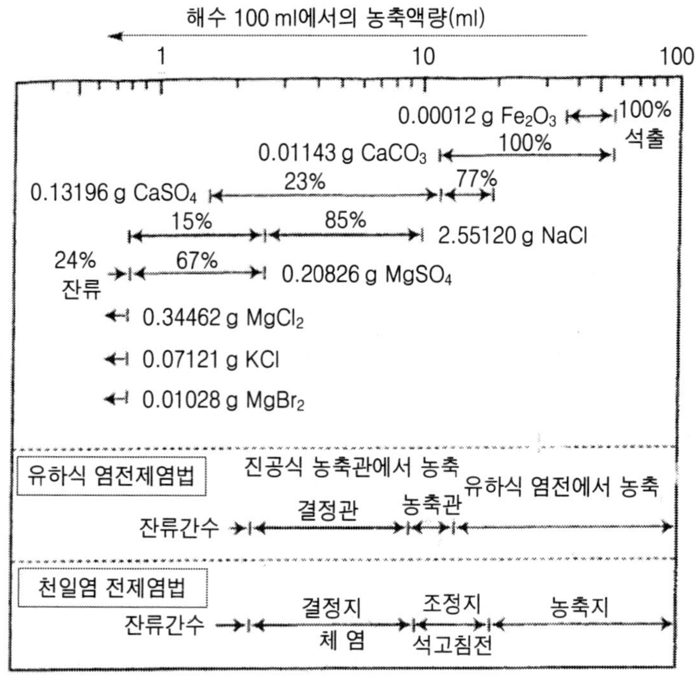

그림 5-2. 해수농축에 수반되는 석출염(27℃)과 제염법의 관계

라 염화나트륨의 농도는 상승하고, 밀도 1.22 부근에서 농도는 저하되기 시작한다. 이 굴절점에서 염화나트륨이 석출되기 시작하기 때문이다. 밀도가 1.30을 넘으면 곧 이어 황산마그네슘이 석출을 시작하여 그 농도가 저하한다. 따라서 밀도 1.30에서 농축을 앞지를 수 있다.

총 염분농도(total salinity)와 밀도의 관계를 알면 해수가 농축되어 가는 양상을 간편하게 알 수가 있다. 그림 5-3에는 그 관계를 나타내고 있다. 농도관리를 하기 위한 계측기로서는 비중계를 사용한다. 보메 비중(Bé)과 밀도와의 관계도 그림 5-3에 나타나 있다. 보메 비중 측정 시에 온도도 측정하여 두고 온도보정에 의하여 정확한 비중치를 계산한다. 밀도와 보메 비중과의 관계를 나타내는 파선과 밀도와 온도와의 관계를 나타내는 총 염분량의 실선과는 거의 겹쳐 있는 것에서 알 수 있는 것과 같이 보메 비중치는 대략 %농도에 가깝다.

이 그림에서 천일염의 농축관리는 보메 비중으로 다음과 같이 하면 좋다는 것을 알 수 있다. 조정지(lime pond)에서 26° Bé(염화나트륨 포화용액)까지 함수를 농축하여 그 후 이것을 결정지(crystal pond)에 옮겨서 32° Bé까지 농축하고서 상징액

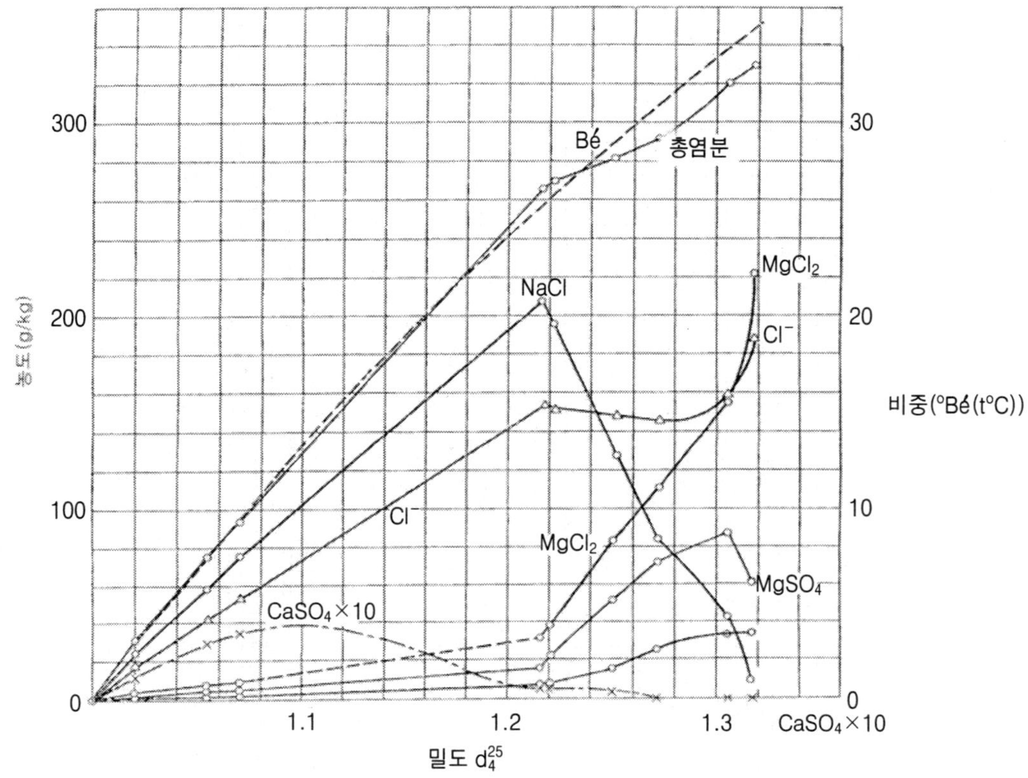

그림 5-3. 해수 농축에 수반되는 각종 염류의 농도 변화

을 간수(bittern)로 하여 석출하면 좋다. 해수 농축에 더불어 염류의 석출량을 그림 5-4에 나타내었다. 40℃에서 1,000mℓ의 해수를 농축한 경우의 액량은 석출염량과 밀도의 관계를 나타내고 있다. 염화나트륨의 석출량은 10배 한 수량으로서 나타내고 있다.

이 그림에서 석출되는 양상은 그림 5-2와 일치한다. 그러나 액량이 100mℓ 이하로 될 때는 염화칼륨(KCl), 황산마그네슘 등이 석출되는 것으로 묘사하고 있으나 실제에는 염화나트륨의 결정에 부착하고 있는 모액 중의 염류량 결정으로서 석출한 것은 없다. 결정으로서 석출되는 것으로는 예로서 2mℓ 이하의 액량일 때 황산마그네슘이 급속하게 증가되는 것으로 판단된다. 이것은 그림 5-2의 액량, 그림 5-3의 밀도 농도변화도 일치하고 있다. 해수 농축과정을 나타내는 이들의 실선은 농축온도에 의하여 변하므로 주의를 요한다. 온도에 따라 용해도가 변화하기 때문이다.

해수, 함수의 pH는 그림 5-5, 그림 5-6에 나타낸 것과 같이 8부근의 알칼리성이고, 농축됨에 따라 상승하나 여러 결정이 석출하기 시작하면 저하하여 산성으로 된

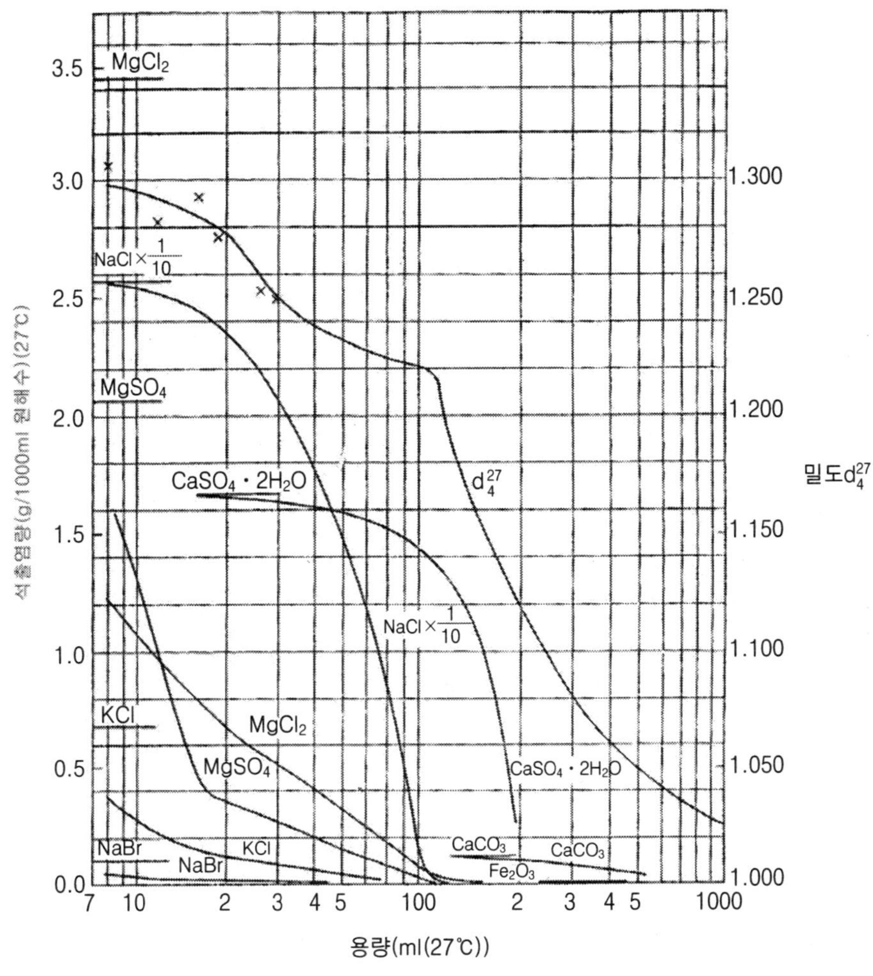

그림 5-4. 해수 40℃ 농축에 수반되는 석출염량의 변화

다. pH는 결정의 석출이나 제염장치의 부식에 영향을 미치므로 이 값에 주의해야 한다. 제염공정에 있어서 pH 변화에 대하여는 제품의 소금 pH도 포함하여 정리한 자료가 있다.

2.1 염전에서의 해수의 농축

일본과 같이 강우량이 많고 천일제염에 적합하지 않는 기상조건에서는 그림 5-2에 나타낸 것 같이 염전에서 해수를 14~5%까지 농축하여 함수를 얻는다. 염전은 입빈식(入浜式)에서 유하반식(流下盤式) 그리고 지조가(枝條架)를 부설한 유하식으로 발달하여 1972년 까지 계속되었다. 유하식 염전의 성능은 높고 단위 면적당의 소금 생산량은 입빈식 염전의 3배나 되었다.

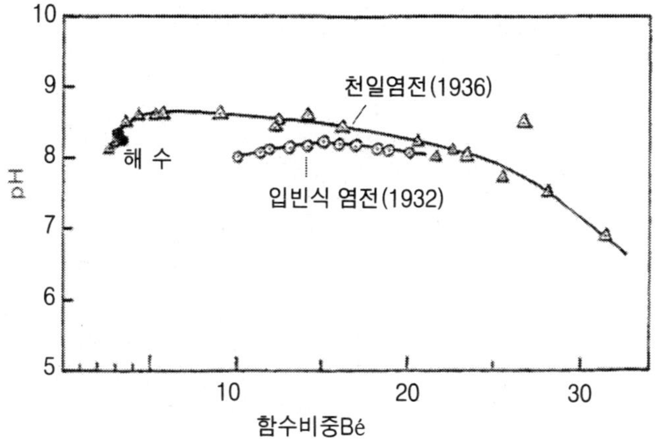

그림 5-5. 염전함수, 모액의 pH

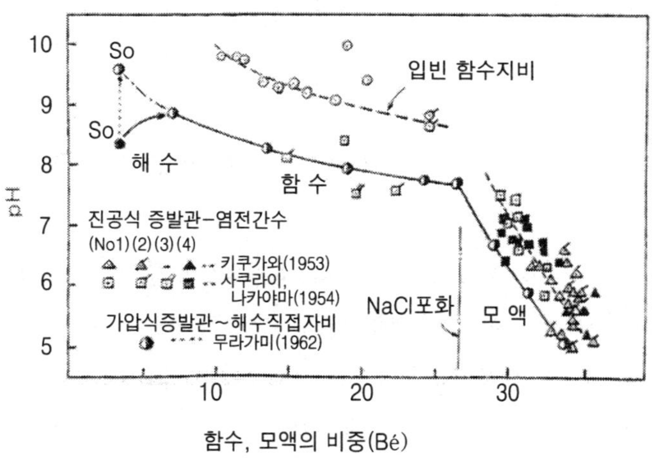

그림 5-6. 비등증발에 의한 함수, 모액의 pH

그 증발량은 (2)식에서 나타낸다.

유효증발량 ε (mm/월)

= 유하반에 의한 발열량 ε_1 + 지조가에 의한 증발량 ε_2………(2)

$\varepsilon_1 = 0.45\ \mathrm{L} \cdot \sin\theta$ ……………………………………………………(3)

$\varepsilon_2 = 252\,\mu^{0.5} \cdot \triangle\mathrm{C} + 143$………………………………………………(4)

여기에서 L은 일조시간(시/월), θ는 태양 남중고도, μ는 월평균 풍속(m/초), △C는 포차(飽差, mmHg)이다.

해외에 있는 천일염에서 이루어지고 있는 천일증발에 의한 해수 농축제염은 그림 5-7에 나타낸 것과 같이 농축지(濃縮池), 결정지(結晶池)를 사용하여 행한다. 그

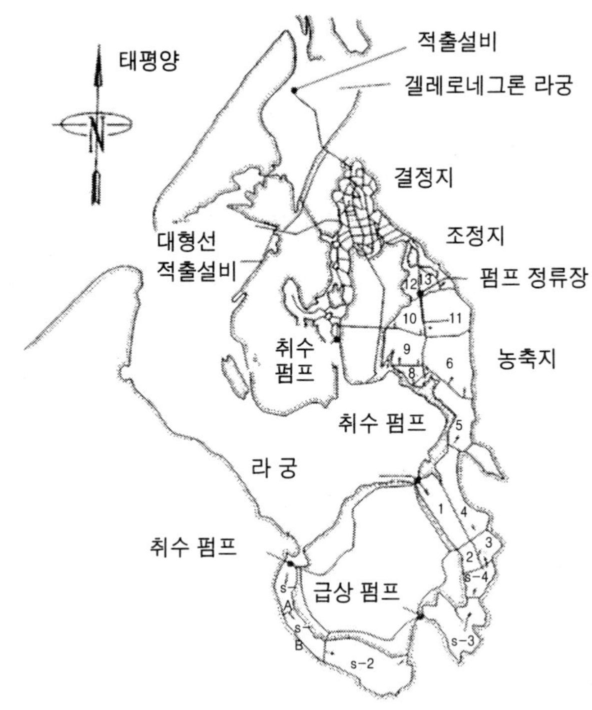

그림 5-7. 멕시코 게레로네그로 염전 배치도

림 5-7에 나타낸 해수는 농축지에 공급되어 조정지(調整池), 결정지(結晶池)의 순서로 흘리고 있다. 기상조건이 좋은 멕시코나 오스트레일리아의 대규모 염전에서는 소금을 채취할 때까지 2년간을 요하나 아시아와 같이 건조와 우기가 있는 경우에는 건조기의 수개월 동안에 수확할 수 있게 관리 조작을 하지 않으면 안 된다.

조정지(調整池)에서는 황산칼슘을 가능한 한 석출시켜 염화나트륨 용액에 가까운 상태의 간수를 결정지에 보낸다. 간수가 증발됨에 따라 저부에 소금과 염과칼슘이 석출 퇴적한다. 간수농도가 32°Bé로 되었을 모액을 간수로서 배출한다.

염전농축에서는 원료의 해수가 오염되면 오염물은 대부분 간수로서 농축되어 남는다. 일부는 부착 모액으로 되어 소금으로 이행한다. 안전성 확보를 위하여 이것을 피하는 데는 가능한 한 소금을 세정하여 모액(bittern분)을 씻어 흘리거나 정제염과 같이 천일염 결정을 녹여서 재결정시킬 필요가 있다.

2.2 이온교환막 전기투석법에 의한 해수농축

이온교환막 전기투석법에 의한 제염기술을 기초에서 채함(採鹹)·전공[煎工 : 전염공정(煎塩工程)]·제염까지 시리즈로 하여 설명한 실용서가 있다.

1) 이온교환막

제염용의 이온교환막(ion-exchange membrane)은 수지를 심재로 하는 천에 도포하여 두께 0.1mm 정도의 막상으로 형성하여 이온교환 능을 가지게 한 것이다. 이온교환막에는 용도에 따라 여러 가지의 종류가 있다.

제염용의 이온교환막은 그림 5-8에 나타낸 것과 같이 styrene과 divinylbenzene을 원료로 한 공중합 시킨 것이다. Styrene은 일차원적으로 연결하는 횡사(橫絲, 씨실)의 역할을 한다. 그 도중에 divinylbenzene이 들어가면 styrene의 횡사(씨실) 동지를 연결하는 종사(縱絲, 날실)의 역할을 하는데 이와 같은 화합물을 가교제(cross-linking agent)라고 한다. 이와 같이 하여 생긴 수지를 심재의 천에 도포하여 막을 만든다.

다음에 이 막을 반응기에 넣어 이온교환 기능을 가지기 때문에 이온교환막에서는 strene화하여 sulfon 산기를, 음이온 교환막에서는 fluoromethyl화 한 amine화 하여

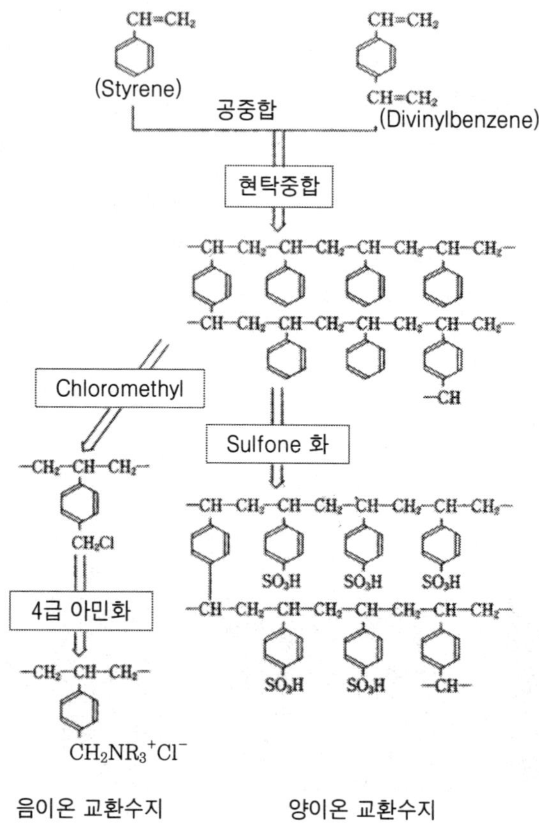

그림 5-8. 음・양이온 교환수지의 합성법 개요

제3급 또는 제4급 amine기를 수지에 도입한다. 이와 같이 함으로써 음·양 각각의 이온교환 수지가 된다.

2) 이온교환막 전기투석법의 원리

이온교환막 전기투석법에 의한 해수농축의 원리를 그림 5-9에 나타내었다. 이온이 이온교환막을 통하는 메카니즘에 대하여는 여러 가지의 해설이 있다. 그림에 나타낸 바와 같이 전조(電槽)에 양이온 교환막(cation membran)과 음이온 교환막(anion, membrane)을 상호 늘어 세워 양단에 전극을 두고 직류를 흘린다.

해수를 한 방마다 흘리면 소디움(sodium), 칼륨(potasium), 칼슘(calcium), 마그네슘(magnesium)과 같은 양이온 음극 측으로 이동한다. 한편, 염화물(chloride)이나 황산(sulfate)과 같은 음이온(anion)은 양측으로 이동한다. 이때 음이온 교환막은 통할 수가 있으나 양이온 교환막은 통할 수가 없으므로 양이온이 모여 있는 방에서 멈춘다. 이 결과 해수에서 양이온과 음이온이 제거되는 희석실(desaltinated cell)과 양이온과 음이온이 모여드는 농축실(concentrated cell)이 한 방마다 교호된다. 해수 중의 염분은 25～30% 탈염되어 농축실에는 20% 전후의 함수가 된다. 이것을 취출하여 증발관에서 다시 농축하여 소금의 결정을 얻는다.

양이온 교환막에는 칼슘, 마그네슘 등의 이가(二價) 양이온을 통하기 어렵고 음이온교환막에서는 황산이온 등의 이가(二價) 음이온을 통하기 어렵게 선택 처리한다. 그러나 칼슘, 취화물(bromide)과 같은 일가(一價) 이온(monovalent)은 어느 것이나 선택처리로 통하기 어렵게 하는 것은 어렵다. 이가(二價) 이온(divalent)을 통

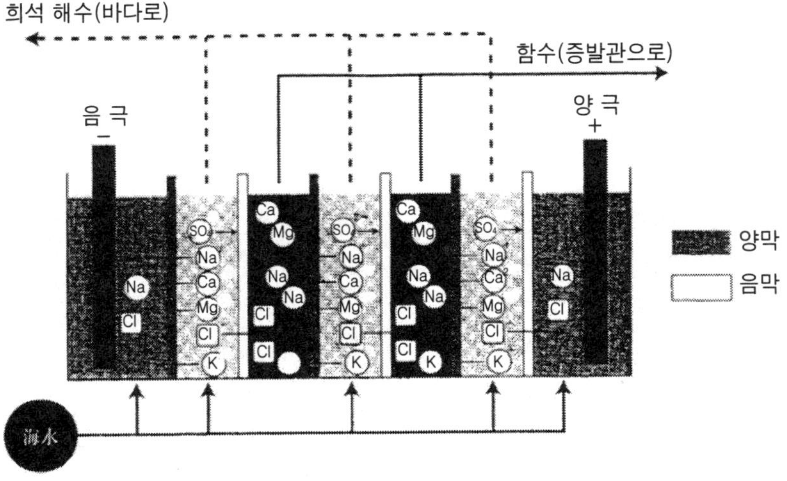

그림 5-9. 이온교환막법의 원리

하기 어렵게 하는 선택성을 가지게 하는 것은 소금의 순도 원료에 대한 제품의 비율 향상에 따라 중요할 뿐만 아니라 진공식 증발관(vaccum pan)에 의하여 조리는 단계에서 석고(황산칼슘) 스케일의 발생을 적게 하기 위해서도 중요하다.

이온교환막 전기투석법은 해수 중의 염분농도와 투석온도가 높을수록 통전에 의하여 전기저항이 낮아지므로 소금을 농축하기 위하여 필요한 소비 전력량은 적어진다. 이와 같이 되는 것으로 해수 담수화에서 2배 정도로 농축된 해수를 원수로 사용하면 제염 코스트는 저하된다.

이온교환막 전기투석은 이온으로 되지 않는 물질은 막을 통하지 않고 분자가 큰 물질로 막을 통하지 않는다. 따라서 해수가 오염되어도 농축된 함수 중에는 오염물에 들어오지 않으므로 해수의 오염물이 함수로 농축되거나 소금으로 이동하는 것은 없다. 이온교환막법은 해수 오염에 대하여 안전성이 높은 소금을 제조할 수 있는 제염법이다.

3) 전기투석 장치 및 부대시설

제염용 전기투석조(電槽)의 개략 사양은 표 5-1에 나타내었다. 전조(電槽)는 그림 5-10과 같이 설치되어 있으나 그 설치 면적은 1조당 20 m^2 정도로 부대설비를 포함하여 5배의 면적을 필요로 하면 100 m^2의 함수 채취설비로 된다. 이 면적에서 15,000 톤의 소금이 얻어지나 유하식 염전으로 하면 50ha 정도로 필요하므로 토지 이용률은 5,000배로 향상하는 것으로 된다.

이온교환막 전기투석조에 의한 연간 생산량은 (5)의 식에 따라 나타낸다. 투석조건에 따라 다르다. 흐르는 전류는 전류밀도(current density)로 관리되어 높아지면 많이 생산되나 지나치게 높으면 문제가 생긴다. 보통 3A/dm^2 전후이다.

$$\text{연간 생산량} = \frac{\text{A(전류)} \times \text{(대수)} \times \text{3,600(초)} \times \text{24(시간)}}{\text{F(Faraday의 상수)}} \times \text{(가동 일수)}$$
$$\times\ \eta_{cl}\text{(전류효율)} \times \text{(순염율)} \times \text{58.478(NaCl의 1g당} \cdots\cdots\cdots (5)$$

해수를 공급하는 탈염실의 막간 간극은 0.5mm로 좁고 여기에는 막을 접촉되지 않게 해수의 흐름을 분산시켜 난류하기 위하여 spacer라 부르는 지지체가 들어 있다. 여기에 4cm/초 정도의 유속으로 장기간 해수를 흘리므로 해수 중의 현탁물을 제거할 필요가 있고 이 때문에 해수를 여과하는 설비가 구비되고 있다. 특히 체부형(締付型)에서는 현탁물 제거의 조건이 엄하고 2단계의 여과설비를 요한다. 현탁물로서 0.01pmm 정도까지 되어 있다.

표 5-1. 이온교환막 전기투석조의 개략 사양

회사명	형 식	생산량/조/시 (톤)	막치수(세로×가로) (cm)	막면적 (dm^2)	막대수/조 (대)
아사히 화성주식회사	체부형	1.1	123 × 114	140	2,500
아사히 초자주식회사	체부형	1.4	194 × 92	179	2,100
주식회사 토쿠야마	체부형	1.4	100 × 200	200	3,500
주식회사 토쿠야마	수조형	0.1	92 × 125	115	2,000

그림 5-10. 체부형 전기투석 장치[나이카이염업(주) 제공]

이온교환막 전기투석조에 의한 연간 생산량은 (5)의 식에 따라 나타내며, 투석조건에 따라 다르다. 흐르는 전류는 전류밀도(current density)로 관리되어 높아지면 많이 생산되나 지나치게 높으면 문제가 생긴다. 보통 $3A/dm^2$ 전후이다.

(1) 체부형(締付型) 투석조

체부형(조름형, 죄임형) 투석조를 그림 5-11에 나타내었다. 농축실 쇄(spacer 부착) : 양이온 교환막 : 탈염실화(spacer 부착) : 음이온 교환막 : 농축실화(枠)라는 구성으로 양단의 체부화로 체부(조름)되어 있다. 조립 시에는 해수공급, 탈염수 배출, 함수 취출용의 연통공이 될 수 있게 상하로 구멍이 열려 있다. 양이온 교환막과 음이온 교환막에서 셀(cell)을 만드나 이들의 막 한 장마다에 한 쌍의 조합이 되므로 쌍이라는 단위를 사용한다.

체부형(죄임형) 투석조에서는 해수 중의 현탁물에 의하여 해수유로 막힘으로써 문제를 일으키므로 유동저항이 상승하면 전해조를 해체하여 전체의 막을 spacer를 세정하고 재조립하지 않으면 안 된다. 즉 오염에 약하고, 유지에 손이 걸리므로 취급에 섬세한 기술을 요한다. 그러나 투석 전력 원 단위가 작으므로 제염에는 그의

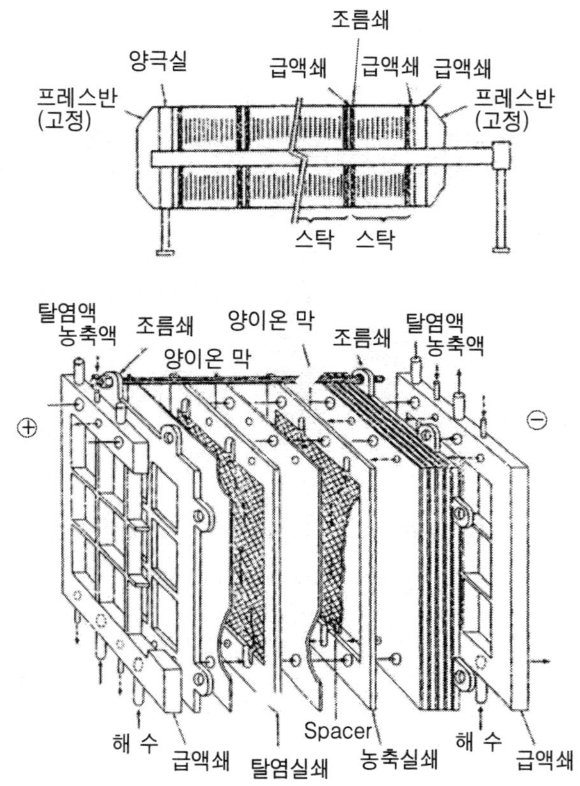

그림 5-11. 최부형(조름형, 죄임형) 전기투석 장치

체부형(조름형, 죄임형) 투석조가 사용되고 있다.

(2) 수조형(水槽型) 투석조

수조형 투석조의 구조를 그림 5-12에 나타내었다. 양이온 교환막과 음이온 교환막을 붙여서 주머니를 만들고 주머니 내에 농축되어 생긴 함수의 취출용 튜브를 붙인다. 그 주머니로 spacer를 끼워서 전조에 설치시키고 있다. 전조는 단계상으로 배치되어 상단에 공급된 해수는 차차로 2단, 3단의 전해조로 공급되어 탈염되어 간다.

수조형 투형조는 해수 중의 현탁물에 대하여 비교적 강하고 제정도 쉽게 되어 취급이 간단하다. 그러나 성능, 효율이 나쁜 점에서 아주 일부에서 사용될 뿐이다.

(3) 해수 여과장치

이온교환막 전기투석법에서는 0.5mm이라는 아주 좁은 사이에 유로 1～2m에 걸쳐 수개월간이나 해수를 흘리지 않으면 안 되므로 현탁물 제거 때문에 해수여과는 중요하고, 여과수질의 양부가 투석조의 문제 발생에 직접 영향을 준다. 특히 체부형

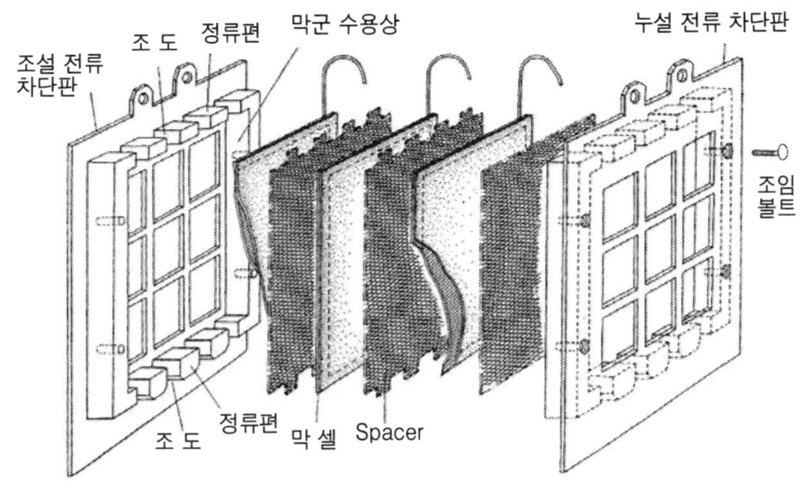

그림 5-12. 수조형 장치의 막군(膜群) 구조

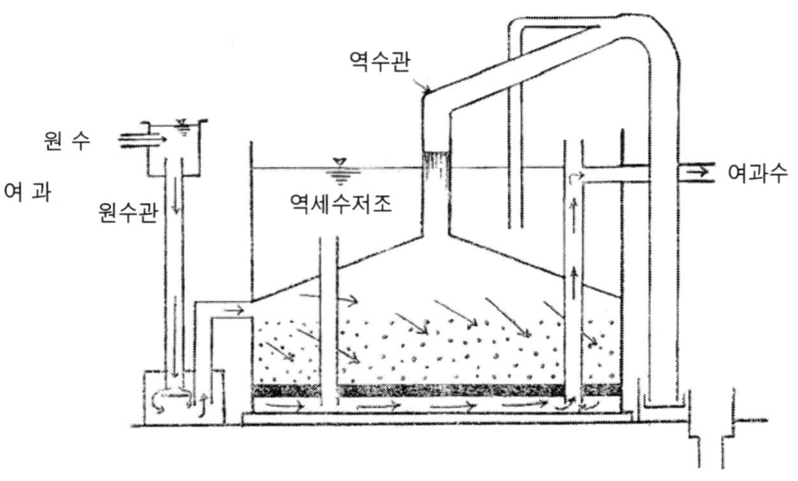

그림 5-13. 밸브 레스 필터의 구조

(조름형, 죄임형)에서는 현탁물 0.01ppm 이하라는 엄한 수질을 요구된다. 이 때문에 2단여과법이 사용된다. 1단 째에는 그림 5-13에 나타낸 valveless filter를, 2단 째에는 가로형의 고속 모래여과장치를 사용하는 경우가 많다(그림 5-14).

4) 이온교환막 전기투석법의 진보

이온교환막 전기투석법의 특징은 염화나트륨 농도의 묽은 해소에서 염화나트륨을 에너지 효율 좋게 농축할 수 있는 것이다. 소금 1톤당의 농축에 요하는 전력을 투

그림 5-14. 가로형 해수 2차 여과기
(우측은 진공식 증발관과 바로메트릭 콘덴서)

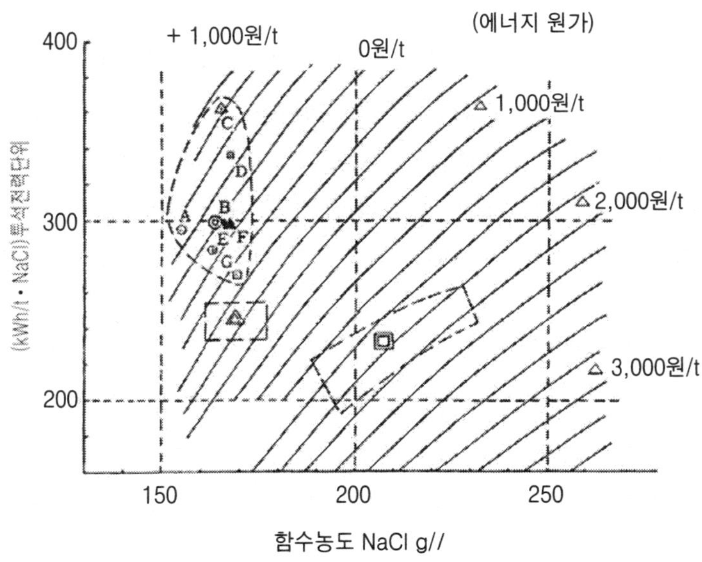

그림 5-15. 같은 에너지 비선도(費線圖)의 사례

(주) 경사의 눈금은 매전(買電) 요금 10.5원/kWh, 3중 효용의 연료 소비량으로 연료가격 35원/ℓ로 한 경우의 제염 코스트의 상대 비교치이다. 점선 4각은 개발도입 전조(電槽)의 성능범위를 나타낸다. 실선 2중 4각형은 B사 방식, 실선 2중 3각형은 C사 방식, 정류기(電流器) 효율은 94%, 점선타원은 소화 53년도 각 회사 실적으로, 실선 2중 원은 평균치이다.

석 전력 원 단위라 칭한다. 당초 이 값이 400 kWh이었으나 막 두께를 얇게 하여 탈염실의 막 간격을 좁게 하는 등 전해조의 전기저항치의 저하와 유동상태의 개량 등에서 반감시킬 수가 있어 소금의 생산 원가의 차감에 기여하였다. 이 양상을 그림 5-15와 같은 에너지 비선도(費線圖)로서 나타내었다.

이 그림은 횡축에 함수 농도, 종축에 투석 전력 원 단위를 취하고 연료비를 고정하여 같은 에너지 비를 나타내는 점을 연결한 그림이다. 전기투석 장치의 성능평가는 편리하다. 연료비가 오르면 에너지 비를 나타내는 선의 간격이 넓게 되어 함수의 농도 상승, 투석 전력 원 단위의 저하로 소금 톤당 어느 정도의 원가 절감이 되는 것을 알 수 있다.

제염 플랜트는 자가발전 설비가 병설되어 있고, 전기투석에 의한 해수 농축공정에 필요한 전력 공급과 전공(煎工 : 煎塩工程)에 필요한 증기공급을 발전 터빈추기(抽氣)에서 얻은 시스템을 조립하여 운전하고 있다. 생산원가가 최저가 되게 여러 가지 조건이 설정되므로 반드시 투석 전력 원 단위가 낮은 운전을 하면 좋다는 것도 아니다.

원료 해수의 온도가 높을수록 농도가 진할수록 전류 저항이 작아지므로 투석 전력 원 단위는 내린다. 이 사실에서 제염공장에서는 barometric condensor(진공구성용 응축기)에서 승온하여 냉각해수의 이용으로 여름 공장과 겨울 공장에서 운전방식을 바꾸는 수가 있다. 이온교환막 투석법 기술은 제염법에서 대대적으로 이용되고 있으나 기타 분야에서도 이용되고 있는 사례나 연구도 많이 있다.

5) 전기투석조의 트러블

전기투석법에서는 전해조(電解槽)에 흐르는 전류밀도가 클수록 생산량이 많아지므로 설비비가 싸져 유리하다. 그러나 전류밀도가 지나치게 높으면 전기를 운반하는 이온이 부족하게 되어 이것을 보충하기 위하여 물의 전기분해가 일어나고 H^+이온과 OH^-이온이 생긴다.

이 현상을 가수분해, 중성 또는 교란이라는 말로 표현한다. 이 OH^-이온 때문에 가해분수가 알칼리성으로 되고, 가해분수 중의 마그네슘과 반응하여 수산화마그네슘($Mg(OH)_2$)이 석출되거나 탄산칼슘($CaCO_3$)이 석출하여 막을 손상한다. 가수분해로 1도, 이들의 결정이 석출하면 해수는 흐르기 어렵고 문제는 급속하게 연속반응으로서 진행하여 이온교환막은 파괴되어 심대한 손실을 입는다.

물의 전기분해가 일어나는 때의 전기밀도를 한계전류밀도(limiting current dnsity)라고 한다, 전해조(電解槽)는 반드시 이 한계전류밀도 이하에서 운전하지 않으면 안 된다. 한계전류밀도는 전해조의 구조, 용액의 유동상태, 유속, 원수농도 등에 의하여 변화한다. 이것은 이온교환막 면의 이온농도에 지배된다. 이 양상을 모

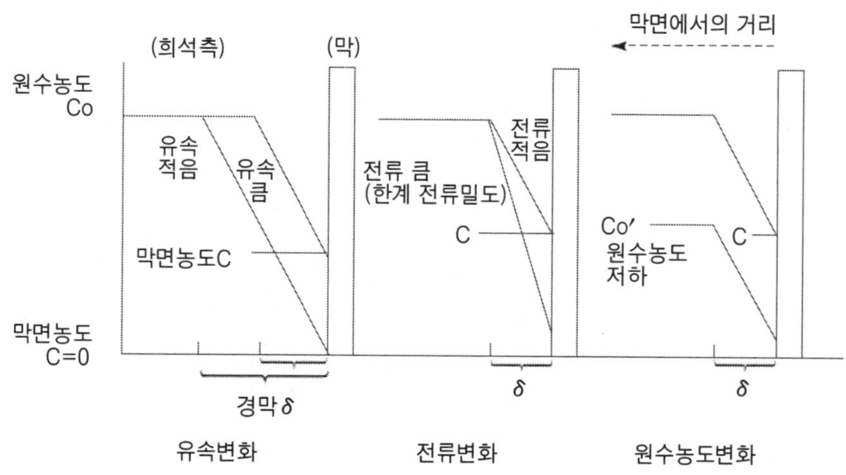

그림 5-16. 조건변화에 수반하는 한계전류밀도의 변화를 나타내는 모델

식적으로 그림 5-16에 나타내었다. 오른쪽 그림과 같이 전류밀도와 원수농도를 일정하게 유지하여도 해수유속이 변화하여 늦어지게 되면 경막(경계 막) 두께가 두껍게 되어 확산에 의한 이온공급이 맞지 않으므로 막 면의 이온농도가 제로로 되어 가수분해를 일으킨다. 가운데 그림과 같이 유속, 원수농도를 일정하게 하여 경막 두께를 유지하여도 전류가 변화하여 전류밀도가 크게 되면 한계전기밀도에 달하여 가수분해가 일어난다. 오른쪽 그림과 같이 전류, 유속을 일정하게 하여 경막 두께를 유지하여도 원수농도가 내려가면 막 면의 이온농도가 제로로 되므로 가수분해를 일으킨다.

2.3 다단 플러시 증발법에 의한 해수농축

다단 플러시 증발법(multistage flush evapration system)은 해수의 담수화 기술(seawater desalination technology)로서 개발되었다. 그림 5-17에 나타낸 것과 같이 다실형의 증발장치에서 공급해수는 플러시 증발한 증기로 가열되어 열이 회수되면서 점차 온도가 상승한다. 최종 단계까지 가열되는 해수는 일부이고 대부분은 열기각부에서 플러시 증발실을 진공으로 하기 위한 냉각수로서 작용하고 있다. 해수의 최종 가열은 보일러 증기에 의하여 이루어지고 가열해수는 제1단계 증발실에 들어가 플러시 증발하여 조금 온도가 내려간다.

증기는 상부의 열교환기에서 응축되어 담수로 된다. 온도가 내려가 해수는 제1단 증발실에서 저압의 제2증발실에 들어가 플러시 증발하고 또 조금 온도가 내려간다.

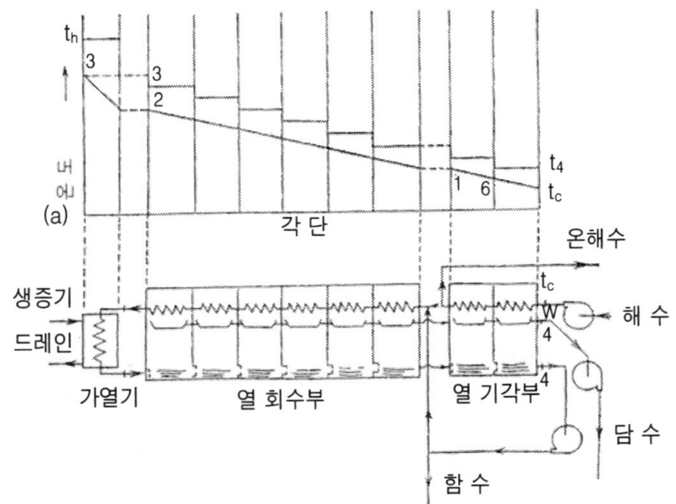

그림 5-17. 각단 플러시 증발의 공정도

이 조작을 되풀이하여 해수는 몇 번이나 플러시 증발하면서 농축되어 점차로 온도가 내려간다. 농축된 간수의 일부는 재순환되고 다시 농축되나 해수의 2배 농도 정도까지 한다. 탄산칼슘의 스케일이 열교환기 내부에 석출하여 열효율이 저하하기 때문이다(그림 5-2 참조).

이 2배 정도로 농축된 함수를 제염에 이용하는 사례는 없다. 담수화 설비와 제염 설비를 결합시키면 제염 원가의 저하와 이어진다.

2.4 역삼투법, 기타 해수농축

해수와 담수를 그림 5-18에 나타낸 것과 같이 반투막(semipermeable membrane)으로 칸막이 하면 담수가 해수 측으로 이동하여 어느 수두차압(水頭差壓)으로 발란스가 된다. 이때의 수두차압을 그 용액의 삼투압(osmotis pressure)이라고 한다. 삼투압은 농도에 의존하고 해수의 삼투압은 25기압 정도이다.

이 압력 이상의 압력을 해수 측에 걸면 반투막을 통하여 해수에서 담수가 나온다. 이때 사용되는 막을 역삼투막(reverse osmotic membrane)이라 한다. 실제에는 그림 5-19에 나타낸 것 같이 유로재(流路材)를 내재시킨 역삼투 막의 주머니를 mesh spacer로 끼운 두루마리 모양으로 성형한 모듈을 다수 사용한 해수의 담수화가 이루어지고 있다. 해수에서 담수가 나오면 해수는 농축된다. 실제에는 60기압 정도의 압력을 걸어 이때에도 스케일 석출의 관계에서 농축배수는 2배 정도로 제한다.

상당히 대규모의 역삼투법에 의한 해수담수화 장치가 각지에 설치되었다(그림 5-

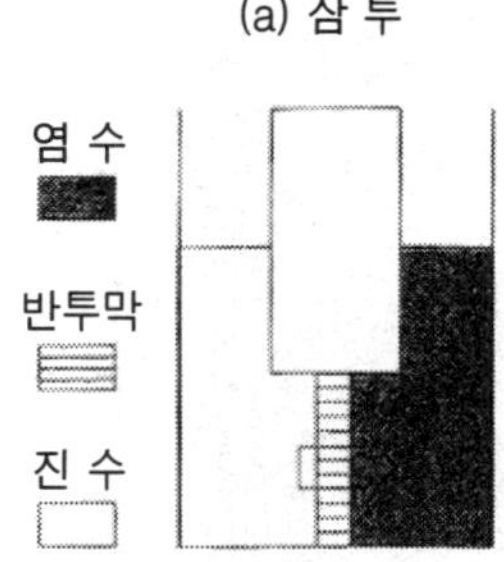

반투막을 경계로 하여 양측에 진수와 원구를 넣으면 진수는 반투막을 통과하여 염수 측으로 이동한다.

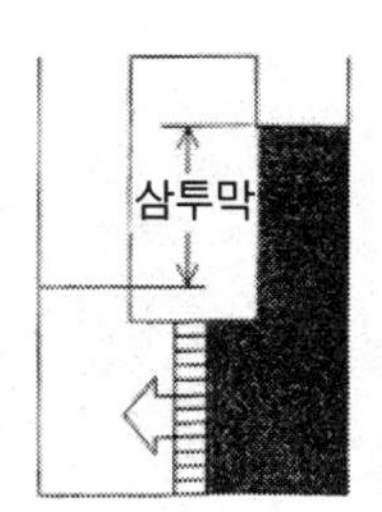

이 때문에 수면의 높이에 차가 생겨 어느 높이가 되면 진수의 이동이 정지한다. 이때의 수면의 높이의 차에 상당되는 압력이 그 염수의 삼투압으로 된다.

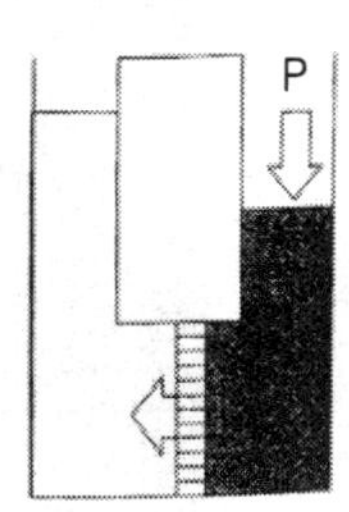

염수 측에 삼투압 이상의 압력을 가하면 염수 중의 물은 반투막을 통과하여 진수 측으로 이동하여 이것으로 담수를 얻는다.

그림 5-18. 역삼투법의 원리

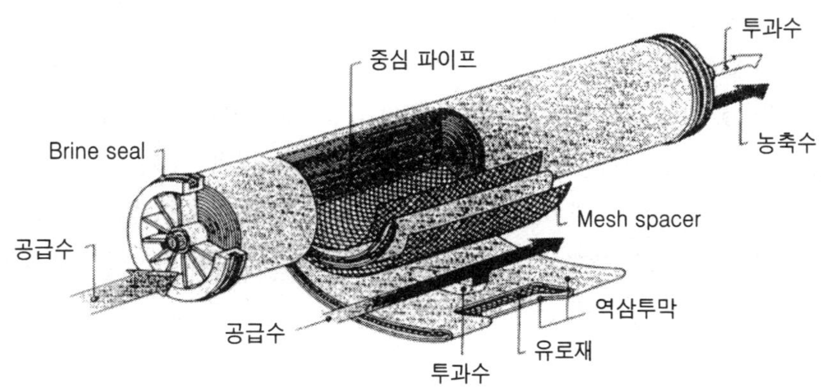

그림 5-19. 역삼투막 엘레멘트의 구조

(역삼투막 엘레멘트는 역삼투막, 유료재, 스페이서 등을 조합하고 김밥 모양으로 형성된 스피랄 형의 것이다.)

20). 이 농축해수를 소규모 평부제염(平釜製鹽), 기타로 이용되는 예가 있다. 전매제도가 폐지되어 자유로 해수농축 제염이 될 수 있게 되어 금후 이 기술이 널리 이용하게 될 것이다. 대규모인 해수담수화 장치와 제염을 조합시키면 기술 원가는 저하된다.

그림 5-20. 역삼투법에 의한 해수담수화 장치

해수를 얼렸을 때는 얼음 중에는 염류가 없으므로 얼음을 분리하면 해수는 농축된다. 액체에서 기체로의 상변화 즉 증발에 요되는 증발잠열(latent jeat of vaporization)에 비하여 액체에서 고체로의 상변화 즉 융해열(latent heat of fusion)은 몇분의 1로 끝난다는 이점을 들 수 있다.

그러나 냉동법에 의한 해수농축과 같은 공정에서는 고체와 액체와의 분리는 용이하지 않다. 고체에서 부착액의 분리에너지 비의 문제라든가 세정에 의한 비율문제에서 실용화되어 있지 않다. Methane, propane, butane이라는 탄화수소, freon과 같은 불화탄화수소는 상온에 가까운 온도에서 얼음과 같은 수화화합물을 만든다. 이것을 카바이트 레이트라고 하고, 이 화합물 중에는 염류는 취입되지 않으므로 냉동법과 마찬가지 공정으로 해수를 농축시킨다. 그러나 냉동법과 같은 문제에서 실용화되어 있지 않다.

3. 소금의 정석

3.1 천일염법

그림 5-7에 나타낸 것과 같이 해외에서 이루어지는 천일염에서는 대부분의 석고를 석출시킨 소금의 포화간수가 결정지로 공급되어 소금과 미 석출의 석고가 동시에 석출한다. 천일염 결정의 형상은 그 석출·성장 속도에 따라 결정된다. 결정지(못)를 얕게 채어두면 석출속도가 빠르므로 다수의 소립결정이 되고, 수심이 깊고 두껍게 채어지면 소수·대립의 치밀한 결정이 얻어진다. 소립의 결정은 표면적이 크므로 부착모액이나 협잡물이 많게 되고 소금의 품질이 떨어진다.

그림 5-21. 천일염의 긁어 모우기

그림 5-22. 컨베이어 상에서 천일염의 세정

그림 5-23. 세정된 소금을 쌓아 올리고 물 빼기를 하여 출하한다.

우기가 없는 멕시코, 오스트레일리아의 염전을 두껍게 채워 서서히 결정 성장시키므로 순도가 높은 품질이 좋은 소금이 된다. 우기가 있는 아시아에서는 건조기인 단기간에 소금을 채취하지 않으면 안 되므로 얕게 채워 결정 성장이 빠르고 가는 결정의 사이에 석고를 껴안은 결정 중에 액포를 가져 결정함으로써 순도가 낮은 소금으로 된다.

모액농도가 32°Bé로 되면 간수로서 석출하고 석출된 염층을 일으켜 긁어모아 소금을 수확한다(그림 5-21). 포화염수에서 소금을 세정하여 부착모액 등을 씻어 내리고(그림 5-22), 세정염은 제염장에 쌓아 올려 자연으로 물 빼기를 한 후에 출하한다(그림 5-23).

3.2 일본의 제염법

1) 진공식 제염법

진공식 제염법의 공정도는 그림 5-24에 나타내었다. 진공식 제염법(vacuum evaporation system for salt making)의 원리는 진공도가 높을수록 물의 비점은 낮아져

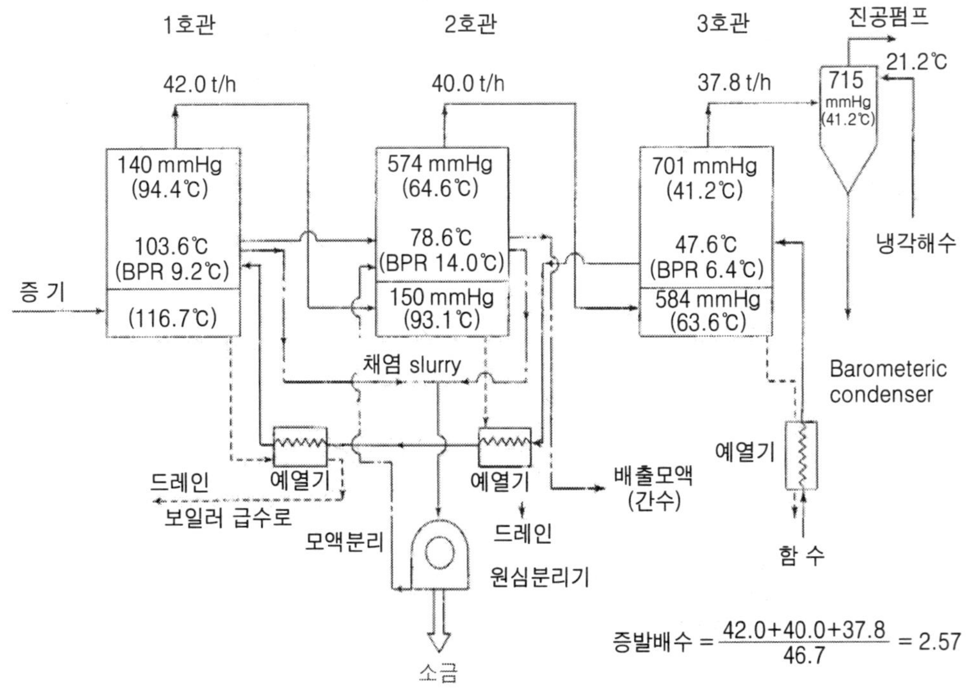

그림 5-24. 진공식 증발관 작동의 한 예

(mmHg는 진공도를, BPR은 비점 상승온도를 나타냄)

증발된 증기를 가음의 관의 가열 원으로서 이용하는 것이다. 그림에는 중 효용의 경우를 나타내었다. 3중 효용이란 3기의 증발관 압력의 수준을 3단계로 바꾸어 최초의 공급증기에서 3회 증발시켜 유용 이용하는 방식이다. 즉, 그림에 나타나 있는 관내 압력, 온도로 함수는 비등하므로 1호관의 증기는 2호관의 가열에 사용하고, 2호관의 증기는 3호관의 가열로 순차 이용하여 간다.

이와 같이 함으로써 최초로 공급된 증기량의 2배 이상의 증기를 발생시킬 수가 있다. 그림 5-24의 예에서는 현재의 진공식 제염법에 의한 전염공정(그림 5-25)이 어느 정도 에너지를 절약하는가를 표 5-2에 나타내었다. 이 표는 줄일 함수농도를 일정으로 하고 비교한 값은 아니고 각 방식의 조업상태에서 비교한 값이다

그림 5-25. 진공식 제염공장(일본)

표 5-2. 전염공정 방식과 소금 톤당에 필요한 에너지 비교

연 대	방 식	연간 가동 일수(일)	열량(천kcal)	연 료	전력 (kWh)
1951년	평부식	70	10.750(100)	석탄 2.15t	1.38(1)
1952년	증기 이용식	213	5,750(53)	석탄 1.15t	13.8(10)
-	진공식	221	2,550(24)	석탄 0.51t	109(79)
1965년	진공식	325	2,178(20)	중유 202 ℓ	88(64)
1976년	진공식(현행)	336	1,380(13)	중유 150 ℓ	54(39)
1998년	상 동	333	1,644(15)	석탄 기타 0.27t	18(13)

(주) 괄호 내는 평부식에 대한 비율

(1) 진공구성

진공식 제염법에서는 진공을 구성할 필요가 있다. 진공구성에는 barometric condensor를 사용한다. 냉각해수와의 직접 촉매로 증기를 증축시켜 진공을 구성하나 지진공도는 냉각해수의 온도에 의존한다. 온도가 낮을수록 높은 진공도가 얻어져 제염에는 유리하다. 그러나 후술하는 전기투석법에서는 온도가 높을수록 투석 전력원 단위가 저하하여 유리하다.

진공상태에서 냉각해수와 응축수를 배출하는 데는 10m의 수주가 필요하므로 콘덴서 부분은 지상 10m 이상이다. 함수 중에 용존하고 있는 공기나 이은부분에서 누설에 의한 관내 공기는 불응축가스로서 전열효율을 저하시키므로 진공펌프로 배출할 필요가 있다. 각 증발관의 진공도는 전열속도에 따라 자연으로 균형되어 결정된다. 각 관 진공도의 경시변화를 관찰하여 두면 조기로 문제점을 발견할 수 있다.

(2) 열 회수

예열기로 각 관에서의 응축수의 열을 공급 함수로 전하여 열 회수를 꾀하고 전체의 열효율을 높이는 것도 중요하다. 다음에 설명하는 증발배수에도 영향을 준다.

(3) 증발배수

보일러에서 공급한 증기량에 대한 각 증발관에서의 증발 증기량을 합한 양의 비

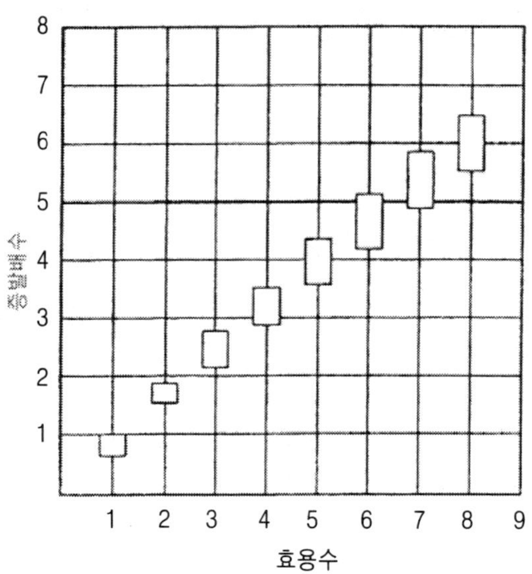

그림 5-26. 효용수와 증발배수의 상관관계

를 증발배수라고 한다. 즉 공급된 증발량의 몇 배를 증발시키는가를 나타내는 숫자이다. 증발장치의 성능을 나타나는 목표의 하나이다. 그림 5-26에 나타낸 것과 같이 유효수가 증가할수록 증발배수는 크게 된다.

여기에서 증발배수가 효용수보다 적은 것은 각 단계에서 증발에 이용되지 않는 무효열량이 있기 때문이다. 보기를 들면 각관의 방열, 급액을 비점까지 승온시키기 위한 열량, 관에서 배출된 염 slurry(모액과 소금결정이 혼합한 액), 관의 증발량에는 기여하지 않고 다음의 관의 열원으로는 되지 않는다. 따라서 보온, 열 회수가 중요하다.

(4) 유효 온도차

그림 5-27에 나타낸 것과 같이 함수농도가 높아질수록 비점상승은 커지게 된다. 그런데 비점온도에 있어서 증기압은 그림 5-28에 나타낸 것과 같이 담수의 경우보다도 함수 쪽이 낮아진다.

이 사실은 그림 5-29와 같이 예를 들면 1호관의 가열실 온도가 115℃에서 관내 온도가 비점상승 때문에 103℃에서 비등하고 있으나 증발하는 증기의 온도는 95℃ 정도로 다음의 2호관의 가열에 사용된다. 약간의 증기배관의 압력손실로 온도는 다시 내려가나 2호관에서는 80℃에서 비등하므로 가열에 유효하게 작용하는 온도차는 95 - 80 = 15℃만 있다는 것을 알 수 있다.

103℃에서 비등하고 있으므로 103 - 80 = 23℃의 온도차가 있다고 생각하여도

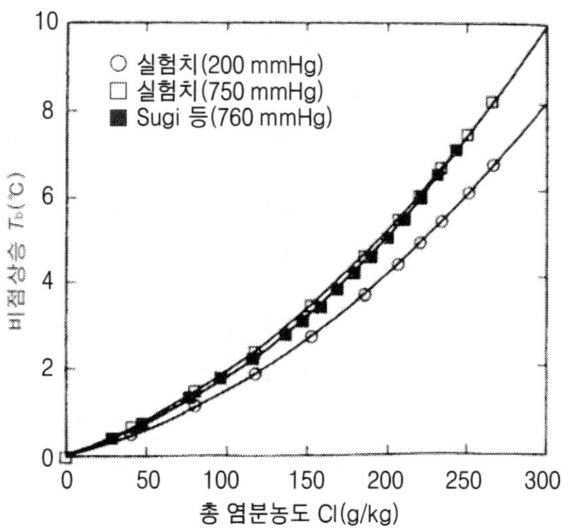

그림 5-27. 비점 상승 – 총 염분농도[g/kg] 선도(線圖)

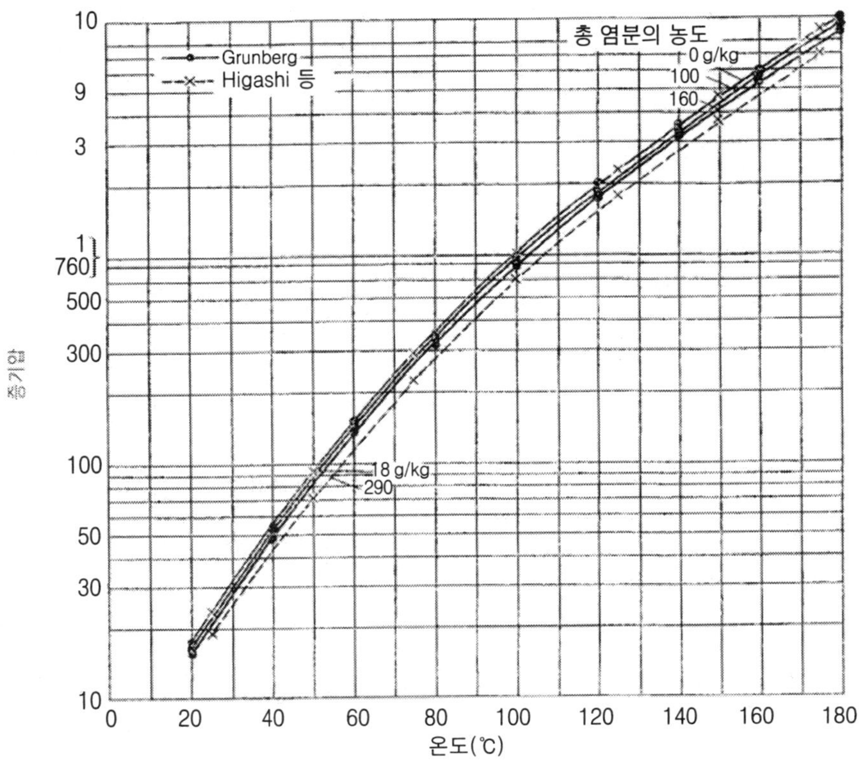

그림 5-28. 해수, 증발함수의 증기압(온도와의 관계)

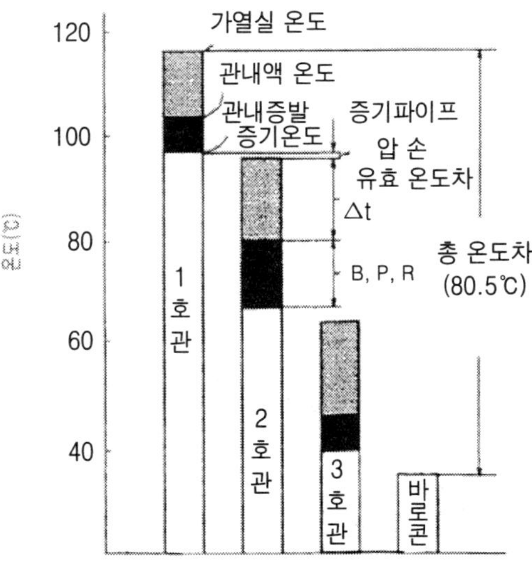

그림 5-29. 3중 효용의 유효 온도차

실제에는 103 - 95 = 8 ℃의 비점상승 때문에 유효 온도차는 15℃만 있는 것이 된다. 함수온도가 높아질수록 효용수는 많아질수록 유효 온도차는 작아진다. 따라서 진공식 제염법에서는 3중 효용 또는 4중 효용이 일반적이다.

(5) 스케일 방지법

평부나 진공식 증발관에서 함수를 증발 농축시키는 경우, 함수 중의 칼슘염은 염화나트륨으로 석출점이 빠르다(그림 5-2 참조). 더욱이 황산칼슘(석고)은 고온일수록 석출되기 쉬므로 고온의 전열 면이나 관 벽에 부착 석출한다. 이것을 스케일[scale : 관석(罐石), 탕구(湯垢)]이라 한다. 석고의 결정은 극히 열전도도가 나쁘므로 열전도율은 현저히 저해되고 증발관의 운전에 지장을 일으킨다. 해염의 제조에 있어서 스케일 방지대책은 피할 수 없는 것이다.

해수 농축의 경우, 석고의 석출영역은 그림 5-30과 같이 함수 비중이 12° Bé 부근의 석고 석출 개시선보다 우측에 있다. 석고는 안정한 결정형으로 이전한다. 그 양

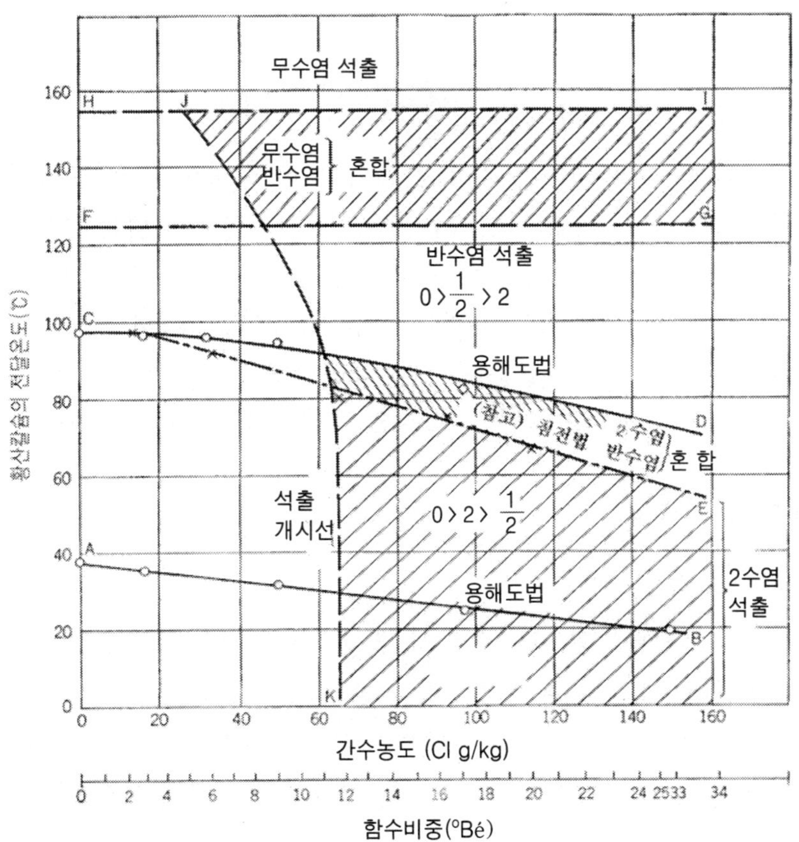

그림 5-30. 증발함수 중의 황산칼슘의 전이온도와 존재 형태

상은 부등호로 나타내고 있다. 부등호의 좌측이 가장 안정한 결정형이다. 염전에서 얻은 함수를 진공식 증발관에서 농축하면 소금과 석고가 동시에 석출하므로 석고는 세염기나 침강분리기의 thickner로 제거된다.

그러나 이것은 액 중에 석출된 석고의 이야기이고 가열관에 부착 석출한 석고(스케일)는 열교환기의 총괄 전열계수를 현저히 저하시켜 증발관의 운전에 지장을 준다. 최종적으로는 증발관의 운전을 멈추고 기계적으로 긁어 내지 않으면 안 된다. 따라서 가열관에 석고를 가능한 한 붙지 않게 용액 중에 석고를 부유시켜 그 결정을 성장시키는 것이 중요하다.

스케일 방지법은 1938년경 간수 주가법으로서 최초로 개발되었다. 이 증발관에 최초부터 모액을 넣어서 가동하여 함수를 공급하면서 조업하는 방법이다. 이것으로서 함수에서 석출되는 석고는 가열 면에 붙지 않고 액 중에 미세결정으로서 석출된다. 그 시기에는 각지에 진공식 제염공장이 건설되었으나 어느 것이나 이 방식에 의하여 운전되었다. 그 후 1955년에 석고 종 첨가법이 개발되어 함수 역에 있어서 증발관 운전이 가능하게 되고 특히 다음의 해수 직자(直煮) 제염법의 확립에 성과를 올렸다.

2) 가압식 제염법

1950년대에 재래의 염전에 의하지 않는 가압식 해수 직자(直煮) 제염법이 개발되어 일본 국내에서 몇 개의 공장이 개설되었다. 가압식 제염법은 증발된 증기를 압축기에서 단열 압축하여 증기온도를 올려 같은 증발관의 가열기에 공급하므로 함수를 조리는 제염법이고, 현재로는 유럽에서 많이 사용되고 있다. 증기를 가압하는 데는 축류압축기나 증기 ejector를 사용한다. 유하식 염전시대에는 진공식 증발관의 top에 증기 ejector를 사용하기 위한 가압관을 부설하여 제염하고 있었던 공장이다.

3) 이온교환막 제염법

(1) 이온교환막 농축간수에서 제염

이온교환막 전기투석법으로 얻은 함수의 조성은 이온교환막의 성질에 따라 변화한다. 그러나 기본적으로는 스케일 성분인 칼슘이온, 황산이온이 적고 마그네슘 이온도 적은 것이 특징이다. 이 함수를 농축하여 갈 때 석출되어 나오는 염류의 양상은 그림 5-31과 같이 우선 염화나트륨이 석출하고 도중에서 황산칼슘도 동시에 석출하게 된다.

미세한 황산칼슘 결정은 상승류를 이용하여 세염조에서 분리 제거한다. 결국 염

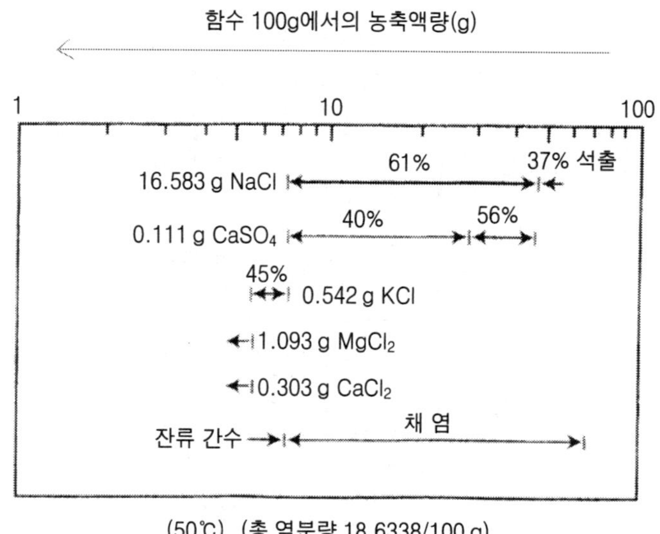

그림 5-31.이온교환막법의 함수농축에 수반되는 석출염

화칼륨이 석출하여 비로소 염에 혼입하여 품질이 나쁘게 되기 때문에 염화칼륨이 석출하기 전에서 제염공정을 멈추고 남은 액을 간수로서 배출한다.

(2) 급액법

이온교환막 함수를 농축할 때 어느 관에 어떤 순서로 급액 하는가는 스케일 부착 방지와 제염의 제품비율 면에서 중요한 문제로 된다. 관내 액 온도가 높은 1호관에서 순서로 2호관, 3호관으로 급액함수가 흘러가는 급액법을 순급(順給)이라 한다. 이것과는 전혀 달리 역으로 관내에 온도의 1번 낮은 3호관에서 순서로 2호관, 1호관으로 급액함수가 흘러가는 급액법을 역급(逆給)이라 칭한다. 어느 관에도 병행하여 급액해가는 방법을 병급(竝給)이라 한다. 관내 온도 순으로 따르지 않는 급액법을 착급(錯給)이라 한다.

이 양상을 나타낸 것이 그림 5-32이며, ○의 숫자는 증발관을 나타낸다. 즉 ①은 1호관이고, 각각의 증발관의 증발온도 수준과 여기에서 석출되는 석고의 결정형을 부기한다. Oaq, 1/2aq, 2aq는 각각 석고의 무수염, 반 수염, 2수염을 나타난다. 이 그림에서 각 급액법에 의한 함수, 모액의 흐름이 나누어져 각 관내 액 온도, 석출 석고의 결정형이 나누어진다.

(3) 이온교환막 간수농축에 있어서 스케일 방지

이온교환막 제염법에서는 함수 중의 스케일 성분이 적어져 있으므로 스케일 방지

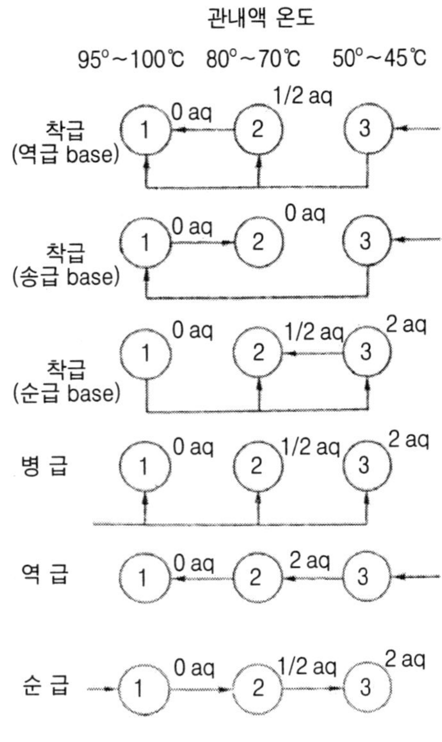

그림 5-32. 급액방법과 석출석고

는 쉽게 되는 것은 아니고 스케일의 방지의 필요가 있다. 이온교환막 함수에 한 예로서 스케일의 석출영역은 그림 5-33에 나타낸 것과 같이 된다. 그림 5-30과 아주 닮은 선도(線圖)로 된다. 사선으로 끼워진 중앙의 영역이 스케일 석출의 영역으로 D-D'선은 2석고와 반석고의 전이 경계선이고, C-C'선은 반석고와 무석고의 전이 경계선이다.

염화나트륨(식염)의 석출 선에서 염화칼륨의 석출 선까지 농축하는 사이에 소금과 석고가 동시에 석출한다. 그림 중에 파선으로 함수의 급액법이 3종에 대하여 기재하고 있다. 온도가 높은 관에서 낮은 관으로 향하여 1호관, 2호관, 3호관(각 관의 위치를 ▲표로 나타내었다)으로 된 3중 효용 증발관이다.

그림 5-32에 나타낸 일부의 급액법이 그림 5-33에 파선으로 나타내고 있다. 순급법(順給法)에서 1호관 3호관에서는 스케일은 나오지 않으나 2호관은 반석고가 나오는 영역이 있으므로 가열관에 스케일이 부착되지 않게 연구할 필요가 있다. 이 급액법에서는 최종 관의 온도가 낮으므로 염화칼륨이 빨리 석출하고, 소금의 석출률이 나빠져서 제품에 대한 비율이 저하된다.

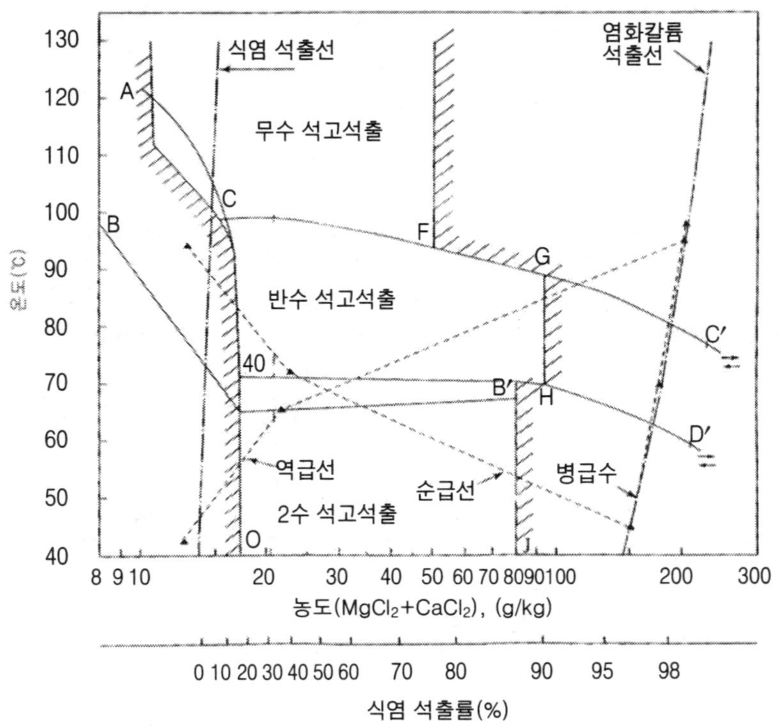

그림 5-33. 석고석출 부착영역의 개념도

사선부분은 스케일 부착한계 영역을 나타낸다. A-C-D-O선은 용해도에서 구한 석고석출 개시선, B-B'선은 용해도 값에서 직도법으로 구한 것의 전이선, C-C', D-D'선은 시험결과에서 추정되는 석고 전이선을 나타낸다.

역급법(逆給法)에서는 1호관과 3호관에는 스케일이 나오지 않으나 2호관은 2석고가 나오는 영역이므로 가열관에 스케일이 부착하지 않게 연구할 필요가 있다. 이급액법(給液法)에서는 최종관이 고온이므로 염화칼륨의 용해도는 높아 석출은 늦다. 따라서 염의 석출율은 높아져 수율이 향상된다.

병급법(併給法)에서는 3호관과 함께 염화칼륨 석출선에 따른 곳에서 조작되고 있는 관에 병행하여 급액되어 관에서도 스케일 석출은 없고 소금의 석출도 율도 전 2자의 중간이다. 병급법 외에 착급법을 채용하므로 스케일 석출은 없는 곳에서 증발관을 운전하거나 종(種) 첨가법에 의하여 부유하고 있는 석고결정을 성장시켜 가열 면에 부착하지 않게 연구하고 있다.

(4) 열전(熱電) 병급 시스템

이온교환막 제염법 공정을 그림 5-34에 나타내었다. 자가발전장치를 가진 전기와 증기를 공급하는 시스템을 합리적으로 조합할 수가 있다. 발생 증기압력 70kg/㎠G

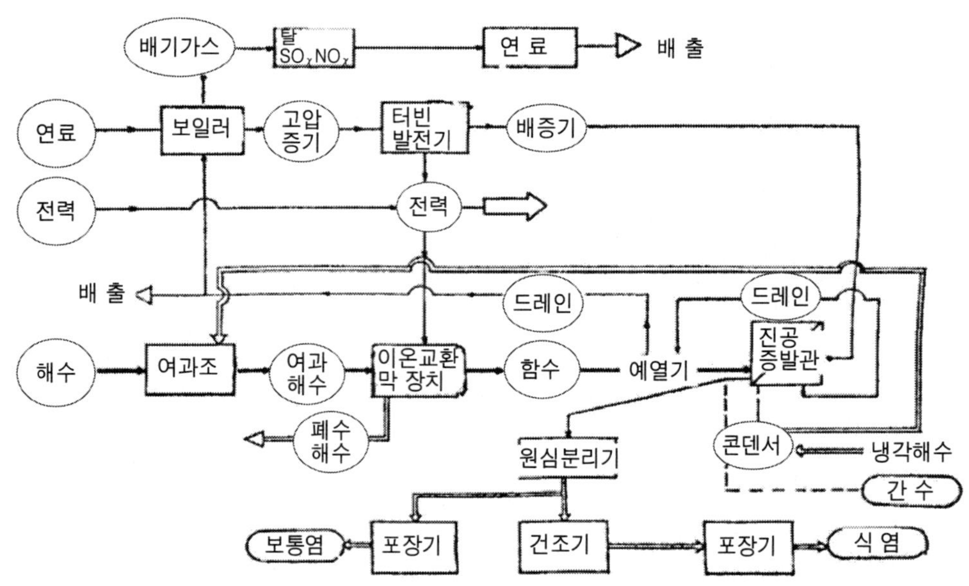

그림 5-34. 제염공장의 공정도

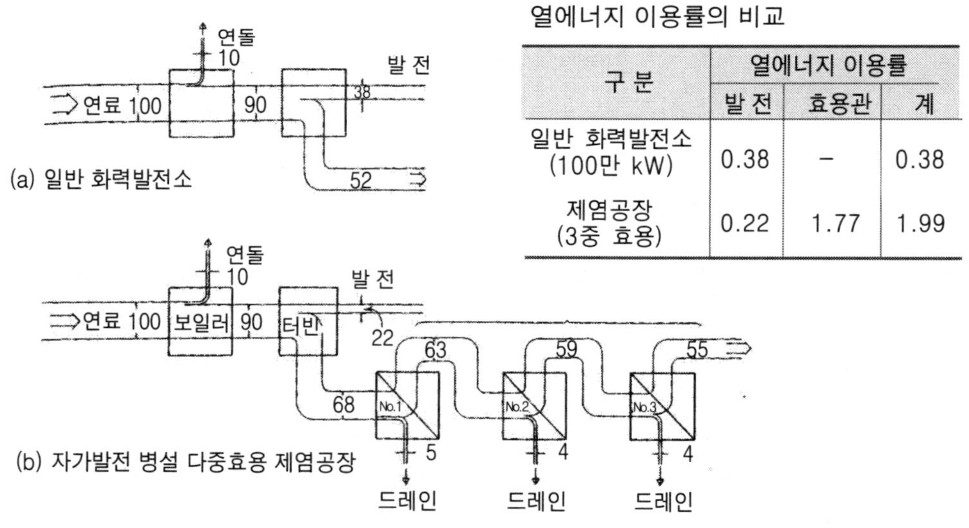

열에너지 이용률의 비교

구 분	열에너지 이용률		
	발 전	효용관	계
일반 화력발전소 (100만 kW)	0.38	–	0.38
제염공장 (3중 효용)	0.22	1.77	1.99

그림 5-35. 자가발전 병설 제염공정의 이점

정도의 고압 보일러를 설치하여 증기 터빈발전기에 고압증기를 공급하여 압력이 2 $kgcm^2G$ 정도로 저하될 때까지의 사이에서 발전한다. 추기(抽氣)된 증기는 진공식 증발관의 가열증기로서 사용한다. 이와 같이 함으로써 연료효율은 격단으로 향상된다. 화력발전소와 제염공장의 연료이용 효율을 그림 5-35에 비교하여 나타내었다.

이온교환막식 제염공장은 cogeneration의 전형적인 사례이다.

현재의 제염공장의 연간 생산능력은 20～25만 톤이다. 이온교환막 전기투석으로 약 20%의 함수를 채취하고 있으나 더 진한 25% 정도의 함수를 취하면 포화농도의 26%까지로 하기 위한 농축관은 불요하여 외국의 제염공장 같이 모두를 결정관으로 하여 사용하므로 생산능력은 향상한다. 그러나 이온교환막 제염법에서는 자가발전 후의 증기를 진공식 증발관의 가열증기에 이용하고 있으므로 현재 설비의 발전량, 가열에 필요한 증기량, 연료비, 매전량(買電量) 등을 감안하여 1번 생산 코스트가 값싼 조건에서 가동하도록 노력을 해야 할 것이다.

3.3 천일염의 용해재제 제염법

해외에서 수입된 천일염은 물로 용해하여 함수로 하여 펄이나 모래의 불용해물(insoluble mater)을 제거하고 아래에 나타낸 것과 같이 함수에 용해하고 있는 마그네슘과 칼슘은 알칼리를 넣어서 수산화마그네슘을 침전시키고, 탄산소다를 넣어서 탄산칼슘을 침전시켜 각각 제거하고 함수 정제공정을 거쳐 진공식 증발관에서 조려서 소금의 결정을 얻는다.

$$MgCl_2 + 2NaOH \rightarrow Ng(OH)_2\downarrow + NaCl$$

$$CaSO_4 + Na_2CO_3 \rightarrow CaCO_3\downarrow + Na_2SO_4$$

그러나 천일염을 용해 재제하고 있는 특수 제법염이라는 소금 제품의 대부분은 함수정제를 행하지 않으므로 평부에서 조린다.

4. 소금의 제품화 · 수송

4.1 제품화

소금의 제품화는 결정관에서 소금 슬러리(slurry)를 골라내는 데서 시작된다. 청징 모액으로 상승류를 형성하고 있는 세염 조는 이 슬러리를 넣어 소금을 세정하고 미립석고를 씻어 내리고(석고, 미립염이 현탁하여 있는 모액을 맑은 모액으로 치환한다) 청징한 소금 슬러리로 한다.

이것은 원심분리기(centrifuge, 그림 5-36)로 모액과 결정으로 분리한다. 필요에 따라 포화염수로 결정 소금을 세정한다. 분리된 소금의 수분함량은 약 20%이고 그 후 포대에 채운 제품이 소금(보통 소금)이다. 그러나 소금의 입도, 형상에 따라 소금의 수분함량은 변화하여 특수 제염법 중에는 25% 이상의 수분함유량이 있는 제

그림 5-36. 소금의 압출식 원심분리기

품이 많이 있고 원심분리기를 사용하지 않으므로 소금을 쌓아 올려 모액을 자연으로 적하시킨 제품도 있다.

천일염을 용해제염한 제품인 정제염 등의 소금사업 센터 소금(구 전매 소금)은 전부 건조 소금이고, 체질을 하여 입경이 갖추어져 있다. 일부 제품에는 첨가물을 가하여 포장되고 식탁염, 정제염, 기타 제품으로 된다. 이온교환막 제염법으로 만들고 원심 분리된 소금이 병염(보통 소금)으로 이것을 원심분리 시에 포화연수로서 치환 세정하여 유동건조기(fluidized dryer)로 수분함유량이 0.1% 정도로 건조한 제품이 식염이다.

건조 소금은 사별에 의하여 입도 또는 입경을 갖추고 있다. 소금이 전매로 있을 때는 특별염이라는 형태로 전매 소금 이외의 입경규격으로 사별되어 새로운 소금으로 여러 입경·입도분포의 소금제품으로 하였다. 오늘날에도 그 흐름을 이은 제품이 한층 폭넓게 유통되고 있다. 입도분포의 폭을 좁게 하거나 넓게 함으로써 용해속도나 부피, 밀도 등이 달라지므로 여러 단계를 걸쳐 가능한 사별한 제품이 준비되어 있다.

지금까지의 제품화 공업에서 이물 제거도 이루어지고 있다. 최초에 망으로 염괴, 기타의 조대 이물을 제거하고 금속 탐지기나 자력선별기로 금속을 제거하고 칼러 선벽기로 이물을 제거하는 설비가 설치되어 있다. 현재 사용되고 있는 재질의 진공식 제염장치에서는 수리, 운전개시 이외에는 이물이 혼입하는 기회는 극히 적다. 이물은 창고 보관중이나 수송 중, 개봉 사용 시에 들어오는 경우가 많다.

4.2 포장·수송

소금은 주머니 조림, 플라스틱 용기 조림, 상자조림 등 여러 가지로 포장된다. 작은 상품은 다루기 쉽게 골판지 상자에 담는다. 주머니 조림에서는 20～50kg(50kg은 해외 수출) 단위로 포장한다. 더욱 큰 포장단위로는 튼튼한 비닐주머니에 1톤의 소금을 넣는 수도 있다.

골판지 상자나 큰 포대상품은 팔레트의 위에 붕괴되지 않게 접착제로 고정되어 쌓아 올려져(그림 5-37) 트럭이나 배로 수송된다. 해외에서는 팔렛트상의 제품 전체를 슈링 필름으로 고정하여 대형의 트럭(그림 5-38)으로 수송된다. 1톤 포장품은 그대로 혹은 팔레트에 실어 운반한다. 해외에서는 포장하지 않고 완전히 산염으로 하여 저장사일로에서 탱크롤리형의 용기(그림 5-39)에 인출하여 수송하는 수도 있다. 천일염이나 암염을 분쇄한 소금의 산염수송에는 소금수송 전용의 배로 한 번에 다량의 소금이 운반된다.

그림 5-37. 팔레트 위에 쌓아올린 소금
(붕괴되지 않게 포대끼리 붙여 놓는다.)

그림 5-38. 해외에서 사용되고 있는 소금 수송용의 트럭

그림 5-39. 해외에서 사용되고 있는 소금 수송용의 탱크 롤리형
(트럭 불출은 탱크를 경사시켜 후부의 배치를 개방한다.)

그림 5-40. 미시시피 강을 거슬러 올라가는 소금 수송용 바지

멕시코나 오스트레일리아에서의 수입소금은 한 번에 10~15톤씩 운반된다. 미시시피 강 하구에 가까운 장소에 있는 암염광산에서는 소금을 만재한 바지(그림 5-40)를 이어 미시시피 강을 거슬러 올라가 소금자원이 적은 내륙으로 수송하고 있다.

제 6 장

암염 · 함수에서 제염

1. 암염(岩鹽) · 함수(鹹水)의 조성

암염의 조성은 표 6-2에 나타낸 것과 같이 산지에 따라 다르다. 무색투명으로 순도가 높은 암염은 드물고 대개는 착색되어 있고 순도는 낮다. 카나라이트($KCl \cdot MgCl_2 \cdot 6H_2O$), 카이나이트($KCl \cdot MgSO_4 \cdot H_2O$), 포리하라이트($K_2SO_4 \cdot 2CaSO_4 \cdot 2H_2O$), 키재라이트($MgSO_4 \cdot H_2O$), 그라우베라이트($Na_2SO_4 \cdot CaSO_4$)와 같은 복염을 함유하는 수가 있다.

표 6-1. 암석의 색

색	불 순 물
유백색	기포 또는 액포의 혼입
분홍색	염화칼륨 부분에 가는 적철광의 침상결정이 분산, 망만 혼입
적 색	가는 적철광의 침상결정이 분산
오렌지색	미량의 가는(150～180㎛) 염화칼륨입자의 혼입
황 색	미량의 적철광, 미량의 염화칼륨, 엷은 역청(瀝靑)이 혼입 130～150㎛의 가는 황 결정이 혼입
녹 색	녹염동광, 110～120㎛의 녹니석 점토, 미량의 취화칼륨 + 금, 미량의 염화칼륨 혼입
회색 · 갈흑색	점토의 혼입
갈색 · 갈흑색	유기물의 혼입
청색	격자결함/착색중심, 염화칼륨 층에 취화칼륨 + 금의 혼합물 착색 으로서 납, 구리, 은, 금의 80～90㎛의 입자
청자색	완만한 성장, 80～90㎛의 염화칼륨 또는 염화루비듐을 0.5% 혼입
엷은 자색	루비나이트 층에 있다.

표 6-2. 암염의 조성

산 지		NaCl	$CaSO_4$	$CaCl_2$	$CaCO_3$	$MgSO_4$	$MgCl_2$	Na_2SO_4	KCl	분용해분, 기타	수 분
캔자스	(미 국)	96.15	3.252	0.018			0.342			0.238	0.043
미시간	(미 국)	98.05	0.634	0.053	0.15		0.052			(1.041)	0.163
뉴 욕	(미 국)	98.25	0.473	0.022			0.006			(1.227)	0.023
오하이오	(미 국)	98.10	0.639	0.011			0.027			(1.173)	0.053
노바스코디아	(캐나다)	99.10	0.401	0.018			0.026			0.360	
크로다와	(폴란드)	99.70	1.24			0.09				1.16	0.06
스라니크	(루마니아)	99.75	0.04	0.08		0.01	0.04			0.02	0.04
림	(영 국)	89.96	2.29			0.93				5.94	
센토니코라스	(프랑스)	92.89	1.72				0.55	2.26	0.02	12.35	0.23
스트라스부르	(독 일)	93.5	1.10				0.05*				
호 페	(독 일)	93.5	0.5								
호 페	(독 일)	95.0	2.0			6.0**					
시실리	(이태리)	23.0				2.5**		0.5***	74.0***		
시실리	(이태리)	93.0	0.58				0.17	0.88	0.32	0.19	0.77

표 6-3. 함수 조성

	미 국	미 국	미 국	파키스탄	미 국	오스트리아	오스트리아
	그레이트 솔트 레이크(1907) (%)	아칸소 용해채광 (%)	인디아나 천연 (%)	카리아라 천연 (%)	미시간 용해채광 (g/ℓ)	하라인(살스블루그) (g/ℓ)	하르쓰다트 (g/ℓ)
Cl	12.67	20.281		21.390		185.30	186.00
SO_4	1.53	0.021	0.051		4.46	9.40	6.72
CO_3						0.05	0.05
HCO_3		0.019	0.012				
Na	7.58	7.925	4.900	1.218	119.55		
Mg	0.45	0,309		4.284	0.02	2.05	1.03
K	0.72		0.138	3.401	0.08		
Ca	0.04	4.057	2,240	2,202		0.86	0.93
Br		0.460					
Fe			0.014				
합 계	22.99	32.603	20.440	33.750	NaCl : 303.90 KCl : 0.16	197.66	194.73

대부분의 경우 암염은 착색되어 있고, 그 원인으로서는 결정 중에 여러 가지의 불순물이 들어있어 결정격자에 구조적으로 결합이 될 때에 색이 붙는다고 한다(표 6-1).

함수의 조성도 표 6-3에 나타낸 것과 같이 산지에 따라 다르다. 그레이트 솔트 레이크와 같이 짠물 호수로서 존재하는 지하에서 퍼 올린 함수(鹹水)도 있다. 또 채광법의 하나인 용해채광법[(溶解採鑛法) 5.3절 참조]으로 얻어지는 함수도 있다

2. 건조식 채광법

암염에서 제염하는 경우, 크게 나누어 석탄을 파는 것 같이 암염을 채굴하여 가는 건식채광법과 암염층(岩鹽層)에 물을 주입하여 소금을 녹여내는 용해(습식)채광법이 있다.

오스트레일리아의 발슈타트에서는 4.500년 전에서 청동제나 철제의 도구를 사용하여 그림 6-1과 같이 손으로 파는 하트형에 구멍을 뚫어 소금의 덩어리를 채취하여 등에 지고 운반하였다(그림 6-2). 현재 연간 400만 톤이나 채광하는 독일 Solvay Werke 회사의 Borth 광산에서는 그림 6-3과 같은 대형의 기계가 도입되어

그림 6-1. 4,500년 전의 발슈타트 암석광의 채광현장

그림 6-2. 채굴된 암석을 등에 메고 운반하는 4,500년 전의 발슈타트 암석광에서 반출

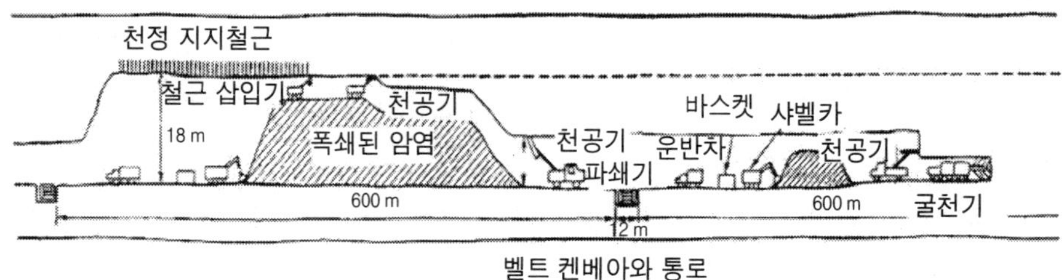

그림 6-3. 독알 솔베이 웨레회사의 호스건조식 채광장(지하 750 m)

지하 740m의 암염 층에서 지층을 지탱하는 기둥이 남아 있고 폭 24m, 높이 18m, 길이 600m의 거대한 공간을 1실로 하여 그림 6-4와 같이 파들어 가고 있다. 이 채광방식을 room and piller법이라 한다.

처음은 마리에타라 불리는 굴삭기(그림 6-5) 또는 거대한 체인소인 under cutter로 채굴현장의 하부를 굴삭(베어내기)하여 천공기(그림 6-6)로 다이너마이트를 장

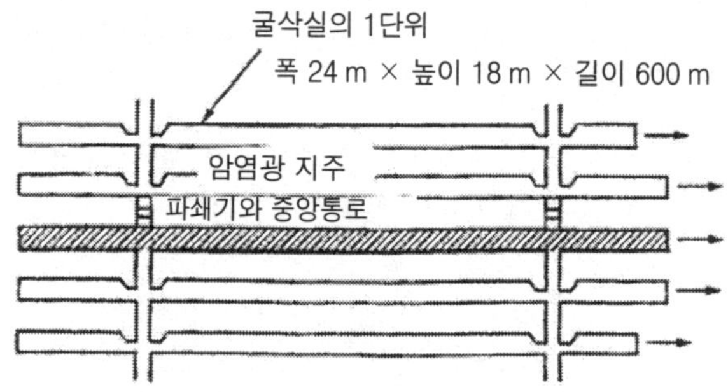

그림 6-4. 독일 회사의 room and piller법에 의한 건식암염 채광의 레이아웃

그림 6-5. 마리엣타 굴삭기

그림 6-6. 다이나마이트 장전용의 첨공기

그림 6-7. 암염을 샤벨 카로 바스켓에 넣는 사이에
운반차는 파쇄장까지 운반된다.

그림 6-8. 천정 양생을 위한 철근 삽입작업

진하는 구멍을 열고 암석광을 폭발하여 떨어진 암석을 샤벨 카로 바스켓에 넣어 이것을 운반기가 파쇄 장까지 피스톤 수송한다(그림 6-7). 파쇄된 암염은 벨트컨베이어로 지하의 저장 창고에 싸 올리고 필요에 따라 호이스트로 지상으로 운반하여 내보낸다.

채굴현장은 다시 천공기로 천정에 폭쇄용의 구멍을 열고 폭파한다. 최후에 천정을 양생하기 위하여 천정에 구멍을 열고 철근 삽입기(그림 6-8)로 철근을 삽입하고 볼트로 조여서 천정이 붕괴되지 않게 한다. 여기에서는 굴삭된 소금의 일부를 인접하는 제염공장에서 식용 소금으로 가공된다. 제염은 트랙수송, 화물수송, 라인 강을 이용한 배 수송도 된다. 채광 후의 온습도가 변화되지 않게 필름 등의 보관창고에 넣거나 드럼통에 넣어 보관한다.

3. 용해채광법

용해채광법은 19세기 말에 시작되었다고 한다. 용해채광법의 역사는 오래 되었고 중국에서 개별된 방법이나 현재에는 암염층에 이중 관 또는 삼중 관(관을 2개를 사용하는 경우도 있다)을 삽입하여 물을 넣어 소금을 녹이고 혹은 두 곳에 구멍을 열어 한쪽의 구멍에서 수압 파쇄방식으로 고압수를 압입하여 암염층의 극간을 통하여 다른 구멍에서 지상으로 함수를 압출한다. 아주 간단하여 경제적인 방법으로 여러 장소에서 채용되고 있다.

소금을 용해하여 생기는 공동의 모양을 레이저로 측정하면서 굴 파기를 진행한다. 천정은 소금의 용해가 일어나자 않게 물을 차단하는 액이나 공기가 송입된다. 공동에 의한 지반침하(subsidence)의 재해가 일어나지 않게 공동의 크기, 배치 등에 주의가 필요하다. 독일에서는 지표에서 400m까지는 용해채광법의 채용이 금지되고 있다.

용해채광법에서 생긴 공동은 원유 액화 천연가스 등의 저장, 발전용의 고압공기의 저장, 산업폐기물이나 핵폐기물를 버리는 장소로 이용된다. 아라바마 전력회사에서는 110mW의 발전용에 직경 70m, 높이 305m의 공동을 파고 50만m^3의 공기를 7.93 MPa의 압력으로 저장하는 플랜트를 건설하였다.

그림 6-9. 트레웨이에하 염전의 호저(湖低)에서 소금을 수확하는 선대(船台)
호퍼의 아래에 소금을 쌓을 바지가 있다.

그림 6-10. 바지를 연결시켜 수확한 소금을 운반하는 광경

얻은 함수의 대부분은 소다공업의 원료로서 배관으로 수송되어 350km나 되는 원거리 수송되는 것도 있으나 보통은 가까운 소다공장이나 제염공장으로 보낸다. 스페인의 트레위에하 염전에서는 54km 떨어진 암염광산(돔형 광산)에서 용해채광 함수를 직경 54cm의 배관으로 염전으로 보내고 해수농축 함수와 병행하여 생산능력의 향상에 도움을 주고 있다. 이 천일염전은 트레위에하 라군을 이용하여 제염하고 있고, 보통의 천일염전 조작과는 다른 모액을 함수로서 배출하는 것은 아니고 선태(船台, 그림 6-9)를 띄워 깊이 70cm 정도의 호저(湖低)에서 소금을 긁어 올려 수확하고 바지로 운반한다(그림 6-10).

4. 제 염

보통 식용 소금을 제조하는 데는 암을 용해하여 함수의 정제(그림 6-11)를 행한 후에 조린다. 우선 불용해물을 침전 분리하여 용해하여 나오는 마그네슘, 칼슘의 제거에는 알칼리를 넣어 수산화마그네슘을 침강 분리하고 다음에 탄산소다 또는 연도(煙道)가스(CO_2)를 넣어서 탄산칼슘으로서 침강 분리한다. 용해 채광된 함수도 마찬가지이다. 이 함수정제는 기본적으로 천일염을 용해한 함수정제와 마찬가지이다.

이 경우의 함수농도는 염의 포화농도(26%)에 가깝다. 따라서 조린 소금의 결정을 얻는 데는 유리하고 일본 제염법에 있어서 필요한 포화농도로 하기까지의 농축관의 필요는 없고 어느 관도 경정관이 된다. 세계 최대의 증발관에 의한 제염공장은 연간 200만 톤의 생산력을 가지고 있고 증발관 하나의 생산능력은 일본의 한 제염공장분에 상당하다.

그림 6-11. 함수 정제용 탱크
교반기로 반응을 촉진시키고 정치침강분리

그림 6-12. 산염용의 소금창고
철청 · 이물 혼입을 피하기 위한 목재의 돔형 지붕

함수의 조림에는 진공증발관이 사용되나 전력비가 값싼 지역에서는 가압식도 많이 사용된다. 또 가압식과 진공식의 조합의 것도 있다. 증발관에서 취출된 소금의 슬러리는 원심분리기로 탈수하고 유동건조기에서 건조시킨 후 체질을 하여 입경을 고루고루 필요에 따라 첨가물을 가한 소금제품도 있다. 드물게는 아주 순도가 높은 소금을 생산하는 광산에서 분쇄로 체질을 하여 입경을 갖춘 소금제품도 있다.

제품의 산염(散塩)은 창고에 산적된다. 창고의 지붕은 어묵모양이며 소금에 쇠녹이 붙지 않게 하기 위하여 목재로 한다(그림 6-12)

제 7 장

간수(bittern)의 이용

1. 간수(bittern)

염전에 의한 배수농축 제염법에서는 황산마그네슘이 석출하기 전에 한편으로는 이온교환막 해수농축제염에서는 염화칼슘이 석출하기 전에 각각 채염(採塩)을 종료하여 남은 모액을 간수로서 배출한다. 따라서 제염법에 따라 표 7-1에 나타낸 것과 같이 간수의 화학성분 조성은 크게 다르다.

염전 제염법에서는 간수의 생산량은 소금 1톤당 대략 0.5kg이다. 이온교환막 제염법으로 되고 나서 이온교환막의 선택처리에서 이가이온이 교환막을 통하기 어려운 사실에서 간수의 생산량은 소금 1톤당 대개 0.3kg 줄고 있다.

간수성분을 채취 이용하는 공업을 간수공업이라 하여 옛날에는 성행하였으나 제염법이 변하고부터 간수 생산량의 감소나 조성의 단순화에 의한 제품수의 감소, 또 수입품과의 경쟁저하 등으로 근근이 이어지고 있다.

2. 염전 제염 간수(bittern)

표 7-1에서 알 수 있듯이 염전제염에 간수는 이온교환막 제염 간수에 비교하여 염화마그네슘이 있으므로 황산마그네슘계 간수라고 부르고 간수 중에는 여러 가지 염류가 함유되어 있고 부가가치가 높은 제품으로서 시장에서 어떤 것을 구하는가에 따라 간수에서 제조하는 제품을 바꾸고 있다. 따라서 간수공업에서 제조되는 구체적인 제품은 여러 가지로 변하므로 일례를 그림 7-1에 나타내었다. 간수를 이용한 일차제품으로서는 표 7-2에 나타내었고 각각의 용도도 함께 나타내었다.

표 7-1. 간수의 조성(%)

	NaCl	KCl	$MgCl_2$	$MgSO_4$	$MgBr_2$	$CaCl_2$
염전 제염 간수	2~11	2~4	12~21	2~7	0.2~0.4	-
이온교환막 제염 간수	1~8	4~11	9~21	-	0.5~1	2~10

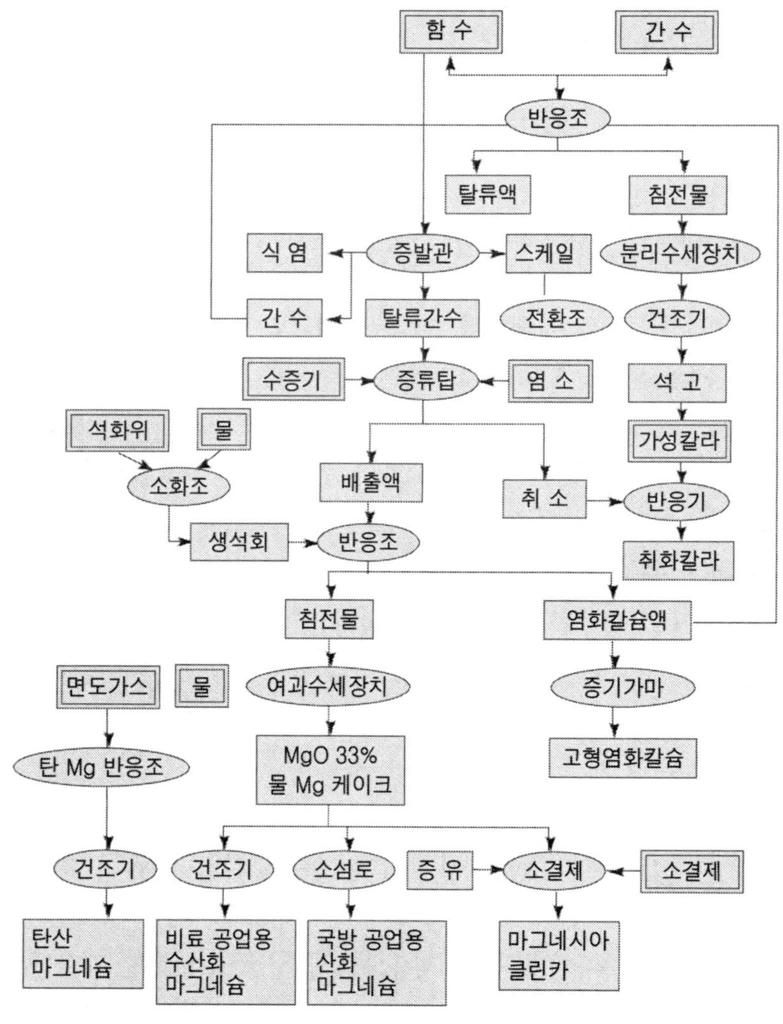

그림 7-1. 염전 간수공업

표 7-2. 염전 제염 간수의 제품과 용도

제 품	용 도
황산칼슘(석고)	형용(형용), 건재용, 시멘트용, 두부제조용
염화칼슘	건조제, 제습제, 방진제, 융빙설제, 냉각제
염화칼륨	비료, 의학품
염화마그네슘(고형 간수)	두부제조용, 융빙설제, 토목건제
황산마그네슘(사리염	의약품, 제지, 매염제, 비료
탄산마그네슘	검 증강제, 방화도료, 치약분, 의약품
산화마그네슘	검, 의약품, 세라믹원료, 내화 벽돌, 시멘트
수산화마그네슘	난연제, 흡착제, 비료, 의약품, 세라믹
불소	농약, 플라스틱, 난연제
황산나트륨(망초)	염색, 입욕제, 합성세제, 의약품

2.1 간수(bittern)의 성분조성과 저장 중의 변화

간수의 성분은 간수조성, 제염법, 저장조건에 따라 크게 다르다. 표 7-3은 제2차 세계대전 전의 염전제염시대에 수집한 데이터이다. 농축비율을 나타내는 비중 그리고 온도가 크게 다른 것을 알 수 있다.

간수는 소금과 황산마그네슘에 대하여는 포화농도에 달하고 있다. 소금의 용해도는 온도에 따라 그렇게 변하지 않으나 황산마그네슘의 용해도는 온도에 따라 크게 변하고 온도저하로 용해도가 내린다. 이 사실에서 온도가 저하하면 과포화로 있던 양을 포함하여 다량의 황산마그네슘[업계 용어로 평(坪) 칼리라 한다]이 석출된다. 따라서 간수 중의 황산마그네슘 농도는 저하하고 간수의 비중도 저하한다. 온도가 낮은 겨울철을 넘긴 간수의 조성은 현저히 달라 있으므로 이 간수를 월동 간수라 한다.

간수의 증기압은 아주 낮으므로 일반적으로 저장 중에 간수가 증발하여 용적이 줄어지는 것은 없다. 설사 간수의 주성분이 염화마그네슘이라는 것에서 간수는 흡수성으로 되고 저장 중에 대기중의 수분을 흡수하여 용적을 증가한다.

2.2 간수(bittern)의 물성

전기와 같이 간수의 성분이 다르면 간수의 물성도 달라지므로 간수의 물성으로서 특정하려면 일례로서 여러 데이터를 인용 정리한 몇 개의 데이터를 참고하여 표 7-4에 나타내었다.

표 7-3. 염전 제염 간수의 성분 조성

제염방식	시료 수	비중 (보메)	온도 (℃)	$CaSO_4$ (%)	$MgSO_4$ (%)	$MgBr_2$ (%)	$MgCl_2$ (%)	KCl (%)	NaCl (%)	합계 (%)
ST식 평부	4	33.4	31.7	-	7.362	0.380	17.775	3.164	4.791	33.281
증기이용식	3	34.0	21.7	-	7.190	0.369	17.742	3.175	4.285	31.637
진공식	4	34.1	33.4	-	9.273	0.304	14.722	3.386	5.819	33.427
가압식	1	31.7	34.5	-	6.271	불검출	18.557	2.942	4.843	32.613
천일염	3	31.7	17.0	0.056	8.487	0.328	12.269	2.500	10.393	33.815

표 7-4. 간수의 물성

온도(℃)	0	10	20	30	40
비 중	1.2853	1.2807	1.2772	1.2772	1.2734
표준장력 (dyne/cm)			68.53	67.80	66.97
점도계수 (cm · sec/ gm		0.0611	0.0488	0.0368(at 19℃)	
비 열				0.668(at 19℃)	
전기비저항 (ohm · cm)			7.581(at 20.5℃)	7.345(at 21.1℃)	7.121(at 22.0℃)
전기전도도 (1/ohm · cm)			0.1318(ar 20.5℃)	0.1361(at 21.1℃)	0.1404 (at 22.0℃)
비점(℃)			111.5(비중 1.293 at 22℃)	111.0*(비중 1.270 at 21℃)	

* 월도 간수

2.3 간수(bittern)의 제품

1) 황산마그네슘

간수(bittern)를 월동시켜 석출되는 평(坪)간수라 칭하는 투명한 주상결정을 모아 용해하고 재결정법에 의하여 정제하여 제품으로 한다. 의약품(설사, 국소 진통제, 해독제, 한방에서는 사리염), 매염제, 제지, 유약, 마그네슘 염류의 제조 등에 사용된다.

2) 황산나트륨

황산나트륨은 망초라고 부르고 소금과 황산마그네슘의 혼합수용액을 가열 농축하여 냉각시킨 다음 아래의 반응에 의한 복분해에 의하여 제조한다. 펄프, 유리, 합성제, 염색, 입욕제 등에 사용된다.

$$2NaCl + MgSO_4 \rightarrow Na_2SO_4 + MgCl_2$$

3) 염화칼륨

간수(bittern)를 농축하여 부산염, 고즙(苦汁) 칼륨염을 분리한 모액을 냉각하여 복염의 Carnallite($KCl \cdot MgCl_2 \cdot 6H_2O$)를 얻는다. 이 결정에 냉수(25℃)를 1/2중량 넣어 염화마그네슘을 용해시켜 남은 염화칼륨 결정을 얻는다. 칼리비료, 칼리염류의 제조, 의약품(천식, 알레르기, 간질 등의 치료), 열처리 등에 사용된다.

4) 취소(플루오르)

간수(bittern)중에는 취소가 2～4.5 kg/kℓ 함유한다. 취소는 취화마그네슘으로 함유되어 있고 그림 7-2의 공정에 따라 쿠비루스크법으로 염소가스를 취입하면 취소를 염소에 치환하여 취화마그네슘을 염화마그네슘으로서 유리하는 취소를 수증기로

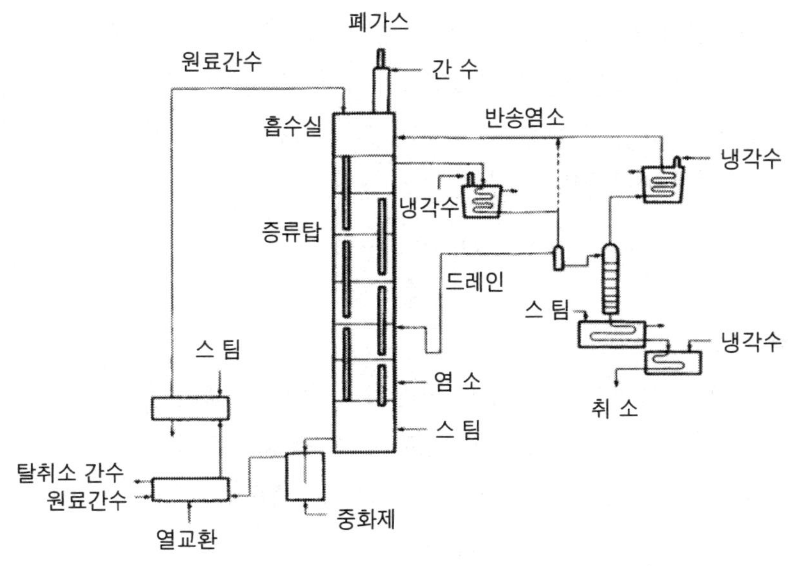

그림 7-2. 쿠비르스키법에 의한 플루오르의 채취

증류 분리하여 액화한다. 가솔린의 안티녹킹제(이취화에틸렌), 의약, 염료, 사진감광제(취화은), 농약(훈증제, 취화메틸, 기타 취소배합제), 플라스틱, 난연제, 공업약품 등에 사용된다.

5) 염화마그네슘

취소를 채취한 농후 간수(bittern)에 소석회를 넣어 중화하고 생성된 석고를 침강시켜 상징액(비중 약 35° Bé)을 농축하고, 비점이 160℃ 부근에 달한 액을 보온한 조(탱크)에 옮기고 4시간 정도 방치하여 불순물을 침전시킨 다음 상징액을 방냉시켜 염화마그네슘 결정을 얻는다. 두부의 제조, 동결방지제, 내화물, 토목, 건재용 등에 사용된다.

6) 탄산마그네슘

간수(bittern)중의 염화마그네슘(또는 황산마그네슘)과 탄산나트륨의 복분해로 아래의 방정식으로 얻는다. 고무 증강제, 방화도료, 치약가루, 의역품(제산, 완하, 살포) 내화보온용, 마그네슘염류 제조용 등에 사용된다.

$$5MgCl_2 + 5Na_2CO_3 + 5H_2O \rightarrow 4MgCO_3 \cdot Mg(OH)_2 \cdot 4H_2O + CO_3 + 10NaCl$$

$$5MgSO_4 + 5Na_2CO_3 + 7H_2O \rightarrow 4MgCO_3 \cdot Mg(OH)_2 \cdot 6H_2O + CO_3 + 5Na_2SO_4$$

7) 황산칼슘

간수(bittern)에 염화칼슘을 가하여 아래의 반응으로 생성된 황산칼슘(calcium sulfate), 석고(gypsum)를 침강분리 제품으로 한다. 상징액의 간수(bittern)는 탈황간수라고도 한다. 석고 도프라스터, 석고보드, 치과재료, 도자기형용, 금속형용, 각종 접착제제, 시멘트 등에 사용된다.

$$MgSO_4 + CaCl_2 \rightarrow CaSO_4 + MgCl_2$$

8) 염화칼슘

탈황간수(bittern)에 석회석을 가하여 아래의 반응으로 생성된 수산화마그네슘을 침강 분리하여 싱징액 만을 농축하여 염화칼슘 결정을 얻는다. 건조제, 냉동용 brine, 방진제, 융빙설제, 칼슘연류 제조용 등에 사용된다.

$$NgCl_2 + Ca(OH)_2 \rightarrow NMg(OH)_2 + CaCl_2$$

9) 수산화마그네슘

상기의 반응으로 수산화마그네슘을 얻는다. 난연제, 흡착제, 비료, 의약품, 세라믹스 등에 사용된다.

10) 산화마그네슘

수산화마그네슘을 연소하여 얻는다.

3. 이온교환막 간수(bittern)

이온교환막제염 함수에는 표 7-1에서 알 수 있는 바와 같이 염화칼슘이 있으므로 염-칼륨계 bittern라고 부른다. 염-칼륨계 bittern 이용공업의 일례를 그림 7-3에 나타내었다. 이온교환막의 선택처리에 의하여 염화나트륨 이외의 함수 중의 성분이 적게 있으므로 아주 단순한 공정이 되어버리고 만다.

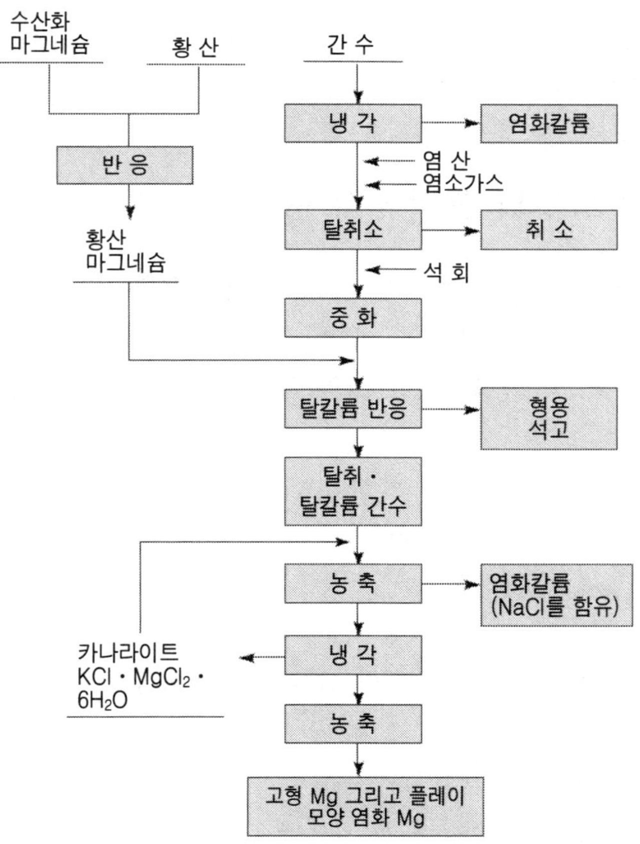

그림 7-3. 이온교환막의 간수공업

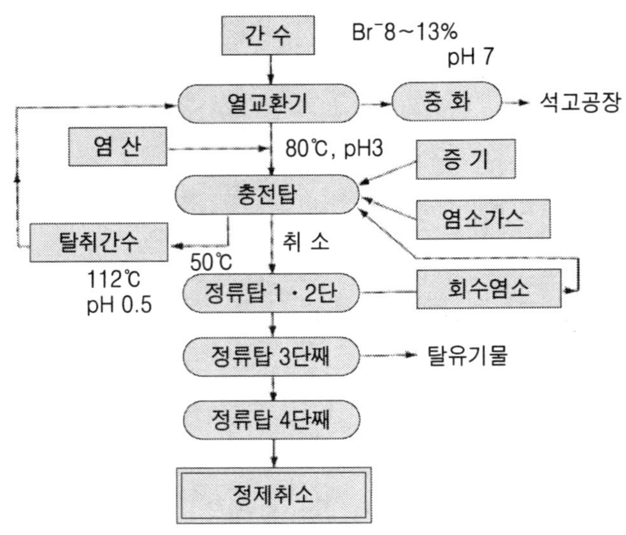

그림 7-4. 플루오르(취소) 채취

함수 중의 취소 함유량은 역으로 염전제염 함수의 2～3배 많아져 그림 7-4와 같이 몇 단계의 유리 정제류 탑에 의하여 정제된 취소가 채취된다.

4. 간수(bittern)의 한의학적 이용

간수의 다른 이름은 노함(鹵鹹) : 『신농본초경』, 석함(石鹹) : 『본초의보유』, 노검(鹵鹼), 노수(鹵水) : 『본초강목, 길림중본조약』, 노염(鹵鹽), 한석(寒石) : 『오보본초』, 염로(鹽鹵) : 『동북습칭』, 고염(苦鹽), 검(鹼)이라고 한다.

1) 이 명

노염(鹵鹽), 한석(寒石) : 『오보본초』

2) 기 원

간수(서슬)가 응결하여 생긴 염화마그네슘 등의 결정이다.

3) 간수 만드는 법

노괴(鹵塊)를 깨끗이 씻고 부셔서 대야에 넣는데 각 대야에 1.5kg이 적당하다. 이것을 조금 가열하여 용해시킨 다음 6겹의 거즈나 두 겹의 흰 베로 여과하여 걸러낸 액체를 바짝 졸이고 다시 같은 양의 물을 넣고 센 불에 바짝 졸여 부글부글 끓게 하는데 휘젓지 않는다.

수분이 증발하고 자극성의 기체가 거의 날아 흩어지면 갈색의 액체가 백색으로 고체로 변하는데 이것이 노검(鹵鹼)이다.

4) 성 분

주요 성분은 염소, 마그네슘, 나트륨, 칼슘, 칼륨과 황산이온이고, 소량 성분은 이산화규소, 불소, 스트론튬, 철, 붕소, 보름이다. 미량성분은 리튬, 알루미늄, 망간, 아연, 구리, 티타늄, 크롬, 셀레늄, 니켈, 요오드, 수은, 은, 토륨, 게르마늄 등이다 .

해염(海鹽), 호염(湖鹽), 정염(井鹽) 및 함염(含鹽), 알칼리 지염(地鹽)의 네 가지 간수와 노검(鹵鹼)의 성분은 각기 다르다. 네 가지 주요 화학성분은 모두 마그네슘과 염소이지만 마그네슘의 함유율은 해염 간수 쪽이 가장 높고 나머지는 알칼리 지염 간수, 호염 간수, 정염 간수 순이다.

바짝 졸여 노검(鹵鹼)이 되면 해염과 호염의 마그네슘 함유율은 거의 비슷하고 다른 두 가지 보다 높다. 염소의 함유율은 정염 및 해염 간수에서는 비교적 높고 나머지 두 가지는 낮다. 정염의 간수와 노검(鹵鹼)의 칼슘 함유율은 나머지 3종보다 현저히 높다.

알칼리성의 간수와 노검(鹵鹼)에서는 망간이 검출되지 않지만 나머지 세 가지는 적지 않은 망간을 함유하고 있다. 정염의 간수와 노검(鹵鹼)의 리튬 함유율은 나머지 세 가지 보다도 현저히 높다.

5) 약 리

(1) 이뇨작용

건강한 쥐에 대하여 이뇨작용이 있고 마그네슘 이온을 제거한 후에도 상당한 효력이 있다. 따라서 노검(鹵鹼) 투여 후의 요량 증가는 노검(鹵鹼)이 함유하고 있는 여러 가지 종류의 염류가 종합적으로 작용한 결과라고 생각한다.

(2) 심혈관에 대한 작용

토끼의 적출한 심장과 살아 있는 개의 심장에 대하여 뚜렷한 관상동맥 확장작용이 있고 뇌하수체 후엽 호르몬에 의한 급성 심근결혈에 상당한 예방작용이 있는데 이 작용은 노검(鹵鹼)에 함유되어 있는 대량의 마그네슘 이온과 관련이 있다. 이것은 노검(鹵鹼)이 만성 극산병(克産病 : 풍토병의 일종. 중국 헤이룽장성 극산현에서 처음 발생되었다) 그리고 그 밖의 심장병 환자의 기능을 개선하는 작용 중의 일부이다.

또 고혈압성 개의 혈압을 약간 낮추고 맥박을 느리게 하며 마취한 개의 동맥을 직접 확장시키는 작용이 있다. 마그네슘 이온이 이러한 작용을 일으키는 주요 성분이다. 강심작용이 없고(개구리, 토끼의 실험), 진정작용도 없다(쥐의 pentobarbital 수면시간과 자발운동 실험).

6) 성 미

맛은 쓰고 짜며 성질은 차다.

① 『신농본초경』에서 맛은 쓰고 성질은 차다고 하였다.

② 『명의 별곡』에서는 독이 없다고 하였다

7) 약효와 주치.

극산병, 캐신벡병(Kaschin Beck : 중국 동북과 서북 지방의 풍토병), 갑상선병, 고혈압, 류마티스병, 심장병, 만성 기관지염, 피부염, 풍열적안(風熱赤眼)을 치료한다.

① 『신농본초경』에서 대혈(大血), 소갈, 광번(狂煩)을 치료하고 사기를 제거하며 근육과 피부를 부드럽게 한다고 하였다.

② 『명의 별록』에서 오장장위(五臟腸胃)의 유열결기(留熱結氣), 심하견(心下堅), 식후의 구역질, 천만(喘滿)을 제거하고 눈을 밝게 하며 눈이 아픈 증세를 치료한다고 하였다.

③ 『실림중초약』에서 강심 진정하며 소화를 돕고 항경련하며 염증을 없애주고 만성 근산병, 갑상선종, 캐신벡병, 만성 신장염, 간염, 만성 기관지염, 고혈압, 피부염, 종양을 치료한다고 하였다.

8) 용법과 용량

내복 : 1.11～3.7g을 녹여 복용한다.

외용 : 고제(膏濟)로 만들어 문지른다. 혹은 용액을 점안하거나 깨끗이 씻는다.

9) 처 방

풍열적안(風熱赤眼), 허종삽통(虛腫澀痛).

노검(鹵鹼) 1되, 청매(靑梅) 27개, 고전(古錢) 21문(文)을 깨끗한 병에 넣어 밀봉하고 펄펄 끓는 물속에 넣어 한 끼 밥을 지을 시간 동안 끓여서 3일 후에 꺼내어 하루에 3～5회 점안한다.

10) 임상보고

(1) 극산병(克産病)의 예방과 치료

① 예 방 : 10ℓ의 물에 간수 가루, 생 석고가루 각 3g 및 약용으로 쓰는 진한 황산 0.1㎖를 가하여 발병 지역의 수질 개선에 이용한다.

② 치 료 : 급성에는 0.5～2%의 농도(농도가 지나치게 높으면 현운, 발열, 구전동계, 번조, 근육경축 등의 부작용이 나타난다)로 정맥주사나 점적 정주한다. 성인의 1일 총 투여량은 3～4g, 2～5세는 0.5～1g, 6～16에는 2～3g이다. 포도당액으로 희석하여 정맥주사하거나 5% 포도당으로 희석하여 점적 정주한다.
병의 상태가 호전되지 않을 때는 3～4시간 후에 다시 투여하지만 1일 총 투여량을 초과해서는 안 된다.

(2) 캐신벡병 치료

일반적으로 경구투여로 치료하며 극산병의 내용과 같다. 관찰에 의하면 대다수의 환자는 2개월가량의 투약으로 관절통이 경감되었거나 소실되었으며 특히 손가락, 팔목, 팔꿈치 등의 관절에서 더욱 현저하며, 결국 기능 장해가 개선되고 업무능력도 증진되었다. X-선 검사에 의하면 일부 환자의 경우 각기 정도는 다르지만 회복되었고 연령이 낮을수록 치료효과가 높았다.

(3) 볼골증(氟骨症)

20%의 노검(鹵鹼) 주사액 20㎖와 10～20% 포도당 주가액 20㎖를 혼합하여 1일 1회 정맥에 서서히 주사하고 10～20% 노검(鹵鹼) 상징액 50㎖를 1일 3회 복용한다. 64 예를 치료한 바 치유사례가 49, 현저한 효과사례가 10, 호전사례가 4였다.

(4) 지방성 갑상선종

노검(鹵鹼)제제를 복용한다. 환자 수백 명을 관찰한 결과 대부분 복용 후에 증상이 소실되었거나 경감되었고 선종(腺腫)은 소실되었거나 또는 축소되었다. 효과가 뚜렷한 질병치료 사례에서는 1개월의 복약으로 목을 굽힐 수 있게 되었고 호흡이 힘들지 않게 되었으며 선종이 연하게 축소되었으며 체력이 증가되었다.

(5) 고혈압

노검(鹵鹼)가루를 1일 6~9g씩 복용하거나 1회 250mg을 25% 포도당액 20~40㎖와 혼합하여 1일 1~2회 천천히 정맥에 주사한다. 관찰결과 다수의 병례에서 단기간에 치료효과를 얻을 수 있었는데 그 중에서도 1기 환자의 치료효과가 비교적 좋았다.

(6) 뇌졸중

고혈압증에 합병한 뇌일혈, 뇌혈전 형성, 뇌혈관 경숙 및 지주막 하강출혈(蜘蛛膜 下腔出血)에 투여한다.

〈용 법〉

① 10% 노검(鹵鹼) 포도당액 20~40㎖를 1일 1~2회 천천히 정맥에 주사한다. 주증환자의 혼수상태 기간에 10% 노검(鹵鹼) 포도당액 60㎖와 10% 포도당액 500~1000㎖를 점적 정주한다.

② 10% 노검(鹵鹼) 30㎖에 10% 포도당액 500㎖를 가하여 1일 1회 점적 정주한다(접주시간은 3시간 이하로 하지 않는다). 혼수상태가 비교적 깊은 중증 환자에 대하여서는 항생물질 및 기타 한·양 의학 치료요법을 병행한다. 경증환자의 뇌동맥 혈전형성에 대하여서는 경구투여로 치료하여도 좋다.

(7) 류마티스성 병 심장구제

노검(鹵鹼) 분말 제제를 1일 6g씩 물에 녹여서 3회로 나누어 복용하면 이뇨, 진해, 진정, 식욕증진 등의 작용이 있다. 32사례를 관찰한 결과 다수의 환자에게서 복용 후에 심계항진, 천식, 수종 등이 각기 정도는 다르지만 개선되었고 심장박동수도 줄어들었다.

Ⅰ~Ⅱ급 심기능 부전과 Ⅲ급에는 다른 강심제와 병용해야 한다. 복합 판막증의 치료효과가 비교적 양호한 것을 보면 심장병 치료에서 노검(鹵鹼)의 작용은 주로 관상동맥 혈류량을 증가하여 심근의 영양상태를 개선하는 데 있다고 추측한다.

(8) 류마타스성 관절염

1일 3회, 1회 1g을 복용하여 점차 1회 2~3g까지 증량한다. 또는 1회 250mg(5% 용액 5㎖)을 1일 1~2회 근육 주사한다. 또 정맥주사 할 때의 용량은 고혈압 치료시와 같다. 1차적 관찰에서 진통, 소종, 해열, 정신고양, 식욕개선, 숙면 등의 작용을 확인하였다. 일반적으로 30~60g을 복용한 후에 통증이 경감하기 시작하였고 120g을 복용한 후에 국부의 종창이 가라앉기 시작하여 경직부위를 움직일 수 있게 되었고 관절활동 기능이 점차 확대되거나 정상으로 회복되었다.

(9) 만성 지관지염

436사례를 관찰한 결과 총 유효율은 85% 가량이 있다. 용법과 용량은 개인의 병세에 따라 다르다. 보통 10% 노검(鹵鹼) 수를 1일 3회, 1회 15～20㎖ 복용하고 치료기간은 2～4주일로 일정하지 않다. 대다수는 2주일 전후의 투약으로 효과를 보았다. 먼저 해수, 객담이 감소되었고 이후에 호흡곤란이 호전되었다. 치료효과가 늦게 나타난 일부 병례에 대하여는 경구투여와 병행하여 근육주사를 하는데 1일 1～2회, 1회 200～400mg씩, 14일을 1치료기간으로 하여 치료하면 증상이 비교적 빨리 나타나고 천식을 수반한 환자에게 적합하며 복용 후 비교적 신속히 천식 증상이 완화된다.

정맥주사는 1회 600～800mg을 1회 1～2회 투여하고 점적 정주는 1일 800～1500mg을 투여하고 모두 7～10일을 1치료기간으로 한다. 합병 감염되어 병의 상태가 비교적 중한 환자는 다른 약물을 적당히 배합하여 치료하여야 한다.

(10) 소아 천식성 기관지염

천식 증상은 각기 정도는 다르지만 완화시킬 수 있다. 114사례를 관찰한 결과 유효율은 96.4%에 달하였다. 그러나 유효시간이 비교적 짧아 온전히 완치된 환자는 겨우 43.8%였고 상당한 시간이 경과된 후에 재발견된 환자도 있었다. 이외에 염증이 심한 소수 환자에서는 치료효과가 뚜렷하지 않았다. 이런 경우에 제대괴(臍帶塊) 조직의 혈위매장(穴位埋藏) 및 내과 한약 등을 조합한 종합적인 처리에 의하여 치료효과를 더욱 안전하게 형상시킬 수 있다.

〈용 법〉

제1차에는 10% 노검(鹵鹼) 주사액 6㎖에 10% 포도당액 14㎖ 를 가하여 천천히 정맥에 주입한다(20～25분간에 주입을 끝낸다). 그 후에는 노검(鹵鹼) 주사액을 1회에 2㎖씩 증량하여 총량 16～20㎖까지 증가시키는데 연령을 참작하여 투약한다. 한편 10% 포도당액은 점차 감량하되 주사 총량이 20㎖가 되도록 한다. 1일 1회, 매주 1일 노검(鹵鹼) 주사액의 점적 정주에 의해 소아의 중증 폐렴을 치료하여 상당한 효과를 거두었다.

(11) 혈액병

노검(鹵鹼)이 조해하여 생성된 노수(鹵水)(비중 〉 1.3) 1000㎖에 오매(烏梅 :

다져서 부순 것) 37.5g을 가하여 30분 이내에 600㎖로 농축한다. 따로 홍화 600g, 오매 296g에 물 500㎖를 붓고 1800㎖로 농축하여 앞서 설명한 오매로수(烏梅鹵水) 600㎖와 혼합한다. 성인은 1회 10㎖, 고아는 적당히 감량하여 1일 3~6회 복용한다. 과립성 백혈구 감소증 31사례(치료 전 백혈구 수가 4000 이하인 자 25사례, 50000 이하인 자 6사례)를 치료한 결과 4000 이하인 자 5사례, 5000 이하인 자 2사례를 제외한 다른 24사례의 백혈구 수는 뚜렷이 증가되었다.

혈소판 감소증 6사례에 대하여는 치료 후 4사례가 정상으로 회복되었고 2예는 임상증상이 개선되었으며 혈소판 수도 증가하였다. 2사례의 재생 불량성 빈혈환자에서는 치료 후 헤모글로빈이 각기 3.2g과 6g에서 6.5g과 7g으로 증가되었다.

1사례에서는 적혈구 수가 131만으로부터 270만으로 증가하였고 다른 1사례에서는 망상 적혈구가 0.25 %부터 1.4%로 증가하였다..

(12) 만성 전립선염

5% 노검(鹵鹼) 20㎖에 10% 포도당 주사액 20㎖를 가하여 천천히 정맥주사 한다(5~10분 내에 주입을 끝낸다). 1일 1회, 7~10일을 1치료기간으로 한다. 25사례를 치료한 결과 완쾌 5사례, 현저한 효과는 만족할 만큼 좋지 않았다. 또 노검(鹵鹼)으로 다른 요인을 온전히 대처하는 것은 불가능하며 때에 따라서는 항생물질의 응용이 반드시 필요하다.

(13) 나병 및 나병 반응

노검(鹵鹼)가루를 온수에 용해하여 내복한다. 용량 0.5g부터 시작하여 1일 3회, 연속 10일간의 복용을 제1치료 간격으로 한다. 각 치료기간 사이에 3일 동안 투약을 중지한다.

제2 치료기간에는 1일 복용량을 0.5~1g으로 증량한다. 이후 각 치료기간마다 점차 증량하고, 최고 복용량은 1회 1.5~2g이며 1일 3회로 한다. 종말기의 종류형나(腫瘤型癩) 50례를 치료하여(그 중 39 예에는 diaminodiphenyl-sulfone 등의 항나병약을 병용한다) 2개월 남짓한 관찰한 결과 다수의 병례에서 피부 궤양이 없어지고 세균지수도 각기 정도는 다르지만 낮았다.

노검(鹵鹼)의 단독 응용과 나병 치료약 병용에 의한 종합치료를 비교할 때 치료효과는 뚜렷한 차이가 없었다. 나병 반응 28예를 치료한 결과 결핵양형 피진반응 환자의 대다수는 1주간의 복용으로 진보가 보였고 융기되어 있는 홍반피진이 편평하게 되었으며 색깔이 연하게 되었고 피부국부의 긴장, 직열, 작열, 마비 등의 자각증상이 뚜렷하게 경감되었다.

그러나 신경비후에는 뚜렷한 변화가 보이지 않았다. 사마귀형 나반응 환자는 일반적으로 투약 3～5일 후에 대다수의 반응증상이 쇠퇴되었다. 결절성 홍반이 연하고 편평하게 되었으며 색이 연해졌고 괴사에 의한 건락화가 흡수되었으며 신경, 관절통이 경감하였고 전신증상이 개선되었다.

(14) 자궁경미란

노검(鹵鹼)을 갈아서 가루로 만들고 바셀린과 적당량의 유동파라핀을 가하여 3% 연고를 만든다. 사용 시 실이 달린 소독용 솜에 고약을 발라 질 내에 삽입하는데 자궁경의 미란부위에 놓아두었다가 5～10시간 후에 제거한다.

중(中) 중도(重度) 단순한 자궁경미란 100예를 치료한 결과 치유 20사례, 호전 79사례였다. 또 노검(鹵鹼)으로 10% 크림을 만들어 국부에 도포한 50여 사례를 관찰한 결과 3～10회 치료로 모두 효과가 있었다.

(15) 만성비염

10% 노검(鹵鹼)액을 하비갑(下鼻甲) 전단 양측에 1～2㎖씩 천천히 주입한다. 만성 단순비염, 알러지성 비염에 대하여 비갑 접막 아래에 낮게 주사하고 비후성 비염에 대하여는 비갑의 해면체내에 깊숙이 주사한다. 격일로 1회 시행하여 4회 시행을 1치료기간으로 하는데 보통 2～3회로 효과가 나타난다.

단순성 알레르기성 및 비후성 비염 45예를 치료한 결과 임상에서 치유된 것이 30사례, 현저한 효과 12사례, 유효 1사례였고 총 유효율은 95.6%이었다.

11) 노검(鹵鹼)의 부작용

일반적으로 상용하는 복용량에서 심각한 부작용은 일어나지 않는다. 일부 환자에게서 복용 후에 유문부작열감, 장명, 또는 경미한 설사가 나타나지만 짧으면 1일, 길게는 4～5일에 저절로 없어진다. 만약 이런 반응의 오래 없어지지 않으면 정황을 참작하여 감량하거나 투약을 중지한다.

정맥주사 시 간혹 두드러기, 발열 등의 알레르기 반응현상이 발생하기도 하고 소수의 환자에서는 주사한 혈관을 따라 동통이 생기도 하고 소수의 환자에서는 주사한 혈관을 따라 동통이 생기기도 한다. 개인에 따라 허약하거나 공복 시 월경기에 주사하면 안면이 창백해지고 식은땀이 나며 심지어 구토가 발생하기도 하지만 투약을 중지하고 휴식을 취하면 곧 회복된다. 노검(鹵鹼)제제의 주사속도가 빠르거나 또는 농도가 낮으면 중독을 일으키고 경우에 따라 중대한 결과를 초래하기도 한다.

그 다음 중독현상으로 심장기능 억제와 혈압강하가 있다. 따라서 격막반사의 소실과 호흡수의 뚜렷한 감소는 중독의 초기 지표로 삼을 수 있다. 따라서 각막 반사의 소실과 호흡수의 뚜렷한 감소는 중독의 조기 지표로 삼을 수 있다.

간수에 대하여 중국의 『본초봉원』에서는 「노검(鹵鹼)은 맛은 짜고 성질은 잘 뻗치므로 가래를 삭이고 쌓여 있는 것을 제거하며 열 번을 없애는 효능이 있어 소갈실열(消渴實熱)에 적합하다. 피부가 거칠 때 달인 물로 씻으면 저친 피부가 점차 없어지게 되어 피부가 부드럽게 된다.」고 기록되어 있다.

『도홍경』은 「노검(鹵鹼)은 소금을 졸이 뒤 솥 밑바닥에 응결된 찌꺼기이다. 요즘은 흔히 볼 수 없고 위(魏)나라에서 바치는 소금이 바로 이것이다.」고 기록되어 있다.

제 8 장

소금의 이화학적 성질과 소금상품

1. 소금의 이화학적 성질

소금의 이화학적 성질로서 기본적인 수치와 양상이 있다. 이들의 성실을 응용하여 소금은 여러 가지 용도로 사용된다. 상품으로서의 소금의 품질은 물성 화학조성에 따라 결정된다. 이들은 어느 것이나 소금의 제조법에 따라 크게 영향을 받아 염의 용도는 품질에 따라 결정된다.

1.1 소금의 물성

소금의 이화학적 성질을 표 8-1에 나타내었다. 소금의 주요 물성은 소금상품을 선택하는 데 큰 지표가 된다.

1) 맛

다른 물질에는 없는 짠맛이 있다.

2) 조해성

소금은 공기중의 습기를 흡수하여 축축해지는 성질(조해성)이 있으므로 습기에 대한 주의가 필요하다.

3) 경 도

소금의 경도는 석고와 같은 정도로 단단하다.

4) 해 리

표 8-1. 소금의 이화학적 성질과 응용

항 목	수치 혹은 양 상	응 용
화학식	NaCl	성분의 전기분해(소다공업제품)
분자량	58.443	-
결정형	정6육면체, 구형, 플레이크	식품가공
색	무 색	-
비 중	2.16	-
포화수용액의 밀도	1.2093(at 0℃), 1.1872(at 50℃)	소라 본드에 의한 태양열 회수
겉보기 밀도(가비중)	0.7~1.5	분체혼합
융 점	800℃	-
비 점	1413℃	-
모스경도	2~2.5	안료의 마쇄
용액100g 중의 용해도	26.4g(at 20℃)	-
임계온도	상대습도 75%	-
수용액 pH	7	-
전리성	강전해질, 100% 전리	염석제
비점상승	포화용액에서 8.7℃	-
비점강하	포화용액에서 -21.3℃	냉매, 융빙설
수분활성	포화용액에서 수분활성치 0.75	식품보존
정미성	염 미	조리, 식품가공

소금은 물에 녹으면 전해되어 나트륨 이온 Na^+과 염소 이온 Cl^-으로 해리되는 강한 전해질이다.

5) 용해도

100g의 물에 대하여 0℃에서 35.7g, 100℃에서 39.8g 녹는다.

6) 결정형

소금의 결정은 보통 입방체이다. 입방체의 결정에서 여러 가지 모양의 결정으로 변화되어 가는 모양을 무라가미(村上)는 그림 8-1에 나타낸 것과 같이 정리하였다. 결정형(crystal form)은 결정조건만이 아니고 조립이나 분쇄 등에 의하여 변한다. 또 표 8-2에 나타낸 것과 같이 매정제(媒晶劑, habit modifying agent)를 넣으므로 여러 가지 결정형이 된다. 그림 8-2는 그 모양을 나타내었다. 입방체를 형성하는 8곳의 정점이 깎아져서 14면체의 결정에서 8면체의 결정으로 변화되고 있다. 용액의 유동상태에 따라 구형의 염이나 오목렌즈상의 소금이 된다. 또 ferrocyan의 화합물의 첨가로 수지상의 소금(dendrite salt)이 된다. 이들은 그림 8-3에 나타내었다.

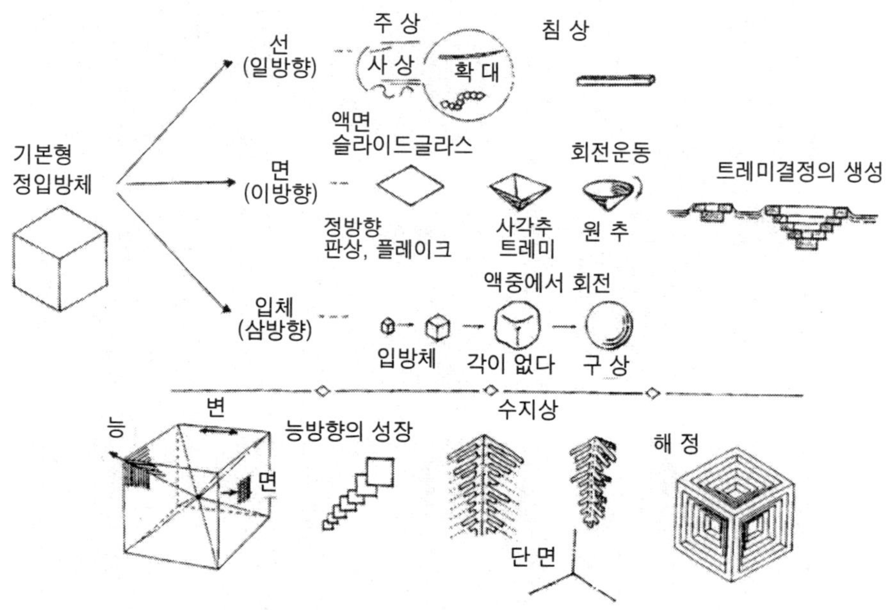

그림 8-1. 여러 가지 소금의 형태

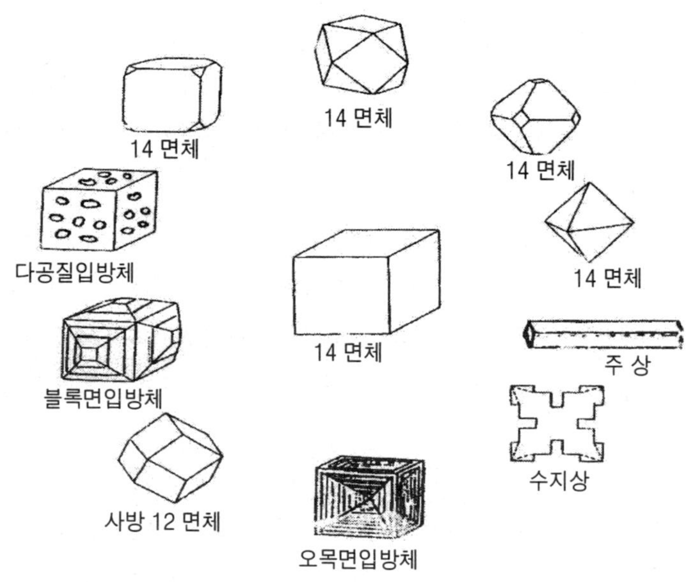

그림 8-2. 매정제에 의한 소금의 형상 변화

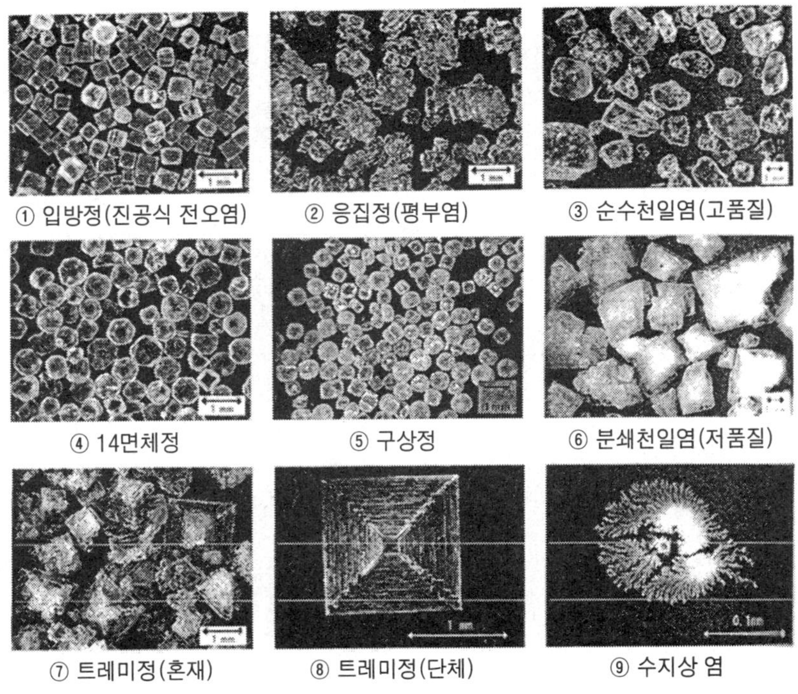

그림 8-3. 여러 가지 소금의 결정

분쇄 천일염 사진 2점과 순수 천일염 사진은 2개에서 한편은 맑아 투명하게 사진 찍힌 곳이 있으나 다른 편은 불투명으로 하얗게 찍혀 있다. 투명함이 있는 것은 멕시코나 오스트레일리아에서 생산되는 순도가 높은 소금이며 불투명한 소금은 액포로서 모액에 함유되어 있고 아시아나 유럽에서 계절가동에 의하여 생산되는 순도가 낮은 소금이다.

트레미염의 사진 2점에서 반듯한 육정(育晶)이면 한 변이 1cm나 되는 깨끗한 피라미드형으로 호퍼의 모양을 한 소금이 된다. 소금의 결정형에 의하여 유동성, 겉보기 비중(bulk density), 혼합성(blendability), 용해속도(solubility rate) 등이 크게 변하고 취급하기 좋으나 변화하므로 소금의 상품 선택에는 중요한 요인이 된다.

(1) 정석공정

① 증발관, 평부(平釜)에서 정석(晶析) : 진공식 증발관(vacuum)에서 석출되는 소금의 결정형은 액 중에서 성장하고 보통 입방체이다. 그러나 정석조건에 따라 결정형은 변한다. 평부(open pan)에서 석출되는 소금은 액 표면에서 석출되면 호퍼형의 소금(flake염)으로 되고 이것이 가라앉자 액 중에서 결정이 석출 성장하면 작은 입방체의 결정이 결합하여 응집체로 되고 전체로서 부정형의 소금

표 8-2. 매정제와 소금의 결정형

	매정제	분자식	결정형
무기물	염화망간	$MnCl_2$	8면체
	염화카드뮴	$CdCl_2$	8면체
	염화아연	$ZnCl_2$	8면체
	염화수은	$HgCl_2$	사방12면체
	염화비스무스	$BiCl_3$	피리미드모양과 별모양
	(시안화합물)	$Na_4[Fe(CN)_6]$	-
		$Na_3[Fe(CN)_6]$	-
		$K_4[Fe(CN)_6]$	수지상, 8면체, 등
		$K_3[Fe(CN)_6]$	-
유기물	요소	CH_4N_2O	8면체
	Glycine	$C_2H_5NO_2$	사방12면체
	개미산아미드	CH_3NO	8면체
	니트로소초산	$N(C_2H_3O_2)_3$	8면체
	초산비닐과 무수	-	요면입방체
	말레인산의 동중합	-	-
	폴리초산비닐	$-(C_4H_6)_2)n-$	주상
	Cysteiene	$C_3H_5)_2(NH_2)S$	8면체
	Creatine	-	8면체
	Papain	-	8면체
	글루탐산나트륨	$C_5H_8NNaO_4$	8면체
	헥사메타인산나트륨	$(NaPO_3)n$	8면체
	헥사미타인산나트륨과	-	14면체
	알루미늄염	-	-
	폴리비닐알코올	-	주상, 다공질 입방체

으로 된다.

가열부와 증발부를 달리 하여 액 표면에 증발시켜서 flake염을 만드는 방법으로 알바가법이 있다. 혼합성, 용해성, 부착성이 우수하고 겉보기 밀도를 여러 가지 크기로 변화시키므로 식품가공에 폭넓게 사용하고 있고 미국에서는 약 20만톤/년 생산되고 있다.

② 염전 정석 : 염전(鹽田)에 있어 정석은 기본적으로는 평부(平釜)에 의한 정석과 마찬가지이다. 액 표면에서 석출한 소금의 꽃(flower desalt)이라 하여 아주 귀하게 여긴다. 저면에서 석출 성장한 소금(천일염)은 그림 8-4에 나타낸 것과 같은 덩어리로 되나 곧 점차 허물어져 작아진다. 기상조건이 좋지 않는 아시아에서 제염은 결정 형성기간이 짧으므로 큰 결정으로는 되지 않으나 멕시코나

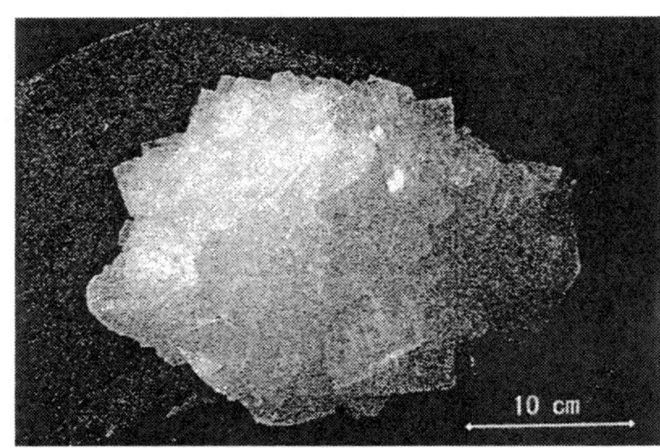

그림 8-4. 천일염 결정

멕시코, 오스트레일리아 염전과 같은 호조건에서 생산된 소금덩어리

오스트레일리아에서는 서서히 오랜 시간에 걸쳐 결정을 형성시키므로 분쇄되어도 자갈크기로 되므로 암염으로 착각된다.

(2) 분 쇄

그림 8-4에 나타낸 천일염은 그림 8-3에 나타낸 것과 같이 잘게 분쇄되어 수입된다. 분쇄염의 형은 일정하지 않고 부정형으로서 종리된다.

(3) 조립형성

각종 용도용으로 소금의 여러 가지 형, 크기에도 조립 성형된다. 얇게 압전(壓展)한 flake상 소금을 분쇄한 것, 타블레트 상, 아몬드 상, 펠레트 상으로 성형한 소금이 있다. 동물에 핥게 할 때는 큰 덩어리로 압착 성형한 소금이 있다(그림 8-5).

그림 8-5. 동물에게 맛보게 하기 위한 압축 성형한 소금덩어리

7) 입 도

전공(煎塩工程)염의 입도(particle size distribution)는 평균 입경으로서 보통 350 ~450 ㎛이다 일본에서는 입도를 세분하여 제품화하지 않고 입도의 폭이 아주 넓다. 그러나 보기로서 표 8-3에 나타낸 것과 같이 미국에서는 체질에 의하여 입도를 갖춘 것이 상당히 있고 용도별 수요에 따라 이와 같은 입도분포는 소금을 선택하는 데서 중요한 요인이 되고 있다.

8) 비 중

소금의 참 비중은 2.16이다 그러나 분체인 소금의 겉보기 밀도(bulk density)는 결정형, 입도, 수분함유량 등의 영향을 받아 표 8-1에 나타낸 것과 같이 크게 변한다. 따라서 큰 술 하나의 소금을 넣었다는 소금의 사용량을 분량으로 찾아내는 경우에도 중량으로 보면 상당히 달라진다. 또 다른 물질(예로 고추나 참깨)을 혼합한 경우에도 겉보기 비중이 중요하게 된다. 겉보기 비중을 같게 하지 않으면 소금의 혼합은 잘되지 않는 수가 있다.

수용액으로 할 때의 비중(밀도)도 이용 면에서는 중요한 사항이다. 밀도가 무게어서 가라앉고 대류혼합하기 어려운 것이 소라 폰드에서는 이용의 포인트가 된다.

9) 용해도와 용해속도

소금의 용해도(solubility)는 온도에 따라 그렇게 변하지 않는다. 소금을 사용하는 입장에서는 소금의 용해속도가 중요하다. 용해온도는 소금의 형상, 입경에 따라 크게 다르다. 소금의 표면면적이 클수록 빨리 녹는다. 같은 형상의 소금에서도 입경이 다르므로 용해속도는 10배 이상으로 변하고 형상이 차이에 따라 수배의 폭이 있다. 따라서 소금의 녹기 쉬운 것, 녹기 어려운 것이 상품을 선택하는 데 큰 원인이 된다.

10) 색 상

소금의 색은 무색투명이나 작은 소금 입자가 모인 소금상품의 색은 광이 반사하는 영향으로 희게 보인다. 그러나 암염에는 여러 가지 불순물이 소금에 함유되기 때문에 여러 가지 색을 띠고 있다(표 6-1 참조). 식용으로 하는 데는 용해 정제하므로 제품의 색이 이행하는 수가 있다.

천일염전의 결정지에는 고도 호염균 *Halobacterium*이나 *Halococcus*속이 증식하는 수가 있다. 이들의 세균은 홍색을 나타나므로 균이 번식하고 있는 염전에서 생

표 8-3. 소금 제품 입도와 용도의 사례

제품 번호	순 도		물 성		용 도												
	최고 (%)	최저 (%)	입도 (㎛)	가밀도 (lb/ft2)	①	②	③	④	⑤	⑥	⑦	⑧	⑨	⑩	⑪	⑫	⑬
1	99.98	99.95	210～600	77～83		•	•	•	•	•	•	•	•	•	•		
2	99.99	99.95	300～600	77～83		•	•	•	•	•	•	•	•	•	•		
3	99.99	99.95	210～425	77～83		•	•	•	•	•	•	•	•	•	•		
4	99.99	99.95	210～425	77～83		•											
5	99.99	99.95	210～425	77～83							•	•	•	•	•		
6	99.99	99.95	150～425	78～84		•	•	•	•	•		•				•	
7	99.99	99.95	150～425	78～84	•				•			•				•	
8	99.99	99.95	150～120	72～78	•				•							•	•
9	99.99	99.95	150～120	72～78								•					•
10	99.99	99.95	74 이하	61～67					•	•							
11	99.99	99.95	210～600	77～83		•	•	•	•	•	•	•	•	•	•		
12	99.99	99.95	210～425	77～83		•	•	•	•	•	•	•	•	•	•		
13	99.99	99.95	213～300	78～84	•		•	•	•	•	•	•	•	•	•		

(주) ① 쿠키・크래커의 반죽, ② 냉동반죽, ③ 야채의 통조림, ④ 토마토주스, ⑤ 곡류, ⑥ 버터, ⑦ 치즈, ⑧ 피넛버터, ⑨ 고기의 통조림, ⑩ 소시지, ⑪ 어육통조림, ⑫ 감자 칩, ⑬ 팝콘

산되고 있는 소금은 착색된다.

11) 부착성

소금을 부착시킨 음식물로는 크래커나 낙화생이 있다. 프레스 쉘과 같이 굽기 전에 젖은 소금에 부착시키는 경우는 조립 입자 소금에서도 문제가 없으나 건조하여 있는 경우에는 좀처럼 부착되지 않는다. 이때 겉 비중이 작은 소금이나 입도가 가는 소금이 아니면 부착되지 않는다. 부착성(adhesion)도 상품선택의 한 요소이다.

12) 혼합성

겉 비중에서 설명한 것과 같이 혼합성도 소금이 갖는 중요한 물성의 하나라 생각된다. 혼합성이 좋고 나쁨이 제품의 가치를 좌우하는 경우가 있다. 소금이 균일하게 혼합되는가에 따라 제품의 차가 생긴다. 겉 비중, 입도, 수분 등으로 혼합성이 변화한다.

13) 임계습도

임계온도(critical humidity)란 흡습 측에서 방습 측으로 교체하는 경계선의 상대습도(relative humidity)이다. 순수한 소금의 경우 이 습도는 75%이다. 즉 상대습도를 75% 이하라면 소금은 공기중의 수분을 흡수하지 않고 건습상태로 보유된다. 장마철이나 불쾌지수가 높은 여름철의 경우는 상대습도가 75% 이상으로 되면 소금은 흡습하여 습하게 된다.

소금의 표면은 염화마그네슘과 같은 불순물이 붙어 있으면 그 부착 양에 따라 임계온도가 변화하게 된다. 부착 양이 많을수록 임계습도는 낮아진다. 즉 평부제(平釜製) 소금시대(1945년경 까지)의 소금과 같이 염화마그네슘(간수의 주성분)을 많이 함유하고 있으면 소금은 습하게 된다. 선인들은 이것을 피하기 위하여 소금을 태우고 염화마그네슘을 산화마그네슘으로 변화시켜 구운 소금으로 하는 생활의 지혜를 가졌었다.

임계온도는 창고나 가정에서 소금의 보관조건의 하나로서 큰 의미를 가진다. 임계습도를 소금의 고결(caking)이라 칭하나 일본의 기후조건에서는 순도가 높은 염도일수록 여름철에 고결되기 쉽다. 그림 8-6에 나타낸 것과 같이 소금의 흡수에 의하여 젖은 상태가 녹아 건조에 의하여 결정이 석출하는 과정을 뒤풀이하면 개별 소금의 결정이 시멘트로 다진 것과 같은 큰 일체의 덩어리로 되고 만다.

14) 방부성・살균작용

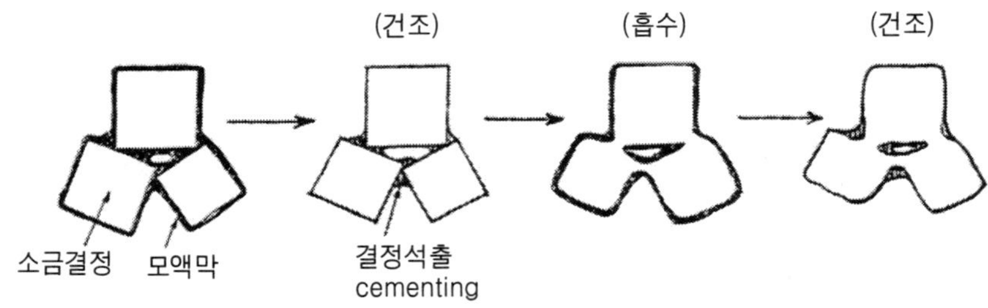

그림 8-6. 고결진행 모델

음식물은 유해 미생물의 번식에 의하여 부패된다. 그러나 내염성 미생물을 제외하고는 대부분의 부패미생물은 증식이 억제되므로 식품의 보존 저장이 가능하다.

15) 삼투압·탈수작용

소금물과 같이 삼투압이 높아지면 삼투압을 낮추기 위하여 수분은 삼투압이 높은 용액 쪽으로 이동한다. 삼투압을 이용하여 식품 중의 수분을 빼낼 수 있다. 절임채소, 생선절임, 오이의 소금절이 등이 있다.

16) 발효조정

발효는 미생물의 증식에 의하여 일어난다. 미생물의 증식을 저지하면 방부작용을 하지만, 염분농도를 변화시켜 유용한 미생물의 증식을 적당한 온도에서 조절하면 소금은 발효조정 작용을 한다. 각종의 발효식품은 소금의 농도에 좌우되며 소금 농도가 적절하지 않으면 좋은 제품을 만들 수 없다.

1.2 소금의 화학조성

1) 주성분과 미량성분

(1) 해 염

해수에서 생산된 해염의 화학적 조성(chemical component)은 보통 염화나트륨, 염화마그네슘, 황산마그네슘, 연화칼륨, 수분 등 5성분을 주성분으로 하고 있다. 기타 천일염에서는 염지의 지반에 유래하는 토사 등을 불용해분(insoluble mater)으로서 나타내는 수가 있다.

소금에는 해수성분에 유래하는 미량성분이 있다. 분석기술의 발달과 함께 검출한계가 낮아져서 어느 정도의 미량성분까지 분석하는가의 문제가 있으나 하나의 목적으로서 후술하는 식용염의 국제식품규격에 있는 유해오염물(contaminant)로서의 5성분은 적어도 파악하고 있을 필요가 있다. 시노(新野) 등은 국내외의 식용 소금 58점을 분석하여 그 화학조성을 발표하였다. 그 결과를 요약하여 암염도 포함하여 소금의 조성을 표 8-4에 나타내었다.

일본의 제염업은 해수를 원료로 하고 있고 해수조성도 제품의 소금 조성과 어떠한 관계가 있는가를 무라가미(村上)가 정리하였으나 시노(新野) 등의 데이터를 고쳐 쓰면 그림 8-7과 같이 된다. 소금의 전매제도가 시작되기 전(1902년)에는 염화나트륨(NaCl) 순도가 86%로 낮았으나 진공식 전오염(煎熬塩)으로 되고 나서 비약적으로 순도가 높게 되었다. 평부염(平釜塩)은 언제나 수분이 아주 많다. 해수조성의 협잡물을 나타내는 2점의 상품은 새로이 추가한 것이다.

(2) 암 염

암염의 화학성분은 기본적으로 해염과 같으나 불용해물로서 토사가 들어있는 것이 많다. 순도는 100% 가까이의 것에서 염화칼륨과 공존하는 50% 대의 것까지 산지에 따라 크게 변동한다. 고 순도의 암염은 비교적 적고 대부분은 많은 불순물을 함유하여 있으며 불순물을 기인하여 여러 가지 색이 붙어 있다(표 6-1 참조).

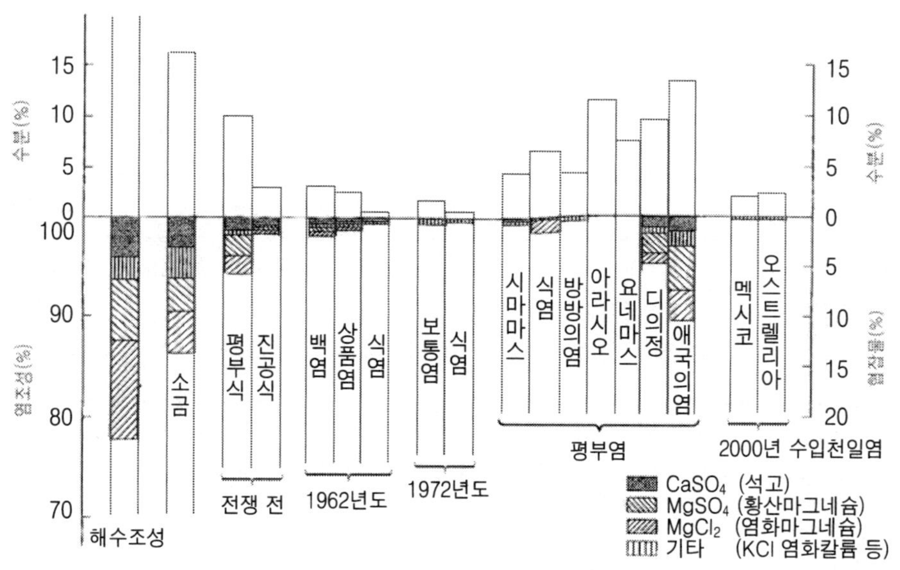

그림 8-7. 소금의 조성

(건물량: 고형물의 합계를 100으로 함)

표 8-4. 일본 식용염의 화학조성

제 품	제 법	점 수	가열 감량	불용해분	NaCl	$MgCl_2$
일산 미건조염	①	5	4.75~13.3	0.00~0.14	75.71~92.52	0.7~3.07
	②	17	0.96~13.18	0.00~0.11	86.62~98.67	0.05~1.764
	③	9	3.25~4.86	0.00	85.79~95.24	0.58~1.69
	④	2	3.69~3.96	0.00	93.88~94.38	1.3~1.44
일산 건조염		6	0.19~0.58	0.00~0.24	97.54~99.57	0.06~0.86
일산 소금에 첨가물 첨가		10	0.02~2.97	-	55.75~99.53	0.008~1.28
외국산 천일염		11	1.14~9.81	0.0~0.66	69.36~98.05	0.00~2.67
외국산 암염		2	0.02~0.15	0.00	99.54~99.98	0.000~0.019
외국산 소금에 첨가물 첨가		5	0.02~1.88	0.33	45.81~98.19	0.00~0.24

제 품	제 법	점 수	$CaCl_2$	$MgSO_4$	$CaSO_4$	KCl
일산 미건조염	①	5	-	0.48~4.434	0.83~1.66	0.16~1.53
	②	17	0.01~0.32	0.01~0.76	0.0~ 0.38	0.01~1.92
	③	9	0.18~0.44	0.83	0.03~0.19	0.25~6.50
	④	2	0.11~0.3	-	0.04~0.05	0.23~0.36
일산 건조염		6	0.03~0.1	0.06~0.26	0.01 ~0.04	0.05~0.37
일산 소금에 첨가물 첨가		10	0.012~0.13	0.80~3.75	0.006~0.47	0.002~23.96
외국산 천일염		11	-	0.05~4.08	0.08~0.70	0.03~21.37
외국산 암염		2	-	0.006	0.061~0.095	0.038~0.068
외국산 소금에 첨가물 첨가		5	0.01~0.09	0.00~6.14	0.02~0.44	0.06~53.29

(주) ① 해수농축으로 제염, ② 천일염을 원료로 하여 제조, ③ 이온교환막 제염의 소금을 원료로 하여 제조, ④ 천일염과 이온교환막 제염의 소금을 혼합.

2) 소금의 주요 성분의 변천

일본의 제염법은 1972년 이후, 이온교환막 전기투석법에 의한 해수농축법이 전면적으로 바꾸었으므로 화학조성에서 본 소금의 품질도 약간 변하였다. 그 양상을 가정에서 사용하고 있는 식염의 상품을 그림 8-8에 나타내었다. 주로 하여 황산이온이 줄고 칼륨이온이 오르고 있다. 칼슘, 마그네슘, 수분은 거의 반감되고 있다. 우단의 해외 염전에서 제조된 천일염의 각 조성범위를 폭으로 나타내었다. 천일염은 염수나 해수에서 세정되어 수입되므로 전체적으로는 불순물 농도는 낮고 유하식염전 제염법 시대의 식염조성과 유사하다.

3) 첨가물

소금의 첨가물에는 표 8-5에 나타낸 것과 같이 고결방지제, 유동화제, 풍미강화제, 영양강화제 등이다. 첨가물은 식품첨가물이 아니면 안 된다. 표 중에서 밑줄을 친 화합물은 국제식품규격이고, 실제로 첨가되고 있는 상품이 있다.

외국에서는 나라에 따라 갑상선 예방을 위하여 요오드 화합물, 충치예방을 위하여 불소화합물, 빈혈예방을 위하여 철 화합물이 첨가된 상품이 있다. 특히 요오드화합물은 많은 나라에서 첨가되고 있다. 풍토병인 갑상선종이 요오드 첨가 소금에 의하여 미국이나 유럽만이 아니고 아시아, 아프리카에서는 요오드결핍증에 의하여 갑상선종이나 creatine병(발육불량, 지능장해)으로 되는 위험이 10억 명이라 하므로

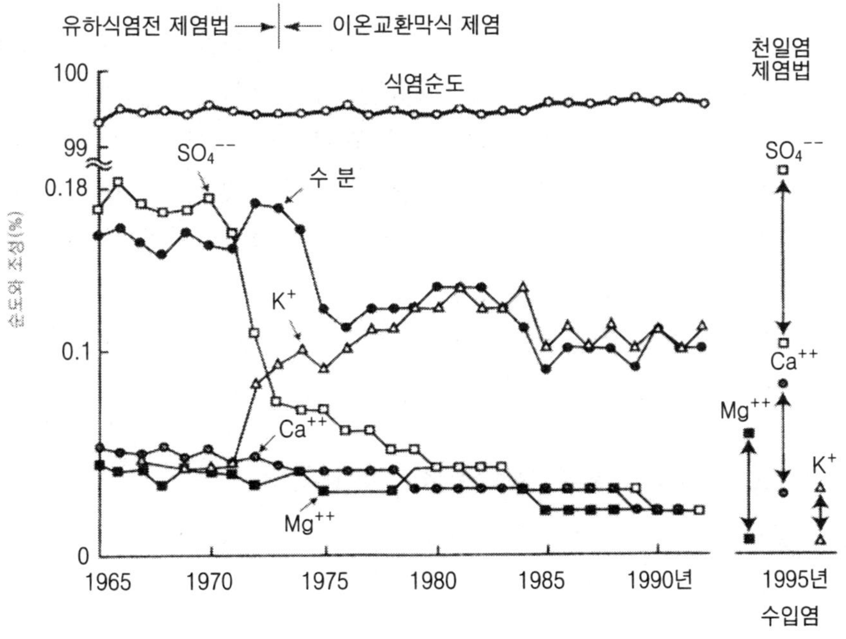

그림 8-8. 식염품질의 추이

表 8-5. 첨가물

명 칭	성 분
고결방지제	염기성 탄산마그네슘, 페로시인화물, 이산화규소
유동화제	염기성 탄산마그네슘
풍미강화제	아미노산, 핵산, 후추, 참깨 등의 천연물
영양강화제	염화칼륨, 염화마그네슘, 간수, 요오드화물, 플루오르화물, 철 화합물, 비타민
발색제	질산염, 이질산염

(주) 밑줄을 친 화합물은 국가에 따라 식품첨가물이 아닐 수도 있다.

국제기관의 UNESCO는 요오드 첨가염의 보급에 의하여 요오드 결핍증을 박멸하는 운동을 강력하게 진행하고 있다.

1.3 소금의 규격

1) 한국의 천일염과 식염의 규격

소금은 바닷물을 염전에 끌어들여 바람과 태양열로 수분을 증발시켜 결정화한 천일염, 지층이나 바위와 같이 암석을 이룬 소금을 채취한 암염, 해수를 이온교환막에 전기 투석시켜 정제한 농축함수(짠물)를 증발관에 넣어 제조한 정제(기계)염으로 구분한다. 천일염은 그 동안 김치, 장류, 젓갈 등 전통발효식품뿐만 아니라 음식의 부재료로서 사용되어 왔음에도 불구하고 관련 규정상 광물로서 분류되어 왔기 때문에 식용으로는 사용이 불가능하였다.

식품위생법을 근거로 한 식품공전 제3항에는 식품소금으로는 천일염, 재제조염, 태움・용융소금, 정제소금, 가공소금이 등재되어 있다(2011년 1월).

2) 식품공전(2011년도) 상의 식염의 유형과 규격

식품공전(2011년도) 상의 식염의 유형과 규격은 다음과 같다.

(1) 정 의

식염이란 해수(해양심층수 포함)나 암염, 호수염 등으로부터 얻은 염화나트륨이 주성분인 결정체를 재처리하거나 가공한 것 또는 해수를 결정화하거나 정제·결정화한 것을 말한다.

(2) 원료의 구비조건

① 식용으로 수입하는 천일염과 기타 소금은 생산국가에서 식염으로 분류 인증된 것으로서 각 식염 유형의 정의에 적합하게 위생적으로 생산된 것이어야 한다.

② 천일염은 식품첨가물 등 다른 물질을 사용하지 않은 것이어야 한다.

(3) 식품의 유형

① 천일염 : 염전에서 해수를 자연 증발시켜 얻은 염화나트륨이 주성분인 결정체와 이를 분쇄, 세척, 탈수 또는 건조한 소금을 말한다.

② 재제소금(재 제조소금) : 원료 소금(100%)을 정제수, 해수, 또는 해소농축액 등으로 용해, 여과, 침전, 재결정 탈수, 염도조정 등의 과정을 거쳐 제조한 소금을 말한다.

③ 태움·용융소금 : 원료 소금(100%)을 태움·용융 등의 방법으로 그 원형을 변형한 소금을 말한다. 다만 원료 소금을 세척, 분쇄, 압축의 방법으로 가공한 것은 제외한다.

④ 정제소금 : 해수(해양심층수 포함)를 이온교화막 등의 방법으로 정제한 농축함수 또는 원료 소금(100%)을 용해한 물을 진공증발관 등에 넣어 제조한 소금을 말한다.

⑤ 기타 소금 : 식염 중의 식품유형 ①부터 ④ 이외의 소금으로 암염이나 호수염 등을 식용에 적합하도록 가공하여 분말, 결정형 등으로 제조한 소금을 말한다.

⑥ 가공소금 : 천일염, 재제소금, 태움·용융소금, 기타 소금을 50% 이상 사용하여 식품 또는 식품첨가물을 가하여 가공한 것을 말한다.

(4) 규 격

규격은 표 8-6과 같다.

3) 한국산업표준(KS) 식용소금 품질기준

식용소금의 산업표준품질기준은 2004년(H710 :2004)에 제정되어 2009년(H7101 : 2009)에 개정되었다.

표 8-6. 식품공전(2011년) 상의 식염의 유형과 규정

항 목	천일염	제재염	태움·용융소금	정제소금	기타 소금	가공소금
염화나트륨(%)	70.0 이상	88.0 이상	88.8 이상	95.0 이상 (해양심층수염은 70.0 이상)	88.0 이상	35.0 이상
총 염소(%)	40.0 이상	54.0 이상	50.0 이상	58.0 이상 (해양심층수염은 40.0 이상)	54.0 이상	20.0 이상
수분(%)	15.0 이하	9.0 이하	4.0 이하	4.0 이하 (해양심층수염은 10.0 이하)	9.0 이하	5.5 이하
불용분(%)	0.15 이하	0.02 이하	3.0 이하	0.02 이하	0.15 이하	-
황산이온(%)	5.0 이하	5.0 이하	5.0 이하	0.4 이하 (해양심층수염은 56.0 이하)	5.0 이하	5.0 이하
사분(%)	0.2 이하	-	0.1 이하	-	-	-
비소(mg/kg)	0.5 이하	0.5 이하	0.5 이하	0.5 이하	0.5 이하	0.5 이하
납(mg/kg)	2.0 이하	2.0 이하	2.0 이하	2.0 이하	2.0 이하	2.0 이하
카드뮴(mg/kg)	0.5 이하	0.5 이하	0.5 이하	0.5 이하	0.5 이하	0.5 이하
수은(mg/kg)	0.1 이하	0.1 이하	0.1 이하	0.1 이하	0.1 이하	0.1 이하
페로시안화이옴(g/kg)	불검출	0.010 이하	0.010 이하	0.010 이하	0.010 이하	0.010 이하

H 7101 : 2004년

1. 천일염
   1급, 2급, 3급
2. 정제염
   1급. 2급, 3급
3. 가공염
   1급, 2급, 3급, 4급

H 7101 : 2009년

1. 천일염
   1급, 2급, 3급
2. 재제소금(재 제조소금)
3. 태움·용융소금
4. 정제소금
   1급, 2급
5. 가공소금

표 8-7. 한국산업표준(KS) 천일염 품질기준

항 목	천일염		
	1급	2급	3급
수 분((%)	8.00 이하	11.0 이하	12.00 이하
불용분(%)	0.60 이하	1.00 이하	1.50 이하
총 염소(%)	54.0 이상	51.5 이상	50.0 이상
칼 슘(%)	0.20 이하	0.20 이하	0.20 이하
마그네슘(%)	0.50 이하	0.80 이하	1.00 이하
황산이온(%)	1.00 이하	1.30 이하	1.50 이하
염화나트륨(%)	88.0 이상	83.0 이상	80.0 이상

표 8-8. 한국산업표준(KS)의 재제소금, 태움・용융소금, 가공소금의 품질기준

항 목	재제소금	태움・용융소금	가공소금
수 분(%)	9.0 이하	4.0 이하	5.5 이하
불용분(%)	0.02 이하	3.0 이하	-
총 염소(%)	54.0 이하	50.0 이하	20.0 이상
황산이온(%)	0.8 이하	1.50 이하	2.50 이하
염화나트륨(%)	88.0 이상	88.0 이상	35.0 이상

표 8-9. 한국산업표준(KS) 정제소금 품질기준

항 목	정제소금	
	1급	2급
수 분(%)	0.30 이하	4.00 이하
불용분(%)	0.01 이하	0.02 이하
총 염소(%)	60.1 이하	58.0 이하
칼 슘(%)	0.10 이하	0.10 이하
마그네슘(%)	0.20 이하	0.20 이하
황산이온(%)	0.40 이하	0.40 이하
염화나트륨(%)	99.0 이상	95.0 이상

4) 일본 국내염의 규격

소금 전매시대에는 전매염의 규격이 있었다. 전매제도가 폐지된 현재에는 전매사업을 이어받은 소금사업 센터의 생활용 소금의 규격은 있으나(표 8-10) 국가로서 통일된 규격은 없다.

표 8-10. 일본 생활용 소금의 품질규격

<table>
<tr><th colspan="2">종 류</th><th>품질규격</th><th>생산방법</th></tr>
<tr><td>식탁염</td><td>100g</td><td rowspan="3">NaCl 99% 이상,
염기성 탄산마그네슘 기준 0.4%,
입도 500~300μm 85% 이상</td><td rowspan="7">원염을 용해한 재결정 가공한 것</td></tr>
<tr><td>뉴욕 쿠킹 솔트</td><td>350g</td></tr>
<tr><td>키친 솔트</td><td>600g</td></tr>
<tr><td>쿠킹 솔트</td><td>800g</td><td>NaCl 99% 이상,
염기성 탄산마그네슘 기준 0.4%,
입도 500~180μm 85% 이상</td></tr>
<tr><td>특급정제염</td><td>25kg,
분말</td><td>NaCl 99.8% 이상,
입도 500~185μm 85% 이상</td></tr>
<tr><td rowspan="2">정제염</td><td>1kg</td><td>NaCl 99.5% 이상,
염기성 탄산마그네슘 기준 0.3%,
입도 500~180μm 85% 이상</td></tr>
<tr><td>25kg,
분말</td><td>NaCl 99.5% 이상,
입도 500~1・80μm 85% 이상</td></tr>
<tr><td>신가정염</td><td>700g</td><td>NaCl 90% 이상,
입도 600~150μm 85% 이상</td><td rowspan="3">해수 농축(이온교환막)법에 의한 함수를 졸인 것</td></tr>
<tr><td>식염</td><td>1kg,5kg
25kg,분말</td><td>NaCl 99% 이상,
입도 500~150μm 80% 이상</td></tr>
<tr><td>병염</td><td>20kg,
25kg,
분말</td><td>NaCl 95% 이상,
입도 600~150μm 85% 이상</td></tr>
<tr><td>절임용 소금</td><td>25kg</td><td>NaCl 95% 이상,
사과산 기준 0.05%
구연산 기준 0.05%
염화마그네슘 기준 0.1%
염화칼슘 기준 0.1%</td><td>세정한 분쇄 소금에 첨가물을 가한 것</td></tr>
<tr><td>원염</td><td>25kg,
분말</td><td>NaCl 95% 이상,</td><td>외국에서 수입된 천일염</td></tr>
<tr><td>분쇄염</td><td>25kg,
분말</td><td>NaCl 95% 이상,</td><td>원염을 분쇄한 것</td></tr>
</table>

표 8-11. 일본 염공업회 취급 소금의 품질규격

명 칭	품 질	평균 직경
정선 특급염	NaCl 99.7% 이상,	–
특급염	NaCl 99.5% 이상,	–
미립염	NaCl 99.7% 이상,	50～200㎛
식 염	NaCl 99% 이상,	400㎛
병 염	NaCl 95% 이상,	400㎛
배색염	NaCl 93% 이상,	50～1,200㎛
조 립	–	–
안전위생 기준	불용해분 0.01% 미만 중금속 10mg/kg 이하 수은 0.05mg/kg 이하 비소, 카드뮴 공히 0.2mg/kg 이하 구리, 납, 공히 1mg/kg 이하	

전매시대에서 발전된 국내제염회사가 가입하고 있는 일본공업회에는 식용염의 국제식품규격을 참고로 하여 유해물질에 대하여는 그것보다 엄한 자주규격을 정하였다. 이들의 규격을 정리하여 표 8-11 나타내었다. 소금사업 센터와 일본염공업협회가 다루고 있는 소금 이외의 소금은 소금사업법에서 특수 제법 소금(소위 자연염이라 하는 소금 등)으로서 규정되어 있으나 이들의 소금에는 규격이 없다.

5) 식용염의 국제식품규격과 해외 소금의 규격

FAO(식량농업기관)와 WHO(세계보건기구)는 합동하여 국제식품규격위원회(Codex Alimentarius Commision)를 1962년에 설립하여 국제적으로 식품을 유통시키기 위하여 규격제정 작업을 진행하였다. 소금에 대하여는 식품첨가물 부회에서 식용염의 국제식품규격(Codex Standard for Food Grade Salt)이 결정되었다.

표 8-12에 그 안과 함께 3개국의 규격을 나타내었다. 이 안에는 많은 첨가물이 사용할 수 있은 것으로 되어 있으나 일본에선 식품첨가물로 인정하지 않는 것도 있다. 일본에서 식품첨가물로 인정되지 않는 것도 일본이 국제식품규격을 승인하면 여기에 적합한 소금을 일본에서 유통할 수 있다.

소금의 고결방지제인 ferocyan 화물은 일본에서는 이것까지 식품첨가물로 인정하지 않았다. 그러나 국제적안 식품첨가물의 안전성평가 전문위원회인 JECFA(Joint Expert Committee on Food Additives)가 충분한 안정성 평가의 데이터가 없는데도 불구하고 ferrocyan 화물을 식품첨가물로서 인정하고 있다. 2002년 8월에 국제

표 8-12. 식용염의 국제 식품규격과 해외 소금의 규격

		국제식품규격	미 국	영 국	오스트레일리아
		식용염	식품, 화학약품	버터, 치즈, 기타 식품용도	유제품제조용
순도(건물기준)		첨가물*을 제한 97% 이상	YPS 전염공정 소금 99.0% 이상 2% 이하의 유동화제, 고결방지제들이 전염공정 소금 97.5% 이상, 암염, 천일염 97.5% 이상	99.6% 이상	99.6% 이상
수 분			0.5% 이하	건조염 0.2% 이하 비건조염 4.% 이하	2% 이하
불용해분			-	300ppm 이하	300ppm 이하
요오드		첨가량 보증	0.006% 이하	-	-
YPS**		20ppm 이하	0.0014% 이하	15ppm 이하	15ppm 이하
불용물	중금속(Pb로서)	-	4ppm	-	-
	Ca	-	Ca과 Mg합계 2% 이하	100ppm 이하	800ppm 이하
	Mg	-		100ppm 이하	250ppm 이하
	Fe	-		10ppm 이하	10ppm 이하
	알칼리도 (Na_2CO_3로서)	-	-	300ppm 이하	300ppm 이하
	황산염 (Na_2SO_4로서)	-	-	3000ppm	3000ppm 이하
	비소(As로서)	0.5ppm 이하	1ppm 이하	1ppm 이하	1ppm 이하
	구리(Cu로서)	2ppm이하	-	2ppm 이하	21ppm 이하
	납(Pb로서)	2ppm이하	-	2ppm 이하	2ppm 이하
	카드뮴 (Cd로서)	0.5ppm 이하	-	-	-
	수은(Hg로서)	0.1ppm이하	-	-	-

* 피복제 : Ca 또는 Ng의 탄산염, MgO, $Ca_3(PO_4)_2$, SiO_2 등

소수성 피복제 : Myristic acid, palmitic acid 또는 steraric acid의 Al, Ca, Mg, K 혹은 Na염

정벽제(晶癖劑) : Ca,K 또는 Na의 페로시안화염, 유화제 : Polysorbate 80,

가공처리제 : Dimethylpolysiloxane

** Ferrocyan화물

(주) 밑줄 친 것은 일본에서는 식품첨가물로 인정되지 않은 것

규격에 맞추어 일본에서도 인정되어 있으므로 수입된 상품명은 ferrocyan 화물이 들어있는 것이 있다.

1.4 소금의 분석법

소금은 전매품이므로 소금 전매제도의 발달과 더불어 소금의 분석법은 「소금 감정분석방법」으로서 정해져 있다. 그 후 소금 업무에 관한 분석방법으로서 개정되어 1961년 다시 소금시험법으로 개정되었다.

표 8-13. 소금 시험방법에 있어서 분석법

	성 분	분 석 법
주 성 분	건조법	140℃ 건조법
	불용해분	유리섬유 여과지법
	염화물 이온	질산은 적정법
	칼슘	킬레이트 적정법, 원자 흡수법
	마그네슘	킬레이트 적정법, 원자 흡수법
	황산이온	크롬산바륨 흡광 광도법, 이온크로마토그래피법
	칼륨	플레임 광도법, 원자흡광도법
	염화나트륨	결합계산법
특수미량성분	중금속	황화나트륨비탁법
	스트론튬	원자흡광도
	바나듐	*N*-benzyl-*N*-phenylhydroxylamine 흡광광도법
	크롬	Diphenylcarbazide 흡광광도법
	망간	원자 흡수법
	철	Phenanthroline 흡광광도법
	니켈	원자 흡광법
	구리	Dimethyldithiocarbamide산 흡광광도법
	아연	원자 흡수법
	카드뮴	원자 흡수법
	수은	환원기화 원자흡수법
	알루미늄	형광 광도법
	납	원자 흡광법
	비소	Dimethylthiocarbamide산 은흡광 광도법
	취화물 이온	이온트로마토그래피법
첨가물	염기성 탄산마그네슘	중화 적정법, 킬레이트 적정법
	탄산칼슘	중화 적정법, 킬레이트 적정법
	구연산 그리고 사과산	HPLC법
	페로시안화물	Bluecyan blue 흡광광도법

이 시험방법의 해설서로서 1962년 일본수산학회에서 해염의 분석이 출판되고 1992년에 그 내용의 충실을 기하기 위하여 소금의 분석과 물성측정이 출판되었다. 이 분석법은 공정법이라 부르고 이것에 의하여 분석된 값에 기초하여 수입염의 상거래가 이루어지고 있다.

이 분석법은 기술의 진보에 진전에 따라 적의 몰랐을 것을 인정하고 분석업무를 행하고 있다. 이 분석법에서는 각 성분의 분석치(%)를 합계하여 99.50~100.20% 사이에 들어가면 모두 재분석하는 것으로 결정하고 있다(표 8-13).

2. 소금상품

다종다양한 소금 상품이 있고 부르는 방법도 여러 가지이다. 이를 분류의 범주로 하여 원료, 제법, 입도, 형상, 첨가물, 법률에 따라 각기 분류되는 항목에 속하는 소금의 종류를 나타내었다(표 8-14).

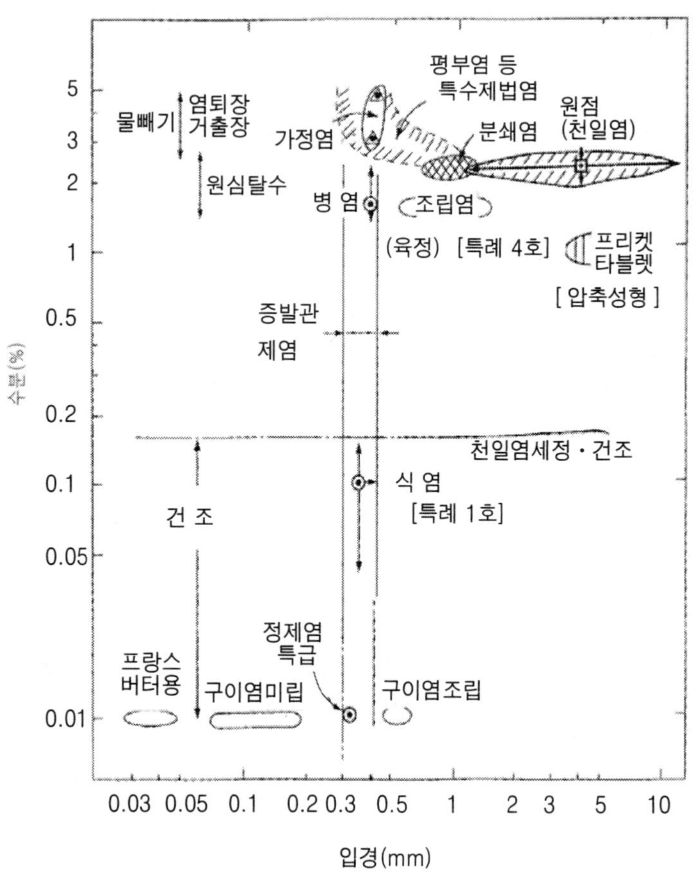

그림 8-9. 소금의 입경과 수분

표 8-14. 소금제품의 분류와 종류

분 류	종 류	비 고
자원에 의한 분류	암 염	암염을 원료로 한 소금. 분쇄염이나 암염을 용해하여 졸여서 얻은 소금
	해 염	해수를 원료로 한 소금. 천일염 분쇄품이나 천일염을 용해하여 졸여서 얻은 소금
	호 염	호수염을 원료로 한 소금
	토 염	토양에서 염분을 추출하여 졸여서 얻은 소금
	함수염	함수상태의 소금
제법에 의한 분류	천일염	천일염전에서 만든 소금
	전염공정염	함수를 평부나 진공식 증발관에서 졸여서 얻은 소금
	비건조염	결정장치에서 꺼내어 물을 빼고 원심분리한 소금
	건조염	원심분리한 후에 건조한 소금
	소 염	전염공정염 등을 구어서 조해성을 없앤 소금
	분쇄염	암염, 천일염, 압축성형염 등을 분쇄한 소금
	조립·성형염	전염공정염, 분쇄염 등을 압축하여 성형한 소금 tablet, pellet, brock 소금
형상에 의한 분류	입방정체염	전염공정염으로 입방체의 소금
	무정형염	암염, 천일염, 압축성형염을 분쇄한 정형하지 않는 소금
	구형염	입방체의 각이 없어지고 구형으로 된 소금
	플레이크염 (트레밀염)	표면 증발로 만든 호퍼형의 소금이 붕괴되고 박편상의 소금. 박편으로 성형한 소금
	수지상염	매정제의 페로시안화물을 넣어서 만든 금평당 같은 소금
	과립염	과립모양으로 성형한 소금. 참깨염 등에 넣은 소금
	괴상염	동물이 핥을 수 있게 괴상으로 성형한 소금
입도에 의한 분류	분말염	분쇄하여 분상으로 된 소금. 분무건조 소금
	미립염	분쇄하여 미립으로 된 소금
	중립염	보통 입도(입경 300～500㎛)의 소금
	조립염	대립의 소금
첨가물에 의한 분류	무첨가염	첨가물을 가하지 않는 소금
	영양강화염	요오드, 비타민, 무기질 등의 영양물을 가한 소금
	풍미강화염	참깨, 후추, 조미료 등을 가한 소금
법류에 의한 분류	생활용 소금 (센터염)	소금사업 센터가 판매하고 있는 소물상품의 소금. 이온교환막 제염법에 의한 소금이나 천일염을 용해 재염한 소금
	특수제법염	진공식 증발관을 사용하지 않고 제조된 소금. 또는 진공식 증발관에서 만든 소금을 가공한 소금. 평부염
	특수용염	시약염이나 약국용과 같은 특수한 용도의 소금

멕시코, 오스트레일리아에서 생산된 천일염은 수확 시 염층의 두께가 20~30cm나 되는 큰 덩어리이고 분쇄한 자갈 같은 소금은 암염으로 잘 못 보는 수가 있다.

소금의 입도와 수분은 소금의 상품성, 예를 들면 봐서 비치는 정도, 손의 촉감, 취급의 편리성 등에 큰 영향을 준다. 입도와 수분을 좌표축에 취할 때의 소금의 종류, 주요 상품의 소금이 어떤 위치에 있는가를 그림 8-9에 나타내었다. 진공증발관에서 대량으로 제조되는 소금의 입경은 좁은 범위에 한정되어 있다.

제 9 장

소금과 조리 · 식품가공

음식물의 맛이 있다. 맛을 결정하는 것은 소금이다. 조리 · 식품가공에서는 소금의 사용법이 중요하다.

1. 소금과 미각

미각에는 감미, 염미, 산미, 고미, 지미의 5가지 기본 미가 있고, 미뢰(味蕾 : taste bud)의 맛 세포에서 각각의 미각을 식별하고 있다. 그림 9-1에 나타낸 미뢰에는 약 100개의 세포가 있으며, 그 20～30%가 미각 recepter를 가지는 맛 세포이다. 염미, 산미는 세포막의 이온채널을 통하여 지각되고 감미, 고미, 지미에 신경을 통하여 뇌에서 지각된다. 맛 세포에 있어서 맛의 정보전달은 그림 9-2에 나타낸 것과 같이 전기신호로 변환되어 대뇌로 전해진다고 생각하고 있다.

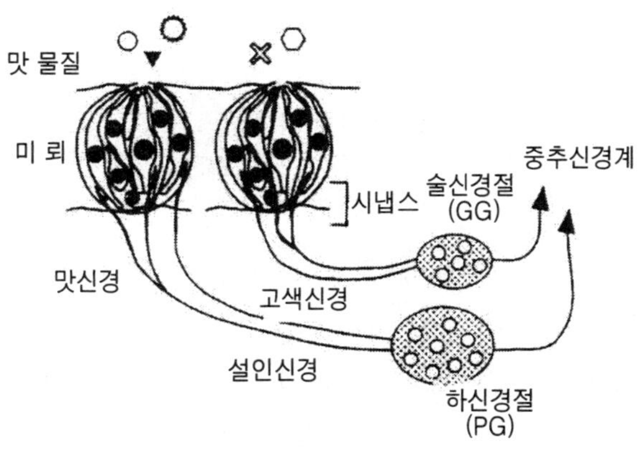

그림 9-1. 미각 signaling

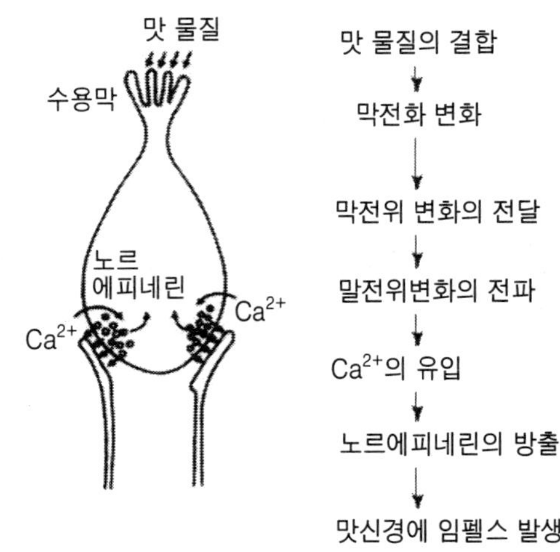

그림 9-2. 맛 정보의 전기신호에의 교환경로

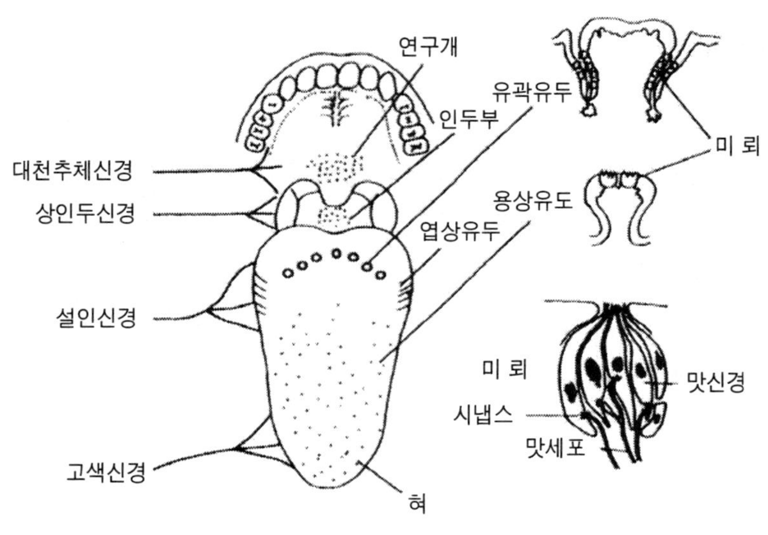

그림 9-3. 구강 내의 미뢰 분포

이와 같은 미뢰는 대부분은 혀 위에 있으나 그림 9-3에 나타낸 것과 같이 연구개(軟口蓋)나 인두부(咽頭部)에도 있다.

염화나트륨(NaCl)의 맛은 농도에 따라 표 9-1에 나타낸 것과 같이 느껴진다. 염미를 식별하는 최저농도를 염미의 인식 한계값(threshold value)이라고 한다.

염미를 맛이 있다고 느끼는 농도는 0.9% 부근이다. 이 범위는 좁고 혈액 중의 염

표 9-1. 소금농도와 염미

농 도(M)	농 도(%)	염의 맛	비 고
0.009	0.053	무 미	검출 한계
0.01	0.058	약한 감미	
0.02	0.117	감 미	
0.03	0.175	감 미	
0.04	0.234	감미가 있는 염미	인식 한계
0.05	0.292	염 미	
0.1	0.584	염 미	
0.2	1.168	순 염미	
1.0	5.840	순 염미	

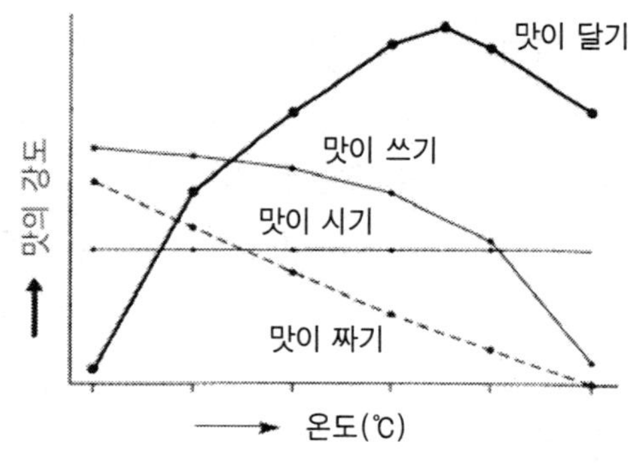

그림 9-4. 온도와 맛의 강도

분농도에 가깝다. 소금의 짜기는 그림 9-4에 나타낸 것과 같이 온도가 높아지면 약하게 느껴지고 낮으면 강하게 느껴진다.

염미는 염화나트륨이 나타내는 막으로 완전히 대체되는 물질은 없다. 염화나트륨은 수용액 중에서 나트륨 이온과 염화물 이온으로 되어 있다. 염미는 나트륨이온을 나타내나 염화물 이온이 나타내는가는 잘 모른다. 양방의 이온이 있어 처음으로 염미가 느껴지나 염화나트륨 채널이라는 것은 아니고 sodiun channel과 chloride channel이 있고 양방의 이온이 각각의 채널을 통할 때 비로소 염미가 느껴진다고 생각되나 상세한 것은 모른다. 칼륨채널과 염화물채널의 작용에는 염화탈륨의 맛이 난다.

신생아에는 염미를 모른다. 염미에 대한 미각은 후천적으로 획득하여 소금의 생리적인 요구에 의하여 염미기호가 발달하나 아이 때의 소금 기호가 어른의 소금 기호에까지 영향되는 것은 없다고 한다.

염미는 다른 미각과 여러 상오작용을 가지므로 조리로 나타내는 맛내기의 역할에 있어서 소금은 숨은 맛, 억제작용, 증강작용 등을 나타내고 맛의 지각에 확대를 가진다.

1.1 감미에 미치는 영향

염미는 감미의 증강제(enhancer)로 된다. 단팥죽에 소량의 소금을 넣으면 감미가 강하게 느껴진다. 염미는 이온채널을 통하여 느끼고 감미는 미각 receptor에 의하여 느껴지므로 감미가 증가되어 느껴지는 것은 아닐 것이다. 이와 같은 염미에 의하여 감미가 강조된 현상을 대비효과(contrast effect)라고 한다. 수박에 소금을 쳐서 먹으면 그 효과가 나타난다.

감미에 의한 염미의 영향에 대하여는 자당의 첨가량의 증가에 의하여 염미는 저하하고 1～2% 염분 농도에서는 7～10배의 자당첨가에 의하여 염미는 거의 소멸된다. 그러나 20% 염분농도에서는 자당을 다량으로 첨가하여도 염미는 없어지지 않는다. 감미는 소량의 소금 첨가로 증대한다. 10% 자당용액에서는 소금을 0.15%, 25% 자당용액에서도 소금을 0.15%, 50% 용액에는 0.05% 첨가한 경우가 가장 달게 느껴진다.

1.2 산미에 미치는 영향

염미는 산미의 억제제(depressor)로 된다. 스시(Sushi))의 식초에 소량의 소금을 넣으면 산미가 억제되어 연한 감미를 느낄 수 있다. 매실짱아지에 소금을 사용하여도 매실을 탈수하는 것만이 아니고 매실초의 산미를 억제하여 맛있게 하는 것이다. 이와 같이 염미에 따라 산미가 억제되는 현상을 억제효과 (suppression effect)라고 한다.

산미에 의한 염미에의 영향에 의하여 소량의 초산첨가에 의하여 염미는 강하게 되나 다량의 초산첨가에 의하여 염미는 감소된다. 즉 1～2%의 염분농도에서는 0.01%의 초산첨가로 염미가 증대하나 0.05% 이상의 첨가에서는 감소된다. 10～20% 염분 농도에서는 0.1% 초산첨가에 의하여 산미가 증대하나 0.3% 이상의 초산첨가에서는 감소된다. 염미에 의한 산미에의 영향은 소량의 소금 첨가에 의하여 산미는 가해지나 다량의 소금 첨가에서는 약하게 된다.

1.3 고미에 미치는 영향

고미는 소금의 첨가에 의하여 감소된다. 0.03% 카페인 용액에 0.8%의 소금을 첨가하면 고미는 약간 강하게 느껴지나 1% 이상에서는 염미 쪽이 강하다. 0.05%의 카페인 용액에서는 소금의 첨가량이 증가할수록 고미는 감소되고, 3% 이상에서는 염미 쪽이 강하게 된다. 역의 효과도 마찬가지이고 염미는 고미의 첨가에 의하여 감소된다.

1.4 감칠맛에 미치는 영향

지미는 20세기 초기에 일본에서 발견된 미각이다. 곤포의 감칠맛이 MSG라는 것을 증명하고 아지노모토(味 素)로서 상품화하였다. 그후 가쓰오부시의 맛의 성분이 inosinic acid, 표고의 맛 성분은 guanylic acid라는 것을 알았다. Glutamic acid는 아미노산의 일종이고 inosinic acid와 guanylic acid는 핵산의 일종이다. 예를 들면 glutamic acid의 칼륨염은 감칠맛이 느껴지지 않는다. 감칠맛 물질은 혼합하면 상승효과가 나와 단일물질의 감칠맛보다 강하게 감칠맛이 느껴진다.

쥐의 맛 신경으로 감칠맛의 실험을 하면 단일 물질에서는 맛 신경은 큰 응답을 나타내는데 혼합물질에서는 상승효과를 나타내지 않는다. 쥐가 나타내는 응답은 나트륨에 기초하는 것으로 쥐는 감칠맛에 둔감하기 때문에 유럽에서는 감칠맛을 좀처럼 인식하지 못하였다.

염미는 이러한 감칠맛 물질이 나타나는 감칠맛의 강화제로 된다. 게의 감칠맛에는 몇 가지의 glutamic acid와 핵산의 조합으로 나타나나 소금이 없으면 강한 감칠맛은 느껴지지 않는다. 이 중의 하나인 alanine의 감칠맛은 그림 9-5에 나타낸 것과 같아 0.1M 농도의 소금으로 증강되어 핵산의 guanylic acid는 그림 9-6에 나타내는 것과 같이 증강한다.

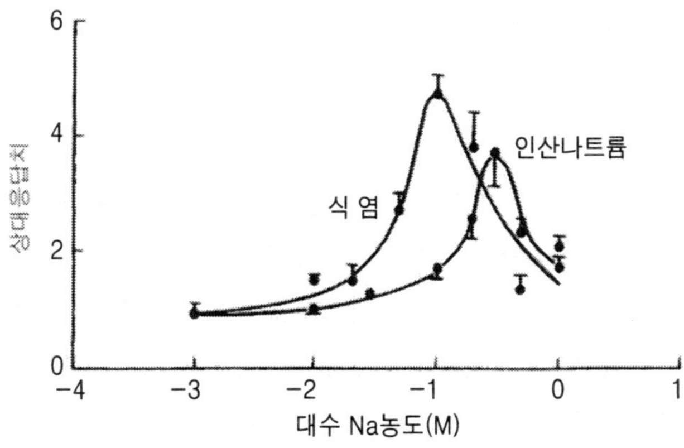

그림 9-5. 게 맛 신경의 100mM alanine 응답에 대한 소금의 증강효과

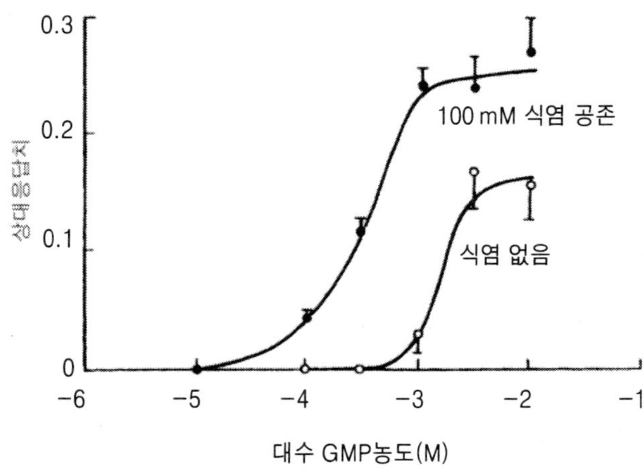

그림 9−6. 게 맛 신경의 guanylic acid 응답에 대한 100mM 식염의 증강효과

역으로 감칠맛은 염미를 억제한다. 예를 들면 간장의 염분농도는 17% 전후도 있고, 이 농도의 식염수는 아주 짜게 느껴지지 않으나 감칠맛이 많이 들어있는 간장이라면 짠맛이 억제되므로 전체적으로 맛있게 느껴진다. 그러나 감칠맛의 glutamic acid 나트륨과 염미와의 관계에서는 glutamic acid 나트륨에 의하여 염미가 강하게 느껴진다는 보고도 있다.

2. 소금과 조리

맛있는 요리를 만드는 조리기술 중에서 염은 큰 역할을 하고 있다. 맛있게 맛을 내는 결정적인 손으로서 식품 재료의 물성을 변화시키거나 보기 좋게 하는데도 소금은 여러 가지로 작용을 한다.

2.1 조 미

소금은 염미만을 나타내는 것이 아니고 다른 맛과의 관계로 여러 가지효과를 나타낸다. 짠맛의 강약은 음식의 맛을 결정짓는 중요한 요소이다. 가장 맛있는 짠맛을 느끼는 염분농도는 혈중의 염분 농도 140mM(0.8%NaCl)에 가까운 것으로 이보다 농도가 짙으면 이 농도에 가깝도록 여러 종류의 음식을 먹음으로서 자연스럽게 조절한다. 이 사실은 8.1절의 미각간의 상호관계에서도 설명하였으나 조미료서의 사용방법을 다음에 설명한다. 그리고 소금 전매제도 폐지 후 여러 가지 소금이 시장에 출하되어 특히 나트륨 이외의 협잡물인 무기질의 영향과 건강문제에서 소금 대체물에 대하여 설명한다.

1) 대비효과

오징어에 소금을 뿌려 먹으면 감미가 강조되어 맛있게 먹을 수가 있다. 단팥죽에 약간 소금을 가하여도 같다. 곤포나 커카쓰오부시 국물을 낼 때 소금을 가하면 감칠맛이 증가된다. 새우나 게의 요리를 맛있게 하기 위하여 소금을 가함으로써 감칠맛이 강조된다. 이와 같은 염미가 느껴지지 않게 감칠맛이 강조되는 경우에 사용되는 소금은 숨겨진 소금이라 한다. 소금은 다른 맛이나 풍미를 일으키거나 강조하는 작용이 있으므로 풍미 강하제(taste enhancer)이다.

2) 억제효과

수시(Sushi)에 사용되는 초에는 소금이 가하여져 있다. 소금을 가함으로써 초의 신 자극이 억제된다. 소금매실이 좋다는 말은 소금을 가하므로 보다 매실의 신맛을 억제하고 좋은 맛이 되었을 때 사용한다. 이와 같이 염미에 의하여 산미가 억제되는 현상을 억제효과(suppression effect)라 한다. 배추김치는 담근 시간이 짧으면 짜고 잘 담아 두면 발효에 의하여 유기산이 생겨 산미와 염미가 꼭 좋은 맛으로 되어 맛있게 먹을 수 있으나 지나치게 담아 두면 유기산과 산미가 강하여 맛이 좋지 않다.

아미노산이나 핵산 같은 감칠맛은 짠맛을 억제한다. 간장의 염분농도는 17～18%로 아주 높고, 된장은 12% 정도이고, 오징어젓의 염분농도는 30% 정도의 것이 있으나 아미노산이나 핵산 때문에 짠맛이 억제되어 맛있게 먹을 수가 있다.

3) 조리에 있어서 염분농도

요리가 맛있는 것은 염분의 농도에 따라 크게 좌우된다. 염수를 단독으로 맛을 낼 때 꼭 좋은 염미를 느끼는 것은 0.8～1.1%의 사이로 장국(맑은 국), 국(국물이 많은 요리)은 이 농도가 되게 맛낸다. 삶은 것은 1.5～2%로 하여 밥과 함께 먹을 때 묽어져 꼭 좋은 염미로 된다. 여러 요리의 염분농도 사례를 표 9-2에 나타내었다.

4) 염미에 미치는 무기질의 영향

소금의 전매제도가 폐지되고 나서 시장에는 여러 종류의 소금이 나오고 있다. 해수에서의 제염에는 소금에 함유되는 주된 염류는 간수의 주성분인 염화마그네슘을

표 9-2. 각종 요리에 있어서 소금 농도

서양요리		중국요리		일본요리	
요리명	소금 농도(%)	요리명	소금 농도 (%)	요리명	소금 농도 (%)
				대합조개국	1.0
닭고기수프	1.0	초돈(醋豚)	1.5	차완찜	1.0
스튜	1.0	해옥(蟹玉)	1.0	맑은 장국	1.0
마카로니그라텡	1.0	오목밥(五目飯)	0.8	튀김용 간장	3.5
햄버그스테이크	1.0	오목메밀	1.0	토란조림	1.2
그린피스바터더	1.2	새우경단수프	1.0	전골장국	7.0
스파니시 라이스	0.8	냉채	1.0	야채조림	1.8
		오목감미요리	1.5	계란부침	1.0

표 9-3.식품 중의 나트륨의 함량

식품명	나트륨 (mg/100g)	1인분		나트륨 함량 (mg)
		분 량	무게(g)	
크래커	1,118	4개	11	123
베이컨	1,020	2쪽	15	153
치 즈	700	1쪽	24	168
빵(강화)	507	1쪽	28	142
토마토수프	396	1컵	245	970
흰 밥	374	1컵	205	767
콩(캔)	235	1컵	135	319
완 두	236	1컵	249	588
케이크	227	1쪽	92	209
커피(인스턴트)	125	1tsp	0.8	1
냉동콩(익힌 것)	115	1컵	160	184
삶은 계란	108	1컵	50	54
햄	73	1인분	85	637
닭고기(흰살)	64	1컵	140	90
아이스크림	63	1컵	133	84
쇠고기	57	1인분	85	49
우 유	50	1컵	244	122
당 근	42	1겁	81	34
바나나	0.6	1개	175	1

위시하여 황산마그네슘, 염화칼륨이다. 그림 9-7에 나타낸 것과 같이 옛날에는 간수를 많이 함유하여 맛이 나쁘고 품질이 나쁜 소금(差塩)에서(장기간 염을 저장하여) 간수를 줄여 품질이 좋은 소금(眞塩)으로 하는 것에 신경을 섰다. 이 걱정이었다. 1905년에 소금이 전매제가 되고 나서 소금의 품질의 변화는 표 9-4에 나타낸 것과 같다.

염화마그네슘이나 염화칼륨은 고미, 아린 맛(acridity)이 강한 물질이 있고 소금에 혼합되어 있으면 짠맛이 변한다. 그러나 어느 정도 이들의 화합물이 들어 있으면 소금의 맛이 어느 정도 변하는가에 대하여는 상세히 연구된 데이터는 없다. 간수성분이 들어 있으므로 짠맛이 억제되어 순한 염미로 된다고 하나 이에 관하여는 과학적 데이터를 갖출 필요가 있다.

무기질이 많다는 소금과 적다는 소금을 4종류의 요리에 사용하여 맛의 비교시험을 한 결과 거의 분별할 수 없었다는 보고가 있었다.

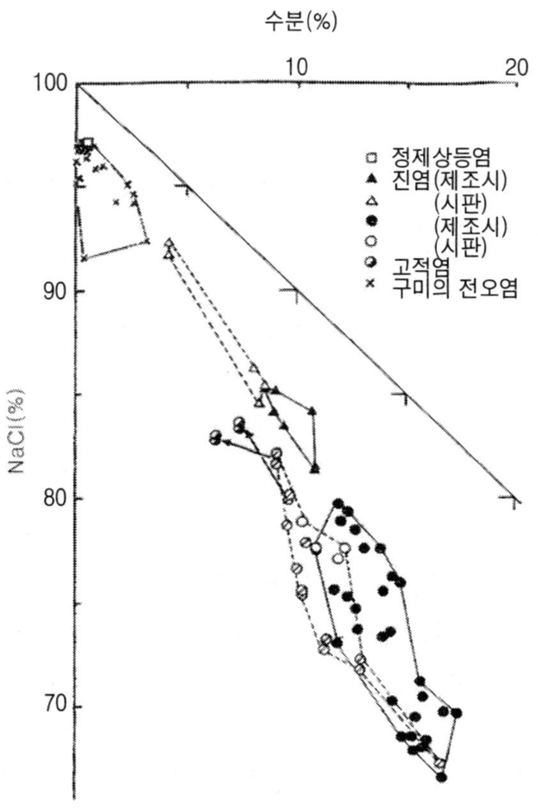

그림 9-7. 소금의 조성(1902년 당시)

표 9-4. 일본산 소금의 순도별 생산비율(%)

	NaCl 순도				
	70	75	80	85 90	95
	5등	4등	3등	2등	1등
1905년	55.5	21.4	15.1	4.5	0.6
1920	40		45		
1926			86.6	12.3	
1929				50% 초과.	
1935	0.1	–	27.7	60.8	11.4
1937	0.1 ·	0.1	12.2	60.3	27.3
1938	0.1	0.1	10.4	69.3	21.1
1940	등외 0.1		병염 75.6 평부, 기타	병염 75.6 증기 이용	상등 24.3 가압식, 진공식
1945			31.9	27.2	40.9
1950			9.5	34.0	56.5
1054			8.7	16.7	74.4, 상질염 2.0

5) 식염 대체물

소금의 섭취 과잉이 고혈압의 원인으로 되는 것이 아닌가 생각되어 염미를 띠는 식염 대체물(salt substitute)의 연구가 시작되었다. 염미를 띠는 물질로서는 표 9-5에 나타낸 것들이 있으나 완전히 염화나트륨의 염미를 대신하는 물질은 개발되지 않았다. 염화나트륨과 혼합함으로써 식염 대체물로서 염화칼륨이 주로 사용되어 왔으나 미각을 느끼는 메카니즘이 해명되지 않는 한 완전 식염 대체물은 되지 않는다고 한다.

섭취된 칼륨은 세포내 액에 많아 140mEq/ℓ의 농도로 존재하고, 세포외 액에 4.2mEq/ℓ ± 0.3mEq/ℓ 이내의 증감으로 신장에 의하여 정확하게 조정되고 있다. 식염 대체물이면서 이뇨작용이 있고 강압작용이 있으므로 칼륨 보급이 권장되고 있으나 고칼륨혈증을 일으키는 위험성이 있으므로 의사의 지시가 없는 한 관계가 없다. 고칼륨혈증의 진단은 혈장 또는 혈청 칼륨농도가 5.5mEq/ℓ(혈장은 5.0 mEq/ℓ)을 상회 시에 내린다.

혈장 칼륨농도가 6.5mEq/ℓ를 상회하면 동성(洞性) 그리고 심실성 부정맥을 일으킨다. 결국 심실성 수축 부족내지 심실 세동에 이르러 심장이 정지한다. 체중 70kg의 성인은 세포외 액에 59 mEq(4.4g의 KCl에 상당)이 존재하게 되는 것이다.

표 9-5. 각종 염류의 소금에서 맛의 성질

짠맛이 우수한 것	짠맛과 고미가 같은 정도의 것	고미가 우수한 것
NaCl	KBr	CsCl
KCl	NH_4I	RbBr
NH_4Cl		CsBr
LiCl		KI
RbCl		RbI
NaBr		CsI
NH_4Br		
LiBr		
NaI		
LiI		

1g의 염화칼륨은 13.4 mEq/ ℓ 의 칼륨에 상당하고 이것을 섭취하면 혈장 칼륨의 농도는 5,5 mEq/ ℓ 로 상승하므로 고칼륨증으로 되는 위험성이 있다.

이 때문에 미국이나 오스트레일리아에서 판매되고 있는 염화칼륨이 50%들어간 소금에는 사용상의 주의로서 일반 건강자용의 소금으로 감염식을 먹고 있는 사람은 의사의 허가 없이 사용할 수가 없다. 또 이뇨제를 복용하고 있는 사람은 사용해서는 안 된다고 쓰여 있다. 그러나 국내에서 판매되고 있는 마찬가지 상품은 병자용의 특별용도 식품으로서 보건복지부의 허가를 얻고 있다. 감염 지시를 받고 있는 사람에게만 권유한다고 쓰여 있고 식사요양 중의 사람은 의사와 상담할 것으로 쓰여 있다. 같은 상품인데도 사용표시가 전혀 달라 있다.

2.2 식욕증진

소금은 생리적으로 불가결인 물질이므로 소금이 결핍하면 소금요구(salt appetite)를 일으킨다. 초식동물(herbivore)에서는 이 현상이 현저하다. 소금의 결핍상태가 아니라도 소금기호(salt prefernece)는 생리적 현상으로 생각되고 알맞은 염미가 좋으면 식욕을 증진한다. 염미가 묽으면 맛이 없다고 미각은 판단하여 식용이 손상되어 필요한 영양소의 섭취량 부족을 일으키지 않는다.

2.3 방부작용

소금의 삼투압에 의하여 채소나 어육의 세포에서 수분을 인출하여 탈수작용이 일어난다. 이것으로 방부효과가 생긴다. 내염성 미생물, 호염성 미생물을 제외한 일반적인 생물은 탈수작용 때문에 세포의 원형질 분리(plasmolysis)를 일으키고 사멸되거나 번식할 수 없게 된다. 이 사실에서 소금은 채소의 염장, 어육의 염장 등에 사용되고, 옛날부터 식품의 보존료로 되었다. 부패미생물의 증식에 의하여 일어나나 이것은 수분활성 값에 따라 영향을 받는다. 표 9-6에 각종식품 그리고 소금과 사탕 영액의 수분황성(water activity) 값의 개략을 나타내었다. 적은 양으로 소금이 수분활성 값을 내려 식품의 보존에 유효하다는 것을 알 수 있다. 탈수작용을 이용한 요리로서는 김치류, 오이지 등이 있다.

2.4 식품의 물성변화

특히 소금이 가진 기능에서 식품의 물성이 변화한다. 이것을 조리에 이용하거나 식품제조에 이용하여 여러 식품이 만들어지고 있다.

1) 단백질의 용해작용

어떤 종류의 단백질은 1～2%의 묽은 염수에 용해한다. 어육에서는 근원섬유(myofibril)를 구성하고 있는 단백질이 염수에 녹아 고분자 간에서 가교결합이 일어나서 망목구조(network structure)를 형성한다. 가열에 의하여 씹을 때 이에 오는 느낌 있는 gel이 된다. 이것이 어묵을 위시하여 어육연제품이다.

소맥분에서는 그 중의 단백질이 물을 넣으면 이겨져서 gluten을 형성하여 이것이

표 9-6. 각종 식품과 염화나트륨, 자당 농도용액의 *aw*의 개략치

aw	NaCl(%)	자당(%)	식 품
1.00～0.95	0～8	0～44	신선육, 과실, 시럽 담금의 통조림과실, 염지의 통조림, 야채, 프랑크푸르트 소시지, 레버 소시지, 마가린, 버터, 저식염 베이컨
0.95～0.90	8～14	44～59	가공치즈, 빵류, 고수분의 건조자두, 생 햄, 드라이 소시지, 고식염 베이컨, 농축 오렌지주스
0.9!～0.80	14～19	59～포화	숙성 체더치즈, 가당연유, 잼, 사탕 담금 과실의 껍질, 마가린
0.80～0.70	19～포화 (*aw*0.75)		당밀, 생 건조딸기, 고농도의 염장어

소금으로 녹아져서 끈기가 있는 빵 방죽이나 국수가 된다. 이와 같이 소금은 식감을 나타내는 texture의 형성에 중요한 역할을 한다.

2) 단백질의 응고작용

소금은 단백질을 변성(denaturation)시켜 이것에 의하여 응고(solidifying)시키는 작용이 있다. 소금 농도가 높으면 상온에서도 단백질의 변성응고가 일어나고, 낮으면 가열에 의하여 응고가 일어나기 쉽다. 보리에서는 이 작용이 생기는 수가 많다.

생선이나 고기에 소금을 뿌려 굽으면 단백질이 응고를 빨리하고 맛 성분을 가지는 즙액이 흘러나오는 것을 막아준다. 국물로 할 때는 불을 끝이지 않고 곧 거른다. 잠깐 방치할 때는 약간의 소금을 가한다. 소금을 가하므로 단백질을 변성시켜 흡작을 방지하기 위한 것이다. 최초부터 소금을 가하면 단백지질의 변성에 의하여 맛 성분이 밖으로 나올 수 없게 된다.

3) 무기질의 치환작용에 의한 효과

조리에 소금을 넣음으로써 식품 중의 마그네슘이나 칼슘이 소금의 나트륨으로 치환되기 때문에 식품의 개선효과가 나타난다. 고추냉이나 감자를 찔 때 소금을 넣으면 세포막을 강건하게 하여 펙틴산 칼슘의 칼슘이 나트륨으로 치환하여 세포가 연하게 되므로 채소를 연하게 삶을 수가 있다.

탕두부에서는 소금을 넣으므로 바람 든 공간이 생기거나 단단하게 되는 것을 방지한다. 마그네슘이나 칼슘이 나트륨과 치환할 수가 있다.

2.5 발효 조정작용

된장, 간장과 같은 발효 조미료의 제조, 침채류, 젓, 치즈 같은 발효식품의 제조, 빵 발효 반주의 효모증식에는 염분농도를 조절하므로 삼투압에 의한 탈수작용으로 잡균의 번식을 억제하고 내염성 균, 호기성균의 증식속도를 조절하여 발효를 정상으로 진행시킬 수 있다.

2.6 요리의 눈보기 향상

1) 효소 저해작용

소금은 일부의 산화효소의 작용을 정지하는 작용이 있다. 특히 사과 등의 과일에 함유되는 polyohenol oxidase의 저해작용이 강하다. 이 때문에 0.2% 정도의 염수로 사과의 갈변을 방지할 수가 있다.

2) 무기질의 치환작용에 의한 효과

예를 들면, 풋콩이나 시금치를 1～2% 염분농도의 염수로 삶으면 녹색(클로로필색)이 유지되어 하룻밤 두어도 좀처럼 퇴색되지 않는다.

3) 단백질의 응고촉진

계란을 삶을 때 한 술의 소금을 넣어두면 난백의 취출을 막을 수가 있다. 단백질의 응고로 생성의 붕괴나 굽을 때 헤물러지는 것을 방지할 수 있다.

4) 화장품

생선을 굽기 전에 소금을 뿌려 강한 직화로 굽으면 표면이 야한 소금이 덮여 그다지 타지 않으므로 보기 좋게 구어지고 맛과 향도 좋아지는 수가 많다. 이것을 화장염이라 한다. 지느러미에 소금을 두껍게 하여 그으면 지느러미가 타지 않으므로 지느러미의 형이 헤물러지지 않는다. 이것을 지느러미 염이라 한다.

2.7 기타 작용

산화에 의하여 비타민 C가 파괴되는 것을 막아주는 산화 방지작용이 있다. 야채나 과일주스로 할 때 0.5% 정도의 염분농도가 되게 소금을 가하여 비타민 C가 산화되지 않고 보호된다.

2.8 소금의 사용방법

조리에서 ① 생선이나 고기에 소금을 뿌리는 소금, ② 3～4% 염수로 어패를 씻거나 재료에 소금을 간 들게 하여 담그는 입염(立塩), ③ 어패류의 몸을 단단하게 하거나 채소를 나긋나긋하기 위하여 사용하는 당염(當塩, 뿌리는 염이기도 한다), ④ 소금 위에 생선을 놓고 생선 전체에 소금으로 섞어 수분이나 생취를 제거하고 몸체를 알맞게 조이는 베타 소금, ⑤ 물에 젖은 한지로 재료를 싸고 그 위에 뿌리는 소금으로 균일하게 소금을 재료에 절이게 하는 지염(紙塩), ⑥ 살아 있는 생선에 소금을 많이 뿌려주어 탈수와 함께 단백질을 변성시켜 굳게 하는 소금조림, ⑦ 염미가 강한 재료의 소금을 뺄 때 사용하는 물에 1～4% 가하는 호염(呼塩 : 짠 식품을 소금물에 담가 소금기를 뺌)) 등의 소금의 사용방법이 있다.

3. 소금과 식품가공

가공식품을 제조하는 식품가공에서 여러 가지 목적을 가지고 소금이 사용되고 있다. 소금의 작용은 소금에서 설명한 것이 공업적으로 응용되는 것 만이고 전술한 것과 기본적으로는 같다.

소금이 관련되고 있는 식품가공에서는 미생물이 관련되어 있는 것이 많다. 부패를 일으키는 미생물의 변색을 막는 사실에서 적극적으로 미생물을 이용하여 가치가 높은 식품을 제조하는 것까지 여러 장면이 있다.

염분에 따라 미생물의 생육은 일반적으로 억제되나 상당한 염분의 농도까지 견디어 생육되는 내염미생물(halotolerant microorganism), 염분이 없으면 생육할 수 없는 호염성 미생물(halophilic microorganism)이 있다. 중요한 내염성 미생물, 호염성 미생물을 표 9-7에 나타내었다. 호염성 미생물은 최적염분의 농도에 따라 더욱 세분된다.

다음으로 중요한 가공식품에 대하여 설명한다.

표 9-7. 주요한 호염성 미생물, 내염성 미생물

분 류	주요한 호염성 미생물, 내염성 미생물	소재 장소	특징
고도호염균	*Halobacterium(H. salinarium, H. cutirubrum, H. halobium, H. marismortui, H. trapanicum). Sarcina-litoralis*	해염, 염장식품	20%~포화 염수농도 하에서 생육최적
중도호염균	*Ps. beijerinckii, Vibrio(V. costicolus, V. halonitrificans), Achromobacter Sarcina, Bac. lichnifirmis, Mc. halodeniitrificans, Pc. halophilus, Tetracoccus soyase, nov. sp., Bacteroides halosmophilus, Torulopsis halonitraphilus novo sp.*	고기, 생선, 고기의 염지액, 된장, 간장덧	5~18%의 염수농도 하에서 생육최적
미호기성	*Pseudomonas, Vibrio(V. parahaemolyticus* = 병원선), *Achromobacter, Flavobacterium* 등의 해양성 세균, *T. wehmeri*		1.5~5%의 염수농도 하에서 생육양호
내염성	*Bacillus. Micrococcus, Staphylococcus* 의 중의 몇 개의 종. *Pc. urinaeequi, Sc. faecalis, Brevibacterium lienes, Debaryomyces, Sacch. rouxii*		대략 10%의 염수농도까지 생육된다.

3.1 염장품

1) 수산품

식품에 소금을 뿌리거나 염수에 담가 식품 중에 염을 침투시킨 식품이 염장품이다. 연어의 염지에서는 소금은 그림 9-8에 나타낸 것과 같이 삼투된다. 염장품은 보존을 목적으로 한 식품이다. 표 9-8에 나타낸 것과 같이 소금이 높은 삼투압에 의하여 미생물의 세포는 탈수되어 원형질 분리를 일으켜 번식이 억제되기 때문에 식품의 보존성이 높아진다.

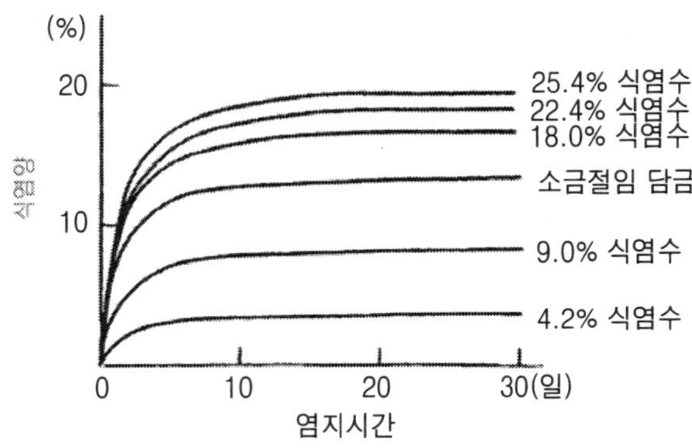

그림 9-8. 염지에 있어서 청어육 내로 식염의 침투

표 9-8. 각종 염수농도의 삼투압과 수분활성

염수농도 (중량 %)	삼투압 (기압)	수분활성
0	0	1..000
0.857	6.29	0.995
1.75	12.7	0.990
3.11	22.4	0.982
3.50	25.3	0.980
6.05	44.8	0.965
6.92	51.8	0.960
10.0	79.3	0.940
13.0	108..2	0.920
15.6	138.3	0.900
21.3	219.5	0.850

소금제법에서는 수산물의 소금을 직접 뿌리거나 뿌리는 염지와 염수에 담가서 염지하는 것이 있다. 전자에서는 탈수효율아 높으나 소금의 삼투에 얼룩이 생기기 쉽다. 강하게 탈수되어 어채의 외관이 빠진다. 염장 중에 공기가 접촉되기 때문에 지질이 산화되기 쉬운 결점이 있다. 한편 후자에서는 소금의 침투가 균일하고 공기와 차단되기 때문에 지질의 산화가 일어나기 어렵고 제품의 외관이나 풍미가 양호한 점 등의 이점이 있다.

대표적인 염장품을 표 9-9에 나타내었다. 연어, 송어의 염장품에서는 뿌리는 소금에 의하여 어육에의 부착・침투의 좋은 점에서 분쇄염이 좋다. 어란 염장품에는 이크라, 명란젓은 입염지, 청어알, 캐비아는 뿌리는 염지로 제조된다. 해조류에서는 미역, 곤포의 염장법이 있다. 미역은 생의 경우와 보일 한 경우가 있고, 곤포는 보일하여 염장한다. 어느 것이나 보통 소금을 사용한다. 호염성 미생물을 이용한 소금이 있는 상태에서 발효시킨 식품으로 젓, 쿠사야 등의 염장품이 있다.

2) 가축육품

가축 육을 염지하는 목적은 ① 방부・보존, ② 축육의 선홍색 유지, ③ 보수・결착성 향상, ④ 풍미의 양성에 있다. 결착성이란 세절한 고기나 혼화된 고기가 가열에 의하여 밀착하여 탄력을 증가하는 성질을 말한다. 햄, 소시지의 제조에서 중요한 성질이다.

염지에는 습염지법과 건조염지법이 있다. 전자에서는 담그는 시간과 노력이 생략되고 풍미를 균일하게 하고 사용된 염지 액을 재생시켜 경제적으로 어느 정도 이점이 있으나 담그는 시간이 오래 걸리고, 보관정소나 설비가 필요하며, 염지 액의 본질로 문제가 생기면 피해가 크다는 등의 결점이 있다. 후자는 육의 표면에는 직접

표 9-9. 대표적인 염장품

수산물	생선 어란 해조 기타	연어, 송어, 청어, 대구, 고등어, 정어리 연어 알, 이크라, 대구 알, 청어 알, 캐비아 미역, 곤포, 큰 실말 해파리,
축산물	축육 알	돈육 계육
농산물	채소류 과실	가지, 오이, 무, 매실

소금을 문질러 바르는 방법으로 염지시간이 비교적 짧고 왕성품의 색이 좋으나 제품의 균일화가 어렵다는 결점이 있다. 소금의 사용량은 육류 량에 대하여 2～3%이고 특급 정제품, 정제염, 식염과 폭 넓은 종류가 사용된다.

3) 농산물

농산물의 침채류에는 식염, 보통염이 사용된다. 10% 이상의 고염도에서 염장하나 채소에의 삼투를 촉진하고, 균일한 소금농도를 하기 위하여 처음에는 8～12% 소금에 담그고 순차로 소금농도를 올려서 담금을 바꾼다. 장기간 저장할 때는 밑절이한 담금을 버리고 채소의 20～22% 소금을 가하여 담금을 바꾼다.

3.2 염미 조미료

염미 베이스의 조미료로서 된장, 간장, 어장이 있다. 어느 것이나 발효식이다.

1) 된 장

된장의 제조에는 일반적으로 보통 소금염이 사용된다. 최근 간수를 가한 특수한 제염법과 천일염을 사용한 된장이 일본에서 시판되고 있으나 간수 성분이 된장 품질에 영향을 주지 않는다고 한다. 된장의 염분농도는 크게 나누어 쌀된장의 경우 감미된장에서 6%, 담색 신미된장에서 12.3%, 적색 신미된장에서 12.8%이다. 보리된장에서는 10.5%, 콩된장에서는 10.8%이다. 감염된장에서는 6.2～6.5% 이하의 염분농도로 되어 있다.

2) 간 장

간장에 사용되는 소금은 순도가 높고 황산칼슘과 염화마그네슘의 합계 양이 1% 이하로 철분이 적은 것이 좋다. 오히려 수입 천일염이 많이 사용되고 있으나 현재에는 국산 이온교환막 제염의 보통 소금이 사용되고 있다. 간장의 염분 농도는 농구(濃口 : 코이쿠치)간장에서 100㎖당 16.20～16.40%, 담구(淡口 : 우수쿠치)간장에서 18.45～18.65%, 감염간장에서는 8.45～8.85%이다.

3) 어 장

어장은 작은 생선의 어채의 1/2～1/3의 소금을 가하여 발효시킨 조미료이다. 아키타(秋田)현의 숏쓰루, 이시카와(石川)현의 이시루, 카가와(香川)현의 오징어알장 등이 있다. 염분의 농도는 각각 28.1%, 26.7～17.1%로 아주 높다. 사용하는 염분은 수분함량이나 간수 성분이 적은 것이 좋다.

3.3 염제품

식품의 물성에서 약간 설명하였으나 어묵은 어육에 소량의 소금을 첨가하여 10분 정도 두었다가 그 후 2.5～3% 소금을 첨가하여 40～60분간 소금 절임을 하면 탄력이 강한 gel이 된다. 소금절이에 의하여 근원섬유 단백질의 주성분인 myosin이 녹아 망목구조를 만들고 actin과의 작용으로 점탄성이 있는 actomyosin이 된다. Actin과 myosin의 혼합비에 따라 그림 9-9와 같이 gel 강도, 점도는 변화된다.

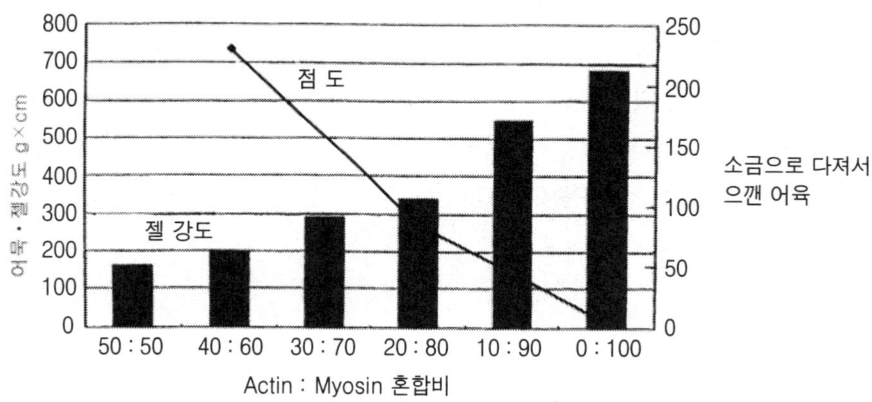

그림 9-9. Myosin과 actin의 혼합 어묵

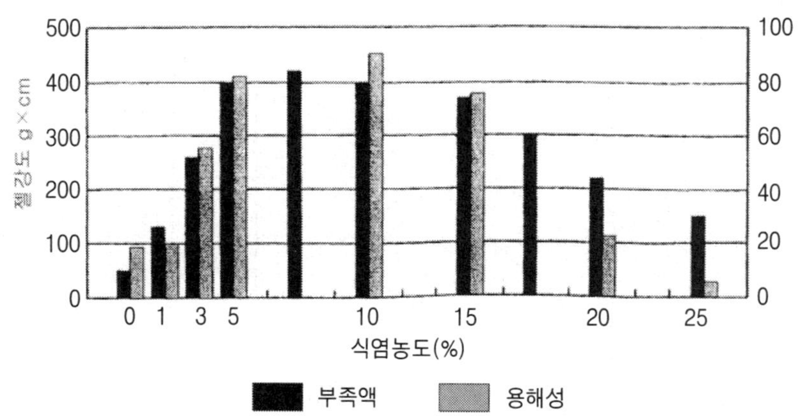

그림 9-10. 어묵의 탄성과 어육단백질의 용해성에 대한 식염농도의 영향

식염농도 5%까지는 어육단백질의 용해성이나 어묵의 탄성도 증가하나 15% 이상으로 되면 크게 저하된다.

단백질의 용해성, gel 강도는 그림 9-10에 나타낸 것과 같이 염분의 농도와의 관계에서 변화된다. 탄성의 강도와 식미와의 균형으로 소금 농도가 결정된다. 사용되는 소금은 보통 소금, 식염이다.

3.4 제빵・제면

제빵에 있어서 소금의 역할은 ① 맛과 풍미의 개선, ② 효모의 발효속도 조절, ③ 빵 반죽의 점탄성 향상 등을 들 수 있다. 점탄성의 향상은 gluten의 형성에 의한 것이나 것이고, 그림 9-11은 빵 반죽의 특성을 측정하는 parinograph에서 소금 첨가량의 영향을 나타난 것이다. 소금 첨가량의 증가와 더불어 반죽형성시간은 길어지고 반죽안정성은 증가한다. 역으로 수분흡수량은 저하되므로 반죽에 가한 물의 양을 줄일 필요가 있다. 사용되는 소금은 보통 소금, 식염, 정제염이다.

제면에 있어서 소금의 역할도 마찬가지로 ① 맛과 풍미의 개선, ② 점탄성의 향상, ③ 건면의 건조 균열방지, ④ 효소활성의 억제 등에 의한 경시적인 탄력저하 방지 등이다. 사용되는 소금은 보통 소금, 식염, 정제염, 사용량은 건면에서 6%, 수타면에서 5～10%이다.

3.5 유제품

버터의 가염은 1～2%로 풍미 개량과 보존성을 좋게 하기 위하여 한다. 가염방법은 건조 소금을 그대로 사용하는 건염법(건식법), 물에 습하게 하여 사용하는 습염

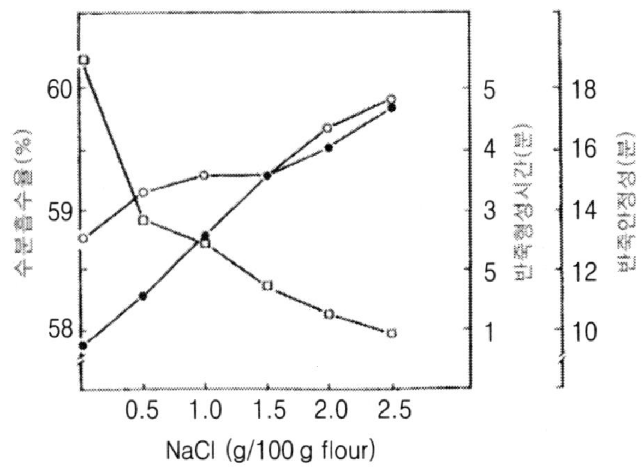

그림 9-11. Farinograph의 수분흡수율(−ㅁ−), 반죽형성시간(−○−), 반죽안정성(−●−)에 미치는 식염의 영향

법(습식법), 물에 완전히 녹여서 사용하는 brine법(용액법)이 있으나 습윤법이 자주 사용된다. 특수 정제염이 사용된다.

치즈에 염미를 주어 풍미를 좋게 하고 또한 삼투압에 의한 훼이(유청)의 배출을 촉진하여 수분량을 조절하기 위하여 소금을 가한다. 그리고 가염은 과도한 유산발효를 억제하고 또 잡균에 의한 오염을 방지하기 위해서이다.

가염에는 세 가지의 방법이 있다. ① 치즈 바트 중에서 커드[원료 육을 레닛(rennet)으로 응고시킨 것] 입자에 소금을 혼합시켜 chedering 한다. ② 압착 후 소금을 표면에서 도포한다(팔르메산). ③ 압착 후 염수 중에 침지하는(고우디, 에담) 방법이다. 생치즈의 염분 농도는 1.5% 정도로 특급 정제염이 사용된다.

제 10 장

동물에 있어서 소금의 기능과 역할

생명은 바다에서 발생하여 바다에서 진화된 생물은 결국 육상에서 생존할 수 있게 진화되어 왔다. 따라서 인간의 체액은 해수의 조성과 아주 유사하다는 것을 알 수 있다. 60조 개라고 하는 인간의 세포는 세포외 액(해수)에 떠 있는 것으로 된다. 표 10-1에 각각의 조성을 비교하여 나타내었다. 전체적으로 해수농도가 높다는 것을 알 수 있다. 괄호 내의 수자는 나트륨농도에 대한 비율이다. 해수의 조성비와 혈장 혹은 양수와의 조성비가 얼마나 다른가 알 수 있고 해수에는 칼륨과 칼슘의 비율이 낮고 마그네슘과 소금 화합물의 비율이 크다.

각각 이들은 같은 원소가 함유되어 있으나 조성비는 상당히 달라 있다. 양수를

표 10-1. 해수, 혈장, 조직간액, 양수, 세포내 액의 전해질 비교(mEq/ℓ)

	Na^+	K^+	Ca^{2+}	Mg^{2+}	Cl^-	HCO_3^-	HPO_4^{2-}
해 수	456 (1)	9.7 (0.021)	10 (0.022)	55.6 ().122)	536 (1.1725)	-	-
혈 장	142 (1)	5 (0.0.35)	5 (0.035)	3 (0.021)	103 (0.725)	27 (0.19)	2 (0.014)
조직간액	138 (1)	5 (0.036)	5 0.036)	3 (0.022)	108 (0783)	27 (0.196)	2 (0.014)
양 수	127 (1)	4 (0.031)	4 (0.031)	1.4 (0.011)	106 0.835)	-	-
세포내액	14 (1)	157 (11.21)	0	26 (1.857)	0	10 (0.714)	10 (7.857)

해수에 예로 하면 의문이 있다. 진화의 과정에서 육상생활에 적합할 수 있게 변화된 결과일 것이다. 여기에 인체와 동물에 있어서 소금의 역할과 개요를 설명한다.

1. 소금과 생물

동물에게 소금은 생리적으로 필요 불가결한 것이다. 그 이유는 소금은 체내, 특히 체액에 존재하며 삼투압의 유지라는 중요한 구실을 하고 있기 때문이다. 인간의 혈액 속에는 0.9%의 염분이 함유되어 있다. 소금의 나트륨은 인체 내에서 탄산과 결합하여 중탄산염이 되고, 혈액이나 그 밖의 체액의 알칼리성을 유지하는 구실을 한다. 또 인산과 결합한 것은 완충물질로서 체액의 산·알칼리의 평형을 유지시키는 구실을 한다. 따라서 어떤 원인으로 체내에 산이나 알칼리가 증가하여도 체내의 산·알칼리도는 쉽게 변하지 않는다. 또 나트륨은 쓸개즙·이자액·장액 등 알칼리성의 소화액 성분이 된다.

만일 소금 섭취량이 부족하면 이들의 소화액 분비가 감소하여 식욕이 떨어진다. 또한 나트륨은 식물성 식품 속에 많은 칼륨과 항상 체내에서 균형을 유지하고 있다. 칼륨이 많고 나트륨이 적으면 생명이 위태롭게 되는 경우도 생긴다. 또 염소는 위액의 염산을 만들어 주는 재료로서 중요하다.

이상과 같이 염분이 결핍되면 단기적인 경우에는 소화액의 분비가 부족하게 되어 식욕감퇴가 일어나고 장기적인 경우에는 전신 무력·권태·피로나 정신 불안 등이 일어난다. 또 땀을 다량으로 흘려 급격히 소금을 상실하면 현기증·무욕·탈력 등 육체적으로나 정신적으로도 뚜렷한 기능 상실이 일어난다. 소금의 필요량은 노동의 종류, 기후 등에 따라서도 다르지만 보통 성인에서는 하루 18～10g이다. 한편 소금의 과잉은 고혈압의 원인이 된다고 한다. 이것은 혈액 속의 염분의 농도가 증가하면 농도를 일정하게 유지하기 위하여 많은 수분이 혈액 속으로 들어오기 때문이다. 또한 진한 소금을 늘 섭취하는 것은 위암의 원인이 된다는 설도 있다.

2. 인체에 있어서 소금의 기능과 역할

2.1 삼투압의 유지

세포의 기능, 형상을 정상으로 유지하는 데는 세포 외액(rextracellular fluid)과 세포 내액(intracellular fluid)의 삼투압이 같지 않으면 안 된다. 삼투압에 기여하는 세포 외액 중의 중요 전해질(electrolyte)은 염화나트륨이고 세포 내액 중의 중요

전해질은 인산 수소이칼륨이다. 양이온 만에 대하여 설명하면 장관에서 흡수된 나트륨, 칼륨은 혈액 중으로 들어가고 각각 이들은 다시 세포 중으로 들어가나 나트륨은 세포막에 있는 나트륨펌프에 의하여 세포외로 나온다. 나트륨, 칼륨 공히 신장에서 배출된다. 신장이 혈액 중의 나트륨농도를 거의 140mEp에 유지하므로 체액(혈액과 조직간 액)의 삼투압은 일정으로 유지되어 여기에 맞추어 삼투압으로 세포내액도 유지된다.

2.2 염・염기평형의 유지

탄수화물이나 지방이 분해하면 탄산가스나 유기산, 아미노산으로 되고 혈액은 산성으로 되기 마련이나 혈액의 pH는 7.4로 변하지 않고 알칼리성으로 되어 있고 산・염기평형(acid-base balance)을 유지하게 된다. 여기에 기여하고 있는 것이 중탄산나트륨으로 이 무질의 완충작용(buffer action)에 의하여 pH가 크게 변동 없이 일정하게 유지하게 된다. 체액의 pH가 7.35 이하로 되면 acidosis로 되고, 7.45 이상으로 되면 alkalosis로 된다. 어느 경우에도 몸에 대하여는 막대한 장해이다.

2.3 소화액의 성분

소화액 중의 효소에 의하여 음식물을 분해한다. 예를 들면, 위액(gatric juice)에는 염산의 염화물 이온에 의하여 효소의 amylase나 pepsin이 활성화되어 전분이나 단백질을 분해한다. 위액 이외에 소화액에는 췌액(pancretic juice), 담즙(bile) 등의 여러 가지가 있다. 이들 중에는 전해질로서 염화나트륨이나 탄산수소나트륨이 들어 있다.

자극이 전달이 되는 것은 신경세포막에 있는 나트륨이나 칼륨의 이온 채널을 통하여 이온이 출입하므로 활성전위(active potential)가 생겨 전기신호를 발생하여 그 신호를 전달하는 세포로 전달하는 신경전달의 역할을 하고 있다.

탄소화물이 분해하여 glucose, 단백질이 분해하여 아미노산이 장 점막에서 흡수되는 데는 나트륨과 결합할 필요가 있다. 영양소와 결합하여 세포내로 들어온 나트륨은 나트륨펌프에서 배출되어 또 영양소와 결합하여 흡수된다.

3. 동물용의 소금의 역할

야생동물은 소금을 구하기 위하여 소금이 있는 곳으로 모인다. 사육되는 가축, 가금류에는 소금의 덩어리를 맛을 보거나 사료에 소금을 혼합하여 주기도 한다. 인간에는 소금 결핍(salt degiciency)을 일으키는 것은 없으나 사육동물에서는 소금결핍에 빠지는 수가 있다. 특히 유우나 초식동물에서는 섭취량이 많으므로 주의할 필요가 있다. 동물에 준 소금이 하는 역할과 기능은 기본적으로는 인간과 다름없으나 가축과 가금에는 특히 생산성과의 관계가 있고 건강유지, 식용정지, 무기질 보급용 담체(carrier)로서 역할이 크다. 주변에 가까운 사육동물에서 소금결핍이 일어나는지 어떤지 또 소금을 무기질의 담체로서 이용하는 무기물이 무엇이 있고 어떠한 작용을 하는가를 간단히 설명한다.

3.1 각종 동물의 소금 결핍현상

1) 육 우

소금 결핍의 최초의 징후는 소금 요구를 나타내는 것이다. 소는 돌, 목재, 기타의 동물의 땀을 핥아 맛을 본다. 이와 같은 징후가 보이지 않아도 사료를 먹을 수가 없고, 털이 가지런히 하지 못하고 힘이 없고 살이 빠져 죽게 된다. 따라서 소금 결핍 현상이 나타나기 전에 생산성이 반감되고 큰 경제적 손실을 입는다.

2) 유 우

우유 중에 염화나트륨이 배설되므로 우유의 생산량에 염화나트륨이 중요한 영향을 미친다. 유우는 칼륨이 많으므로 나트륨이 적은 사료작물을 많이 먹으므로 소금 결핍이 나타난다. 소금의 요구량은 건조 사료의 0.46% 정도이다. 소금을 과잉섭취하면 물을 자주 마시며 이것으로 신장결석이나 요로결석을 예방할 수 있다.

3) 말

소금결핍에 의한 식용저하로 성장불량을 일으키고 털이 가지런히 못하고 거칠게 된다. 약 0.7%의 소금을 함유한 대량의 땀으로 소금을 손실하므로 운동이나 더위에 대하여 소금의 요구는 높다.

4) 양

소금의 결핍에서 사료를 먹을 수 없게 되고 영양의 이용률이 나빠져 젖의 산출이 나쁘게 되고, 양모의 생산 양이나 번식률도 저하된다.

5) 산 양

산양의 소금 결핍의 징후는 끈임 없는 핥는 것이고 안정하지 못하고 털에 윤기가 없고 식욕이 쇠퇴하여 성장이 나쁘게 된다. 수유기에는 수척해진다.

6) 돼 지

소금 결핍에서는 사료효율이 저하된다.

7) 가 금

소금 결핍으로 사료의 섭취량이 줄고 체중이 감소되며 산란이 저하하고 알의 크기도 작게 된다. 브로일러에서는 성장이 늦고 면역계를 억제하여 병에 걸리기 쉽다.

3.2 소금과 함께 주는 미량원소

동물의 사료에 보급되는 미량원소는 철, 구리, 아연, 만강, 코발트, 요오드, 셀렌의 7종류이다. 이들의 미량원소를 소금에 첨가하여 섭취시킨다.

철은 적혈구의 헤모글로빈, 근육의 미오글로빈, 간장, 비장 기타의 조직 중에 있다. 철은 산소 수송이나 산화과정에 관여하는 효소와 관계가 있고 결핍하면 성장불량, 식용부진, 활력저하, 털의 가지런함이 거칠고 무산소증, 점막의 적미상실, 심장・비장비대, 면역력 저하 등을 일으킨다.

구리는 철 대사, estragen, collagen의 생성, 멜라닌의 생산, 중추시경의 보전 등에 관계하는 효소활성에 필요하다. 결핍하면 철의 이동을 억제하여 조혈을 이상으로 하고 각질화를 억제한다. 설사나 유생산 저하, 산란저하, 성장저해, 보행부전을 일으킨다.

아연은 사료성분의 대사에 관련한 여러 많은 효소계에 필요하다. 결핍되면 개선(疥癬)의 상태, 코나 입의 점막염증과 출혈, 식욕부진, 털의 가지런함이 거칠고 이빨 갈기, 다량의 침 흘리기, 성기능 부전이 나타난다.

망간은 다당(多糖)이나 당단백질의 합성에 필요한 많은 효소를 활성화 한다. 탄수화물대사, 지질대사도 망간에 의존하고 있다. 결핍하면 가금에서는 비절증(飛節症)을 일으키고 산란이 줄어들며 껍질이 얇아지고 배(胚)는 죽는다. 가축은 성장불량, 골격이상, 번식불량, 이상아 출산 등을 일으킨다.

코발트는 반추동물에서 비타민 B_{12}의 합성에 필요하다. 결핍되면 식욕부진, 성장불량, 젖의 생산량 저하, 털의 가지런함이 불량, 보행불량으로 된다. 반추동물 이외에서는 코발트 결핍증은 없다.

요오드는 갑상선의 기능 정상화에 필요하다. 결핍되면 갑상선종의 원인으로 된다. 요오드 결핍증의 모친에서 태어난 아이는 피부가 두텁고 목이 굵고 갑상선이 비대하여 있고, 털이 없이 죽어서 태어나거나 수시간 이내에 죽는다.

셀렌은 과산화물을 분해하는 효소에 필요하다. 면역응답의 증가에도 역할을 하고 있다. 결핍되면 간장괴사, 결장, 폐, 피하조직의 점막조직의 부종을 일으킨다. 심근·골격근의 괴사, 심부전, 후각마비 등을 일으킨다.

제 11 장

소금과 건강

1. 보건상의 소금의 관심

생명의 유지에는 소금은 특히 불가결의 물질이다. 그런데도 불구하고 과잉의 소금 섭취량은 고혈압증의 원인으로 된다고 생각하여 소금은 나쁜 것으로 생각되어 최근에는 위암의 원인이 된다고 까지 화제가 넓혀져 한층 더 소금과 건강에 관심이 많아지게 되었다. 그러나 반세기를 거쳐 결론은 나오지 않고 그대로 소금과 고혈압 관계에 대한 연구는 진행됨에 따라 부정되는 사실이 발표되고 있다.

한편 일본에서는 90년 이상 계속되어 온 소금 전매제도가 폐지된 최근에는 무기질 섭취와 맛있는 것에 대한 관심이 높아져 각지에서 퍼 올린 해양심층수의 개발도 겸하여 이들 관심사를 소금에 기대하는 보도가 잇달아 나오고 있다.

여기에서는 소금과 건강에 대한 개요를 설명하고 정확한 정보판단을 하는 일조로 하였다.

2. 소금과 고혈압

혈압(blood pressure)은 심장에서의 혈액의 심박출량 × 말초혈관 저항으로서 나타낸다. 혈관 벽에 걸리는 압력이 혈압으로 심장이 수축할 때의 압력이 수축기혈압(systolic blood pressure, 최고혈압)이고, 확장할 때의 압력이 확장기혈압(diastolic blood pressure, 최저압력)이다.

혈액 중의 나트륨 농도는 신장의 작용에 의하여 거의 일정의 142mEq/ℓ로 유지되고 있다. 그러나 신장의 나트륨 배설능이 약하면 배설능 이상의 소금을 섭취한 경우 나트륨 저류(sodium retention)가 일어나, 나트륨 농도를 일정으로 하기 위하여 수분 양이 많아지고 혈액량이 증가하여 심장에 대한 부담이 증가한다. 그 결과 혈압이 상승된다. 이와 같은 경우에는 고혈압증의 원인이 명확한 신성고혈압증이고 소금 섭취량을 기다리면 혈압은 내려간다. 그러나 고혈압증의 대부분은 원인불명의 본태성 고혈압증(essential hypertension)이다.

소금이 고혈압증의 원인으로 되는 것이 아닌가라는 소금 가설(salt hypothesis)은 그림 11-1의 결과에 기초하여 약 반세기 경에 Dahl에 의하여 떠올랐다. 같은 그림에는 1950년대의 동부지방에서 고혈압증, 뇌졸증(strock)에 의한 사망률이 높았든 시대의 데이터가 포함되어 있다. 그 이래 이 가설을 증명하기 위한 연구가 계속되어 표 11-1에 경과를 나타내었다. 그 결과 일부에는 관계가 있으나 대부분의 사람에서는 관계가 없고 전체적으로는 아직도 증명되지 않았다.

그러나 일본에는 최초부터 전원 감염하려는 논조(論調)였고 감염의 필요・불필요를 케이스 바이 케이스로 나누어 논의하지 않았다. 감염하지 않으면 안 될 사람

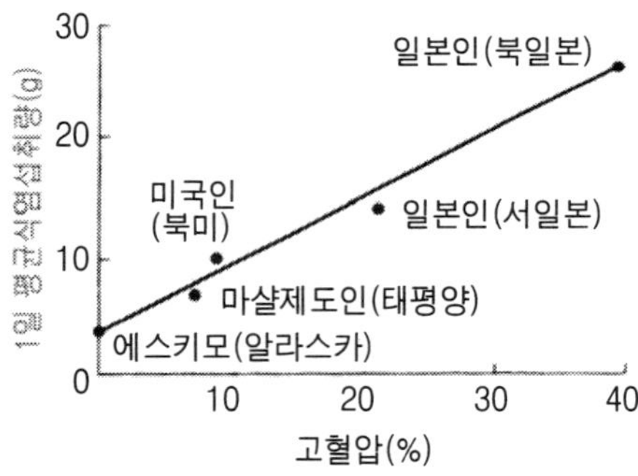

그림 11-1. 식염(NaCl) 1일 평균 섭취량과 고혈압 발증률과의 상관관계

표 11-1. 소금과 고혈압에 관한 연구의 역사

년	성 과
1954	Dahl의 역학조사로 인과관계 추정
1962	Dahl, 소금 감수성 쥐와 소금 저항성 쥐를 발표, 고혈압의 유전성 추정
1963	오카모토, 아오키, 자연발증 고혈압 쥐를 발표, 고혈압의 유전성 추정
1973	오카모토 등, 뇌졸중이 발생 자연발증 고혈압 쥐를 발표, 고혈압증 연구의 모델 동물개발
1978	가와자키 등, 인간에서 소금 감수성과 비 소금 감수성을 발표
1988	대규모 역학조사의 imtersort study로 소금과의 관계가 약하다는 것이 판명

이 그와 같은 사람은 어느 정도의 비율에 있는가, 감염에 위험성이 없는가, 스포츠맨이 감염식을 먹어서 이기는 것일까 라는 것들에 대한 판단정보를 제공하지 않았다. 본장에서는 몇 개의 판단 정보를 제공한다.

2.1 소금 섭취량과 고혈압 발증률

인간의 생명을 유지하기 위하여 필요한 최소량의 소금은 1일당 1g이라고 한다. 그림 11-1에 나타낸 에스키모는 식사나 조리에 소금을 사용하지 않는 무염문화(no salt culture)를 가진 민족이고 소금 섭취량은 먹는 음식물에 자연으로 함유되는 소금에서 유래되는 것뿐이다. 이 민족은 고혈압증은 없고 더불어 혈압상승도 없다. 그러나 수명은 짧아 50세 이상의 데이터는 없다. 소금의 필요 최소량은 이것에 기초하고 있다. 그러나 문명사회에서 화제는 다르다.

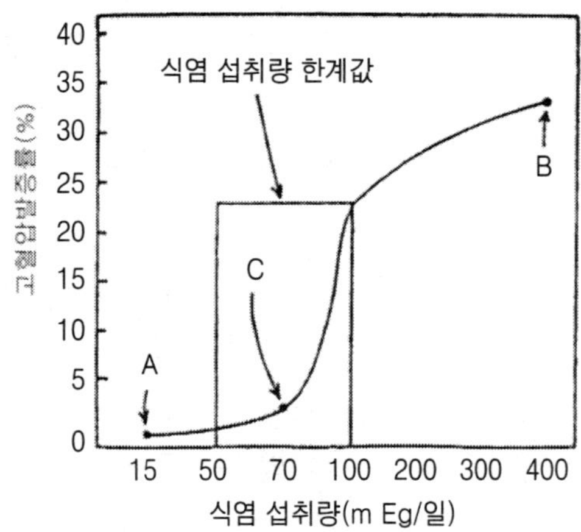

그림 11-2. 식염 섭취량과 고혈압 발증률
(100 mEq/일 → 식염 약 6 g에 상당)

A : 20 mEq/일 이하의 나트륨 섭취로 고혈압 발증률이 제로에 가까운 집단.

B : 유전・환경요인에 의하여 20%에서 50%까지 고혈압 발증률이 변화하는 집단. 신장의 나트륨 처리능력은 높고 450 mPq/일(식염으로 26 g/일)까지의 나트륨의 섭취량에서는 약 80%의 사람은 고혈압으로 되지 않는다. 정상혈압 자에 의한 450 mEq/일에서 1.500 mPq/일까지의 식염부하 실험에서는 혈압은 직접적으로 상승한다.

C : 70 mPq/일 이하의 나트륨 섭취량으로 거의 고혈압이 없는 집단.
50에서 100 mEq/일의 나트륨 섭취량에서는 식염감수성 환자에서도 고혈압은 발증하지 않는다.

지금까지 여러 조사에서 Houston은 소금과 고혈압 발증률과의 사이에는 그림 11-2에 나타낸 관계가 있다고 추정하고 있다. 무염문화와 문명사회와의 사이에는 소금섭취량과 고혈압 발증률과의 관계에서 변곡점이 되는 소금의 한계 값이 있다고 생각하고 있다.

2.2 소금 감수성과 소금 저항성

Dahl은 자신이 세운 소금 가설을 증명하기 위하여 쥐에 소금을 먹여 혈압을 측정하는 실험을 행하였다. 그 결과는 생각대로 되지 않고 아무리 소금을 먹여도 혈압은 상승하지 않는 소금 저항성(salt resistant)의 쥐가 있다는 것, 소금을 먹이면 혈압상승을 나타내는 소금 감수성(salt sensitive) 쥐가 있다는 것을 발견하였다.

이 사실에서 고혈압 유전성이 추정되어 오카모토(岡本) 등은 고혈압 쥐를 교배시켜 소금 섭취량에 관계없이 자연으로 고혈압으로 되는 자연발증 고혈압 쥐(spontaneous high pertensive rat : SHR)를 선발한 것에서 고혈압 유전성이 확정되었다. 그리고 고혈압이 된 위에서 반드시 뇌졸증을 일으키고 뇌졸중이 발생 자연발증 고혈압 쥐를 선발하였다. 이들의 쥐는 소금 부하에 의하여 증상의 발생을 촉진시켰다. 그 후 가와자키(川崎) 등은 인간에서도 마찬가지로 소금 감수성과 저항성의 현상이 있다는 것을 알았다.

현재로서는 소금 감수성인가 소금 저항성인가의 판별법은 없고 엄밀하게는 2주간 정도 입원하여 조사하지 않으면 안 된다. 그러나 혈압계가 일반 가정에 보급되고 있는 현재로는 어느 정도의 추정결과는 나온다. 즉 가정에서 소금 조미료를 일절 사용하지 않고 1주간의 식생활을 하고 그때의 혈압치가 최초의 그것보다 10% 정도 이상 저하되어 있고, 원래의 식생활로 되돌아갔을 때 혈압도 원래의 값으로 상승하면 그 사람은 소금 감수성자라고 할 수 있다. 이 때 감염식에서 식욕이 없어지고 체중이 감소되면 혈압도 저하되므로 체중이 줄어지지 않게 무리하여도 먹어서 체중을 유지하지 않으면 안 된다.

소금 감수성의 사람은 20~30% 정도라고 하고 고혈압 환자에도 소금 감수성자는 50% 이하라 한다. 소금 감수성 자에는 감염의 효과가 나오나 소금 저항성 자는 혈압저하를 나타내지 않으므로 감염을 할 필요는 없다는 의견이 해외에서 나오고 있다.

2.3 대규모 역학조사

Dahl의 역학조사(epidemic study)결과는 그림 11-1에 나타낸 것과 같이 소금 섭취량과 고혈압 발증률과의 관계에서 아주 변동아 적은 직선의 비례관계를 나타내고 있으나 각 데이터의 채취조건이 일정하지 않고 현재로서는 신뢰성이 없다. 그 후 많은 역학조사가 이루어진 결과에서는 데이터가 아주 변동되고 있고 명확한 결론을 내리지 못하여 혈압측정법이나 요 중 나트륨 배설량(섭취량에 같다고 한다)의 분석을 엄밀한 조건을 하고 국제적으로 32개국, 52개소, 1개 곳 200명 이상의 피험자에서 합계 10,079명의 데이터를 정리한 결과를 발표하였다.

그 결과는 그림 11-3과 같으며 무염문화의 원시사회 4집단을 포함하면 약한 정상관관계가 있으나 그 집단을 제외한 문명사회에서는 상관관계가 보이지 않았다. 그 후 이 연구 그룹에서는 데이터를 수정하여 정상관계가 있는 것 같이 발표하였으므로 논의가 분분하여 심한 소금 논쟁이 전개되고 있다.

이와 같은 논쟁 중에서 소박한 의문으로서 소금 섭취량이 많은 일본이 왜 세계 제일의 장수 국가일가는 감염논자 사이에서 해외에서 논의되고 있다.

2.4 감염의 효과

혈압을 상승시킨다는 소금 가설에 따르면, 감염(salt restriction)시키면 혈압이 내려간다는 사실에서 많은 감염에 의한 개입시험이 이루어지고 있다. 그러나 그 결과에 재현성은 없고 표 11-2에 나타난 통계적으로 유의라는 것은 적다. 소금 감수성자의 구분이 되지 않는 것이 반영되고 있다고 생각된다.

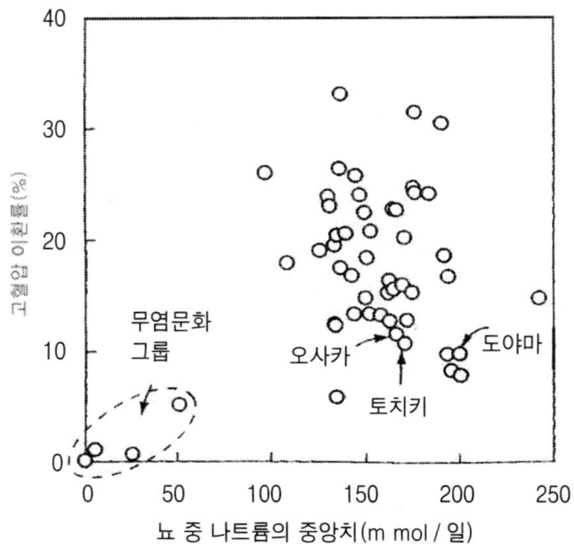

그림 11-3. 식염 배설(섭취)량과 고혈압 이환률

표 11-2. 감염에 의한 강압효과

No	시험종류	시험방법	감염기간(일)	피검자수(명)	평균연령(세)	시험전 혈압(mmoHg)		Na섭취량(mmol/일)		K섭취량(mmol/일)		시험후 혈압(mmolHg)		유의성
						수축기	확장기	시험전	시험후	시험전	시험후	수축기	확장기	
1	open	교차	28	22	41	175	112	191	-98			-6.7	+3.2	*
2	open	병렬	730	62	60	163	97	191	-38			-2.0	-7.0	*
3	open	교차	14	20	23	125	73	210	-170	71	-6	-2.7	-3.0	없음
4	아중맹검	교차	28	19	49	154	97	162	-76	65	-6	-10.0	-5.0	*
5	open	병렬	84	90	49	141	87	150	-113	77	+3	-5.2	-3.4	없음
6	아중맹검	교차	28	18	52	137	83	143	-56	54	+3	-0.5	-0.3	없음
7	open	병렬	365	28	55	163	99	149	-21	60	+5	-8.7	-6.3	없음
8	open	교차	35	12	40	150	92	210	-100	55	+8	-5.2	-1.8	없음
9	open	병렬	28	94	46	157	101	130	-58			-3.0	-2.5	없음
10	open	교차	24	113	16	103	61	113	-70	49	+16	-0.6	-1.4	없음
11	아중맹검	교차	28	31	23	111	64	128	-60	64	-1	-0.5	+1.4	없음
12	아중맹검	교차	28	35	22	114	63	131	-74	61	-6	-1.4	+1.2	없음
13	아중맹검	교차	42	40	24	137	73	129	-72	77	-3	-0.8	-0.8	없음

감염효과에 관하여 1966년에서 약 30년간에 발표된 논문의 데이터에 대하여 metanalisis를 행한 Graudahl 등의 최신의 결과는 감염을 지지하지는 않았다.

2.5 감염의 위험성

사람에 있어서 필요 섭취량의 십수 배 전후로 소금을 섭취하고 있는 문명사회에서는 감염하여도 위험성이 없다고 생각되어 미국에서는 감염 목표치로서 1일당 6g의 소금 섭취량이 설정되어 있다(일본 10g 정도). 그러나 최근에는 감염의 위험성이 지적되는 논문이 발표되기 시작되었다.

감염과 더불어 혈압 응답의 반응은 그림 11-4에 나타낸 것과 같이 정규분포를 나타낸다. 감염으로 혈압이 그렇게 변화되지 않는 사람이 많으나 감염에서 혈압저하가 나타내는 비율과 같은 정도로 감염은 혈압상승을 나타내는 사람도 있다. 이 사람들에 따르면 감염은 위험하다는 것이 된다. 또 감염에 의하여 수명이 짧아진다든가 LDL-cholesterol이 상승되는 것도 발표되고 있다.

일반적으로 감염식은 맛이 없으므로 식욕이 악간 떨어지고 먹을 수 없다는 사실에서 필요하고 충분한 영양섭취량이 확보되지 않는다는 것이 지적되고 있다. 감염식에서 출혈, 설사, 땀에 의한 염분, 수분의 손실로 체내의 전해질 발란스

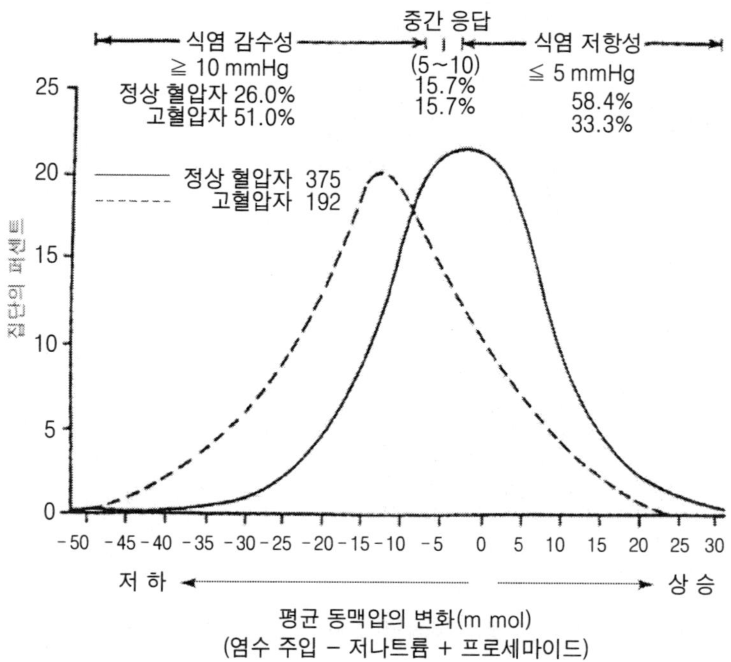

그림 11-4. 정상 혈압자와 고혈압자의 감염에 대한 혈압 응답

(ellectolyte balance)가 붕괴되기 쉽고 이들의 증상에 대한 저항력이 약하게 된다. 또 수면장해를 일으킨다는 보고도 있다. 소금 대신으로 식품첨가물의 방부제, 보존료의 위험성을 경고하는 보고도 있다.

2.6 소금 섭취량, 질환 사망률, 치료 중 질환율 변천

일본의 후생성에 의하면 조사결과를 이용하여 작성한 질환 사망률과 소금 섭취량의 경년변화를 그림 11-5에 나타내었다. 소금 섭취량이 제일 많은 동북지구와 제일 적은 근키(京畿) 1지구의 소금 섭취량과 각 현의 질환 사망률의 추이를 이 표에서 나타나 있다. 소금 섭취량의 전국 평균치는 순간적으로 11.7g/일까지 저하되었으나 현재에는 13g/일 전후에서 안정하고 있다. 뇌혈관질환(cerebrovascular disease), 뇌출혈, 고혈압의 사망률은 언제나 저하되고 있다.

그림에서 상부에 나타난 소금 섭취량의 저하와 더불어 저하하는 것같이 보이나 소금 섭취량과는 관계가 없다. 1990년 이후의 사망률은 표시되어 있지 않으나 소금 섭취량이 증가하는데도 불구하고 저하가 계속된다. 사망률의 저하는 전후 20년을 경과하여 식생활이 풍요롭게 되고 의료기술도 진보한 결과에 의한 것으로 생각된다.

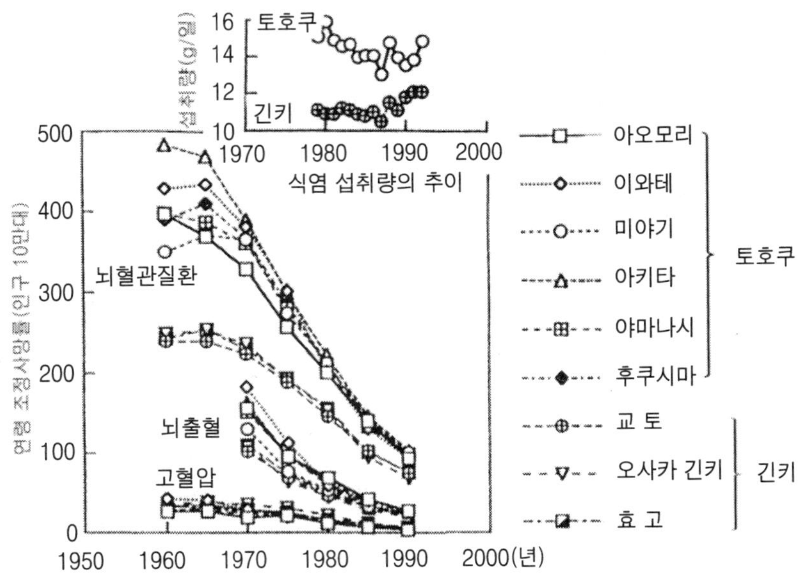

그림 11-5. 현(縣)별 질환 사망률과 지구별 소금 섭취량의 추이

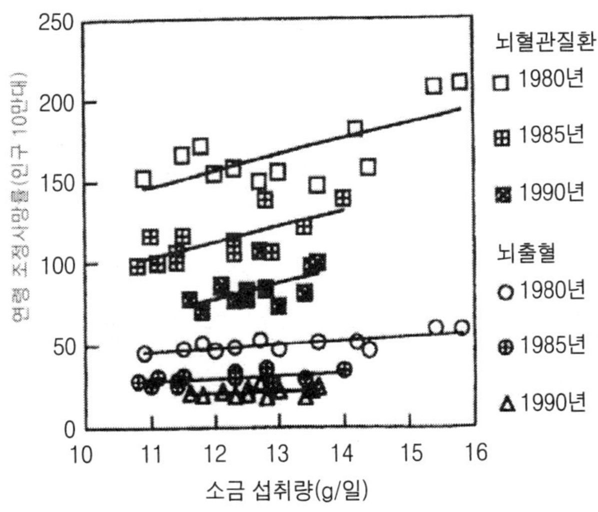

그림 11-6. 소금 섭취량과 년별 질환 사망률

뇌혈관질환의 사망 저하가 제일 현저하고 소금 섭취량과의 관계를 나타내면 그림 11-6과 같이 된다. 뇌혈관질환의 내역은 뇌경색(cerebral intarction) 이하에 나타내는 질병이다. 뇌혈관질환에 의한 사망률은 오른쪽 상이 오르고, 소금 섭취량과의 관계가 있는 것같이 보인다. 그러나 뇌혈관질환이나 고혈압에서 치료중의 환자와 소

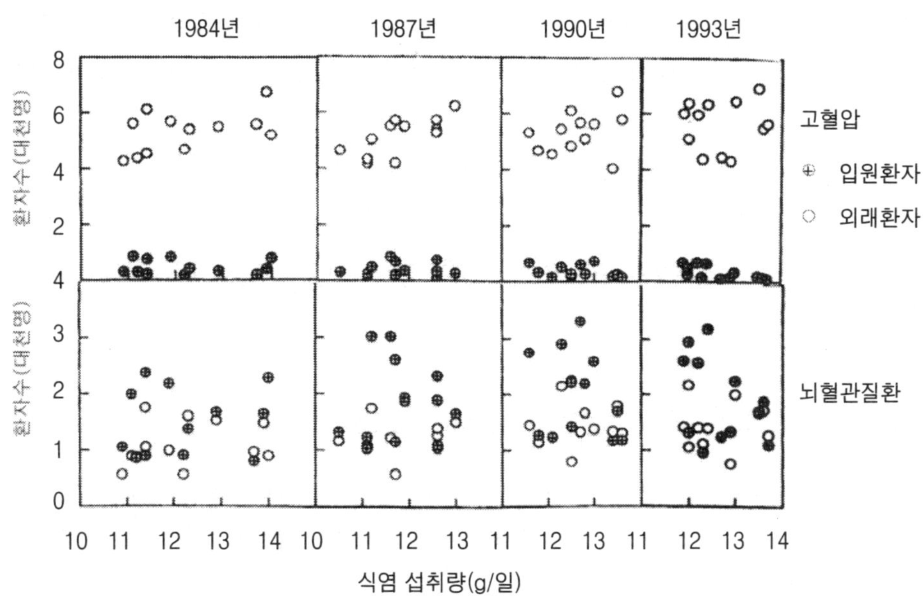

그림 11-7. 소금 섭취량과 치료 중의 질환환자와의 관계

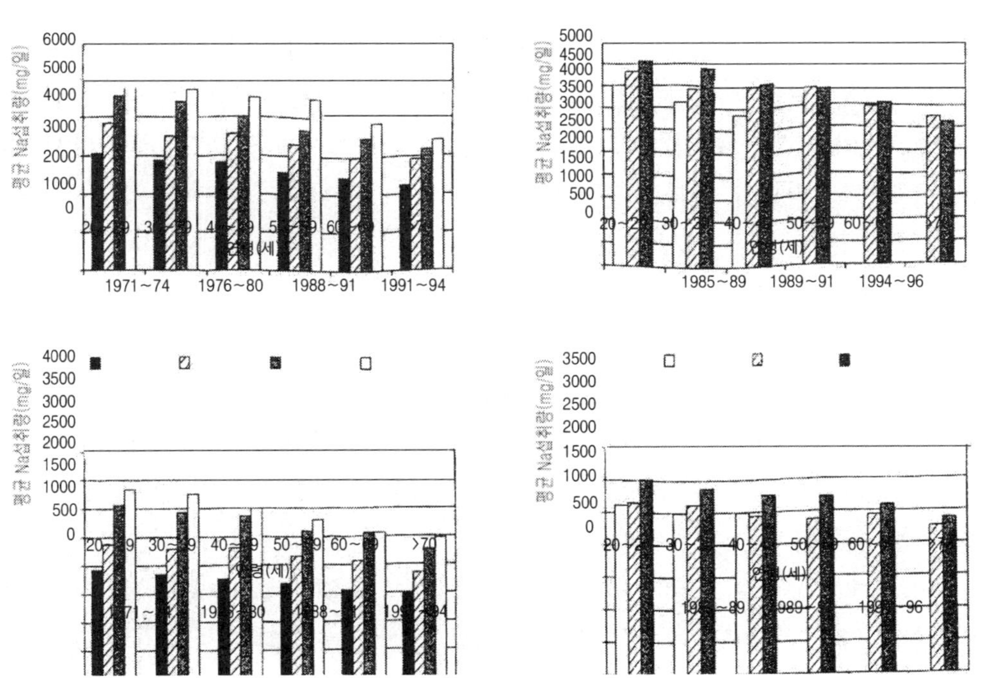

그림 11-8. 국민영양조사(NHANES)의 남자와 여자

식사 섭취량의 연속조사(CSFⅡ)의 남자와 여자의 평균 나트륨 섭취량(2.5배로 하면 식염량으로 된다)

금 섭취량의 관계를 보면 그림 11-7에 나타낸 것같이 외래환자, 입원환자 공히 고혈압증, 뇌혈관질환에 대하여도 언제나 소금 섭취량과 관계가 있는 것을 알 수 있다.

일본에 있어서 소금 섭취량은 최근 안정하여 있으나 미국에서는 그림 11-8과 같이 어느 것이나 연대층에서도 년 섭취량은 연년 증가하고 있고 정부의 감염정책에 대하여 국민이 관심을 가지지 않고 온 것을 알 수 있다. 나트륨의 섭취량을 소금 섭취량에 환산하는 데는 2.5배로 하면 된다.

2.7 혈압에 대한 각종의 무기질 보급효과

염화나트륨 이외의 무기질을 많이 함유하고 있는 소금의 혈압 저하작용이 매스컴에서 화제가 되고 있으므로 칼륨, 칼슘, 마그네슘의 보급이 혈압저하에 대하여 어떻게 평가되는가의 현황을 설명한다.

칼륨보급에 대하여 혈압 저하작용은 인정되고 있다. 칼슘보급에 대하여는 혈압 저하작용을 주장하는 보고와 수축기 혈압을 약간 저하시킬지는 모르지만 확장기 혈압에는 효과가 없고 마그네슘 섭취량이 부족하고 있을 때의 보급효과는 금후의 문제이다. 마그네슘 보급의 혈압 저하작용은 아직 확정되어 있지 않다.

최근 발표된 혈압에 미치는 마그네슘 보급의 효과에 관한 임의의 임상시험 결과의 metanalysis에서는 분명히 투여량 의존성의 강압효과가 있다고 하나 다시 투여량으로 확인할 필요가 있다고 설명하였다.

3. 소금과 위암

짠 식품은 삼투압이 높다는[위벽에 대하여 고장성(高張性)이 있다] 사실에서 소금이 위암(gastric cancer)의 원인이 된다고 한다. 소금은 위암의 발암물질(initiator)은 아니고 promoter(발암 후에서 암세포의 성장을 촉진하는 물질)인 것 같으나 발암을 하는 위험성이 높은 pylori균과의 관계에서 소금과 위암과 관계는 아직 명확하지 않다. Cohen 등은 소금이 본질적으로 발암성 물질(carcimnogen)로 되는 것을 나타내는 실험적 증거도 역학적 증거도 없다고 review하였다.

4. 소금에서 다른 무기질의 섭취

소금의 전매제도가 폐지되고 나서 해수를 조려 여러 가지의 소금이 판매하게 되었다. 이와 같이 소금에서는 정해진 문구와 같이 무기질이 많은 소금(염화나트륨도 무기질이나 여기에서는 이것을 제외한 불순물로 된 무기질을 가리킨다)으로 몸에 좋다고 쓰여 있다. 여기에서 표 11-3에 소금에서 어느 정도 소금 이외의 무기질이 섭취되고 사람에 필요한 양과의 관계에서 소금에서의 섭취량이 기대되는가를 나타내고 있다.『일본사람의 영양 소요량』 중에서 각 무기질의 식사 섭취기준량이 발표되어 있고,『국민영양의 형상』에서 어느 정도 섭취되는가 조사되어 대상 이외에 무기질에 대하여는 이토가와(絲川) 등이 데이터를 기재하였다.

칼슘, 마그네슘이 적어 보이나 대개 어느 원소에 대하여서도 섭취량은 기준치를 거의 만족하고 있는 것을 알 수 있다. 소금에 대하여는「식염」이라는 상품 이름의 상품 중의 양으로 표시하였다. 1936년은 염전 채함(採鹹)과 평부전공(平釜煎工 = 煎塩工程)과의 조합으로 제염된 소금의 상품으로「식염」이라는 상품명은 없었으므로 국내 소금으로 하였다. 1962년은 유하식 염전 채함(採鹹)과 진공식전공(眞空煎工 = 전염공정)과의 조합으로 제염된「식염」이다. 1984년은 이온교환막 농축 채관(採鹹)과 진공식전공의 조합으로 제염된「식염」이다. 참고로 해수 100mℓ 중의 함유량과 소금 10g을 만들기 위하여 필요한 해수 400mℓ 중의 함유량도 나타내었다.

나트륨, 마그네슘, 칼슘을 제외한 원소에 대하여 1일당의 섭취 기준치에 대하여 식염에서 섭취량은 단위가 다를 정도로 적다. 따라서 소금에서 식염 이외의 무기질 섭취량은 도저히 기대되지 않는 것을 알 수 있다.

그러므로 소금에서 식염 이외의 무기질 섭취를 기대하는 것은 일본 특유의 현상으로 생각된다. 미국, 유럽의 소금 제품 중에도 자연 소금, 해염을 팔고 있는 상품도 있다. 여기에는 수분이나 불용해분(모래)이 많다. 그러나 비건조 소금을 건물기준으로 나타내면 순도가 아주 높게 된다.

5. 소금 이외의 무기질 보급으로서 간수 이용

인체에 필요한 1일당의 무기질 보급량에서 생각하여 소금에서 칼륨, 칼슘 등의 소금 이외의 무기질 보급은 전술한 것 같이 실질적으로 의미가 없다. 그러나 간수에 대하여는 칼륨, 칼슘, 마그네슘이 상당한 %로 함유되어 있다. 염전제염 간수와 이온교환막 제염에 간수의 조성은 다르고 이온교환막 제염 간수 쪽이 염화나트륨(염)이 적고 염화칼륨과 염화칼슘이 많다. 염화마그네슘은 동등하므로 무기질 밸런스는 이온교환막 제염 간수 쪽이 우수하다. 따라서 나트륨 이외의 무기질 보급원으로 이용하는 것을 생각하는지도 모르겠다.

소금 이외의 무기질 보급으로서 유효한 성분을 이온교환막 제염 간수로 생각하여

표 11-3. 소금에서 식염 이외의 무기질 섭취

원 소	1일 섭취기준* (mg)	1일 섭취량** (mg)	식염 10g 중의 양			해수100mℓ 중의 양(mg)	해수조성 그대로 만든 소금 10g 중의 양(해수로서 약 400mℓ) (mg)
			1936년 (국내염)	1962년 (식염)	1984년 (식염)		
칼슘	600～900	440～625	38	9	3	40	160
인	700～1.200	1.000～1,500***				0.00–2	0.008
칼륨	1.650～2.000	1.200～2.500***	21	6	13	38	152
나트륨	3.900	10.400～13.200	3.77g	3.91g	3.98g	1.05g	3.93g
마그네슘	220～320	150～300***	50	7	3	135	541
철	10～12	9.8～12.2			0.0017 이하	0.0005	0.002
아연	8～12	7.6～11.42***			0.0012 이하	0.001	0.004
구리	1.4～1.8	1.0～2.5***			0.0006 이하	0.0003	0.001
크롬	0.020～0.035					0.000005	0.00002
요오드	0.15				0.0904 이하	0.006	0.02
셀렌	0.040～0.060					0.000004	0.0002
망간	3.0～4.0					0.0002	0.0008
몰리브덴	0.020～0.030					0.0006	0.002

본다. 칼륨, 마그네슘, 칼슘의 각각의 염화물이 대충 10%, 20%, 10% 함유한다고 하면 1mℓ의 간수(비중을 1.3으로 하면) 중에는 70mg의 칼륨, 70mg의 마그네슘, 50mg의 칼슘이 있다. 이들의 수치는 표 11-3의 섭취 기준치에 대하여 큰 비율을 차지하므로 중요한 식염 이외의 무기질 보충 재료가 된다.

단 간수에는 조성적으로 결정된 정의는 없고 제염법, 조리는 정도, 저장온도 등에 따라 조성은 크게 달라지므로 조성표시와 용도표시가 필요하다.

6. 소금의 협잡물과 맛있는 것

소금은 앞에서 설명한 것 같이 칼슘, 마그네슘, 칼륨이 반드시 들어 있다. 이들 협잡물의 함유량과 맛과의 관계에 대하여는 과학적 데이터가 갖추지 못하여 연구가 요망된다. 소금 전매제 폐지 후의 소금 상품의 다양화에서 확실한 정보가 없는 중에서 소비자는 혼란되고 지방자치제의 소비자 상담창구에서도 곤혹을 당하고 있는 것으로 생각한다. 그 대책으로서 도쿄도(東京都)에서 시판되고 있는 소금 52 상품을 테스트한 결과를 발표하였다. 그 결과는 거의 맛의 구별은 없고 무기질 섭취량도 포함하여 표시에 문제가 있다는 내용이었다.

최근 판매되는 해양심층수(과학적인 의미에서는 해양심층수는 아니다)에서 제조된 소금은 역삼투법으로 탈수하여 2배정도 농축한 함수(鹹水)를 평부(平釜)에서 조린 제품이고 기본적으로는 해양표층 측에서 제조된 소금과 다르지 않다고 생각해도 좋다. 원료로 되는 해수 성분에는 농축 차가 있어도 성분율은 다르지 않다고 하고 표층해수와의 차는 생물증식에 이용되는 규소, 인산, 질소에 차이가 있을 뿐으로 소금의 석출에 관계하는 물질은 없기 때문이다.

제 12 장

세계 최고의 소금

얼마 전만 하여도 소금이라면 꽃소금이나 김장할 때 쓰는 굵은 소금 정도가 전부였지만 언제부터인가 죽염, 구운 소금 등이 비산 값으로 판매되기 시작되었다. 그리고 최근에는 미국이나 일본, 유럽 등에서 해양심층수로 만든 소금, 사해에서 생산된 소금, 암염으로 만든 소금 등이 수입되고 있다. 여기에 우리나라의 「황토소금」, 「허브소금」, 「후추소금」, 「함초(鹹草)소금」, 「미네랄 소금」 등의 다양한 기능성 소금이 더해지면서 소금의 종류가 크게 증가하는 추세이다.

소금의 종류가 다양해진 만큼 가격도 천차만별이어서 200g 한 봉지에 2만~3만원을 호가하는 것도 있다. 값이 워낙 비싼 까닭에 「귀족(貴族)소금」으로도 불리는 이들 소금 가운데는 성분, 맛, 향기, 역사, 제조방식, 가공방식 등을 내세워 천일염보다 무려 20배 이상 비싼 것도 있지만 그럼에도 나날이 수요가 증가하는 추세를 보이고 있다.

국내산 소금의 대표적인 귀족소금이라면 죽염(竹鹽)을 들 수 있다. 우리나라의 천일염을 원료로 삼아 예부터 전해지는 전통적인 방식으로 생산되는 죽염은 공정이 복잡하고 까다롭기로 유명하다.

기능성 소금으로는 천연 함수에 서해안 앞바다에서 자란 유기농 함초와 해조 성분을 가미한 천연무기질 소금인 섬들채의 「함초자연소금」과 「해조(海藻)소금」을 비롯한 청수식품의 「키 파워 오리진(key power origin)」, 영진그린 식품의 「미담알칼리 소금」 등이 시판되고 있다. 그 밖에도 울릉 무기질의 「해양심층수(海洋深層水) 소금」, 보성녹차의 「유기농 녹차소금」 등이 있다.

수입 소금으로는 일본산이 가장 인기가 높다. 일본 해역에서 가장 청정한 지역으로 꼽히는 오키나와의 바닷물로 만든 저염(低塩) 소금인 「누치마스」, 무기질 성분을 함유한 유키시오(雪塩), 허브기 들어간 「챔플솔트」, 소금에 후추를 섞은 「해노정 후추소금」이 대표적이다.

일본 이외는 미국, 이태리, 프랑스, 영국, 아르헨티나 등에서 들여온 30~40여 종의 소금이 백화점이나 대형 마트를 통하여 판매되고 있다. 특히 프랑스산「르 트레저 플러어 드(Le Tre'sor treasured)」가 무기질 함량은 높고 염도는 낮아 요리의 맛을 더욱 깊게 만든다고 하여 가장 인기가 높다.

각국에서 생산 판매되고 그리고 수입되고 있는 고가의 소금은 다음과 같다.

1. 영국산 바닷물을 가열하여 얻은 소금 –말돈 시 솔트 (Maldon sea salt)–

영국 동쪽 해안에서 수세기 전부터 깨끗한 바닷물을 끓여 결정을 얻는 방식으로 제조된 소금으로 1282년부터는 기업적으로 운영하고 있다. 맛이 부드럽고 결정 형태가 피라미드 모양을 띠는 것이 특징이다.

말돈 시 솔트(Naldon sea salt)의 결정은 속이 비어 있는 피라미드 모양이라 부서지기 쉬워 소금처럼 포장할 수 없다. 이 때문에 스낵처럼 공기를 많이 넣어 포장하며(0.5g/㎤), 250g 이하의 소포장이 대부분이다. 일반 소금에 비하여 부드러운 짠맛이 나는 것이 특징이다. 성분상으로는 다른 소금에 비하여 황산칼륨의 비율이 높은 편이다.

2. 이태리산 세척 정제하지 않는 자연소금 –라비다 시 솔트 (Ravida sea salt)–

이태리 시실리 섬의 서남쪽의 해안에 위치한 라비다 가문에서 1700년부터 제조하여 온 소금으로(Ravida sea salt) 시실리의 강한 태양과 아프리카의 바람으로 만들어지는 천일염이다. 세척이나 정제를 일절 하지 않은 채 약간의 분쇄만 하여 만든 자연소금으로 요오드, 불소, 마그네슘, 칼륨 등의 소금 이외의 무기질 성분이 풍부하고 짠맛은 강하면서 맛이 느끼하지 않고 깔끔한 것이 특징이다. 생선과 찜 요리에는 잘 어울리지만 구이용으로는 적합하지 않다.

3. 이태리산 피라미드 결정체 소금 –피오치 시 솔트 플레이크 (Fiocchi sea salt flakes)–

피오치(Fiocchi)소금은 터키 남쪽 사이프러스 공화국 라나카 지역의 아라디포 산업지역에서 바닷물을 끓여 만든 소금으로 결정이 완전한 피라미드 모양이라 우리 천일염과는 다른 모습이다. 쓴맛이 없고 플레이크(flake)형이라 음식에 닿았을 때 바로 녹을 수 있는 장점이 있다. 우리나라에서는 구입하기 어렵다.

4. 일본산 무기질 최다 함유 소금 -유키시오(Yukishio)-

유키시오(雪塩)는 일본 오키나와 모토지마로부터 남쪽으로 300km 떨어진 대만에 가까운 미야코(궁고도)에서 생산된다.

마그네슘, 칼륨, 칼슘 등 18종의 소금 이외의 무기질을 함유하고 있다고 하여 2000년 8월 기네스 협회로부터 무기질이 가장 많은 소금으로 인정받았다. 그러나 이는 바닷물을 그대로 농축한 데서 따른 것으로 특별한 특징이라 할 수 없다. 간수 성분이 많이 함유되어 있는데도 맛이 쓰지 않지만 습기를 빨아드리는 점이 있으므로 개봉 후에 냉동 보관하여야 한다.

제조공정을 보면 오키나와 청정 해역에서 바닷물을 석회암층을 통과시킨 다음 농축조에서 가열 농축하여 염분의 농도를 높인다. 그런 다음 가열판에 농축된 바닷물을 뿌려 소금을 날려버리고 분말화하여 만든 소금이 바로 유키시오이다. 입자가 눈처럼 생겼다고 하여 설염(雪塩)이라고 한다.

5. 일본산 암염에서 추출한 소금 -화불로 솔로 히말라야-

거대하게 형성된 히말라야의 소금바위에서 추출한 소금으로 요오드, 칼륨, 마그네슘, 철분 등의 무기질이 풍부하다. 각종 성분이 다량 함유되어 있다. 연한 분홍색을 띠는 이 제품은 짠맛이 강하지만 깔끔하여 육류나 해물요리와 잘 어울린다. 그러나 소금 자체가 색상이 들어있어 국물이니 찜 요리에 적합하지 않고 오븐 요리에도 어울리지 않는다.

6. 일본산 생명의 소금 -누치마스-

누치마스는 오키나와 현 모토지마의 나타가미군 카츠렌 반도 끝에 있는 하마히가시마의 태평양쪽에서 퍼 올린 바닷물을 100% 사용하여 순간 공중결정으로 생산한 소금이다. 마그네슘, 칼슘, 칼륨 등 14종의 무기질을 함유하고 있다고 하여 유키시오 보다 앞선 2000년 2월 기네스 협회로부터 무기질이 가장 많은 소금으로 인정받았다. 누치마스는 오키나와 사투리로 「생명의 소금」이라는 뜻이다.

유키시오와 마찬가지로 바닷물을 그대로 농축한 소금으로 천일염에 비하여 염화나트륨 함량이 낮고 무기질 함량은 높다. 흰색의 분말형태로 판매되는데 처음에는 산뜻한 맛을, 끝에는 단맛을 낸 것이 특징이다. 저 나트륨 소금어서 염분 섭취량이 많은 우리나라 사람들에게 적합하지만 육류 요리에는 어울리지 않는다. 역시 습기에 매우 약하므로 냉동 보관하는 것이 좋다.

누치마스는 바다에서 끌어올린 해수를 미세 안개를 이용하여 공기중으로 뿌리면서 온풍기로 수분을 순간적으로 기화시켜 만든 소금이다. 이러한 방식은 바다 속 염분을 최대로 함유시킨 소금을 만들 수 있는 게 특징이다.

7. **포르투갈산 -후르르 드 셀**(Fleur De Sel)-

포르투갈 남부 알가르베(Algarve) 지역의 파로 시와 오라오 시 사이에 위치한 염전에서 로마인들이 생산하던 방식대로 생산하는 소금이다. 크림 향이 난다고 해서 salt cream이라고 하는데 우리나라에서 좀처럼 구하기 어렵다. 포르투갈 알가르베(Algarve)에 위치한 유명한 소금회사인 넥톤은 젊고 유능한 인재를 보유하고 있다. 산업엔지니어, 해양생물학자, 생물과학 및 생물공학 박사까지 모여서 소금 성분에 중요한 영향을 미치는 갯벌 생태계와 생물의 다양성을 유지할 수 있는 방법을 연구하는 곳이기도 하다.

8. **프랑스산 소금의 캐비어 -후르르 드 셀**(Fleur De Sel)-

소금의 캐비어로도 불릴 만큼 그 진가를 인정받고 있는 유럽의 고급 소금이다. 갯벌 염전에서 바닷물을 농축시키면 표면에 작은 결정이 뜨는데 이 결정만을 조심스럽게 건어내 만든 소금이라 해서 「소금의 꽃(Fleur De Sel)」이라는 이름이 붙여졌다. 프랑스 북서부 대서양 연안의 게랑드(Gue'rande)·노르므티어(Noimoutier), 프랑서 남부 지중해 연안의 카마르그(Camargue), 포르투갈 남부의 알가르베(Algarve) 지역 염전에서 주로 생산된다.

9. **프랑스 게랑드산 -후르르 드 셀**(Fleur De Sel)-

프랑스 해염은 대부분 지중해 쪽에서 산업적 동정을 거쳐 생산되지만 대서양 쪽의 게랑드(Gue'rande), 레(R'e), 노르무티어(Noimoutier)에서는 1천년의 역사를 가진 천일염이 수작업으로 생산된다. 프랑스 게랑드(Guerande)의 후르르 드 셀(Fleur

De Sel)은 대서양 쪽 소금 생산량의 5% 정도를 차지하는데 은은한 제비꽃 향이 나기 때문에 미식가나 고급 요리사들로부터 각광을 받는 회소성이 높은 소금이다. 육류나 야채 요리에 살짝 뿌려 마무리 하면 특별한 맛을 낸다. 세계에서 가장 비싼 소금 중의 하나로 1kg에 8만원을 호가한다. 갯벌 흙바닥에서 채취하기 때문에 국산 천일염에 비하여 물에 녹지 않는 불용성분이 더 많은 편이다.

프랑스 대서양에서 유명한 갯벌 천일염 생산지는 게랑드(Gue'rande), 모르무티어(Noimoutier), 레(R'e) 3곳이다. 생산량은 게랑드((Gue'rande)가 가장 많아 1년에 1만 5천 톤 정도이고 레(R'e)와 노르무티어(Noimoutier)가 각각 1500톤, 1500천 톤 정도로 뒤를 잇는다.

10. 프랑스산 유기농 소금 -르 트제 저 셀 그리스(Le Tre′sor Sel Gris)-

소금의 생산지로 유명한 프랑스의 게랑드(Gue'rande)에서 생산되는 소금(Le Tre'sor Sel Gris)으로 유기농 소금으로 잘 알려져 있다. 흰색보다는 연한 희색을 띠는데 바닷물을 증발시킬 때 자연적으로 생성된 빛깔로 이 과정에서 은은한 제비꽃 향과 영양분이 부가된다고 한다. 입자가 투명하고 단단하면서 수분을 함유하고 있다. 짠맛이 강하고 은은한 바다 향이 특징이다. 비린내를 제거하면서 향을 돋우기 때문에 생선 요리에 잘 맞는다.

르 트레저(Le Tr'sor)는 보물 또는 보석(The treasure)이라는 뜻으로 1천 년 이상의 전통을 갖고 있는 게랑드(Gue'rande) 지역 천일염을 대표하는 브랜드 명이다.

11. 프랑스 카마르그산 -후르르 드 셀(Fleur De Sel)-

말로 유명한 프랑스 남부 지중해 연안 카마르그(Camargue) 습지대의 사렝 드 기로(Salins de Giraud)와 사렝 뒤 미디(Salins du Midi)에서 생산되는 소금이다. 게랑드(Gue'rande)의 후르르 드 셀(Fleur De Sel)처럼 역시 은은한 제비꽃 향이 나며 연한 회색과 보랏빛이 감도는 것이 특징이다. 굵은 소금에 비하여 촉촉한 느낌이 나는데 샐러드나 야채를 절일 때 마지막에 살짝 뿌려 먹는 것이 최상의 풍미를 느낄 수 있는 방법이다.

12. 호주의 대표적인 염수호염 -레이크 솔트(Lake salt)-

서 호주 아타데일 지역에 위치한 레이크 크리스털 법인에서 생산하는 레이크 솔트는 500만 년 역사의 스완 강 하류에 있는 퍼스 호수의 물을 원료로 사용한다. 호수 표면에서 물을 모아 여과시킨 뒤 가마에서 말린 천연소금으로 칼슘과 마그네슘 등 무기질을 함유하고 있으며, 바닷물로 만든 소금보다 맛이 순하고 부드러우면서 미세한 단맛을 낸다. 이 소금은 육류 요리에 잘 어울리기 때문에 스테이크, 로스구이, 생선구이를 할 때 재료에 뿌려 구우면 육즙과 잘 어울리는 맛과 향을 낸다. 그러나 짠맛이 덜 해 국물 요리에는 적합하지 않다.

13. 한국산 바닷물을 끓여 만든 소금 -태안자염(泰安煮鹽)-

우리나라의 전통 소금제조법에 의해 생산되는 자염(煮鹽)은 끓일 자(煮)와 소금 염(塩)이라는 두 글자가 나타내듯 바닷물을 가마솥에 끓여 만드는 소금이다. 바다물을 갯벌 웅덩이에서 농축시킨 다음 그 물을 육지에 있는 솥으로 옮겨 은근한 불에 10여 시간 끓여서 소금결정을 얻는다. 끓이는 동안 계속해서 거품을 걷어 내기 때문에 쓴맛과 떫은맛이 전혀 없고 입자기 고우며 염도가 낮아 맛이 순하다. 소금 이외의 무기질 함유량 또한 염전에서 채취한 갯벌 천일염 보다 높은 편이어서 예로부터 최고급 소금으로 인정받아 왔다.

자염을 제조하는 공정은 갯벌 염전에서 소금을 채염하는 훨씬 복잡하고 까다로우며 노동력 또한 많이 필요하다. 지금은 극히 일부 지역에서만 소량 생산되는 만큼 높은 가격대에서 판매되고 있다.

태안반도 낭금리에서 해마다 「자염축제」가 열리는데 전통적인 방법으로 자염을 생산하는 모습을 그대로 재현하고 있어 체험학습의 장으로도 한 몫을 톡톡히 하고 있다. 자염축제는 문화광광부와 문화원총연합회의 역사문화 마을로도 지정된 행사이다.

14. 한국산 약재로 쓰이는 귀족소금 -죽염(竹鹽)-

죽염은 우리나라에서 유통되는 귀족소금 중 으뜸이라 할 수 있다. 대나무 통에 천일염을 넣고 구워서 만드는 것으로 예로부터 아홉 번 구운 것은 약재로 쓰일 정도로 귀하게 여겨왔다. 가격도 구운 횟수에 따라 천차만별인데 시중에는 보통 두세 번 구운 죽염이 유통된다. 아홉 번 구운 죽염은 보라색이 감돌기 때문에 자죽염(紫竹塩)이라 불리는데 죽염 중에서도 최상품에 속한다. 인산가 죽염, 개암죽염, 영월 죽염과 청수식품의 「키파워 솔트(key power salt)」 등이 유명하다.

대체로 생산량이 한정되어 있기 때문에 회원에게만 판매한다. 특유의 황 냄새 때문에 외국에서는 꺼리는 편이다. 그러나 우수한 효능이 알려지면서 인신가 죽염의 경우 대만에서 어느 정도 판매가 이뤄지고 있고 청수식품의 「키 파워솔트」와 「키 파워 오리진(key power salt)」은 일본에서 고가로 판매되고 있다.

15. 한국산 -100% 천일염-

우리나라 서해안의 청정 갯벌에서 햇볕과 바람만으로 채염되는 소금이다. 복잡한 해안선을 따라 넓게 조성된 염전은 15단계가 넘는 소금밭으로 만들어져 각 단계를 거치는 동안 불순물이 제거되고 갯벌에 있는 소금 이외의 무기질은 농축되어 그 함량이 높은 소금 결정체가 새성된다. 하나하나 염부들의 손을 거치는 전통적인 방법에 의하여 생산되며 세계 어느 갯벌 천일염보다도 소금 이외의 무기질이 풍부하고 뒷맛이 달게 느껴질 정도로 맛이 좋다.

국내 소금 생산업계에서는 한국산 천일염의 대중화 고급화를 위하여 바다의 인삼이라 불리는 함초(鹹草) 성분을 가미한 기능성 함초 성분, 염전에서 농축된 바닷물에 톳과 다시마 등 해조(海藻)의 영양성분을 섞어서 만드는 해조(海藻)소금 등을 개발하여 내수는 물론 세계시장 진출도 모색하고 있다.

제 13 장

속담 속의 소금

1. 소금 속의 속담

- 소금도 맛보고 사랬다.
  (물건을 살 때에는 잘 살펴보고 사야 한다는 말)
- 소금도 먹은 놈이 물 키다.
  (① 벌은 죄를 지은 사람이 받게 되는 뜻)
  (② 빚은 돈 쓴 사람이 갚게 된다는 뜻)
- 먹은 고양이 상이다.
  (상판대기를 보기 흉한 꼴로 하고 있다는 뜻)
- 소금 먹은 소 굴우물 들여다보듯 하다.
  (보기만 하고 못하는 일은 안타깝기만 하다는 뜻)
- 소금 먹은 소 물 키듯 하다.
  (소금 먹은 소가 물 먹듯이 물이나 술을 많이 먹는 다는 뜻)
- 소금밥에 정 붙는다.
  (가난한 집에서 성의 끗 해주는 음식이 매우 고마워 더 친해진다는 뜻)
- 소금밥이라도 먹고 가거라.
  (반찬이 없는 밥이라도 먹고 가라는 뜻)
- 소금 섬을 물로 끌어라 해도 끌겠지.
  (손해되는 일이 있더라도 하라는 대로 순종하겠다는 뜻)
- 소금 섬을 물에 넣으라면 넣는다.

(손해 보는 일이라도 시키는 대로 순종한다는 뜻)

- 소금 섬을 지고 물에 들어간다.
  (손해 보는 어리석은 짓을 한다는 뜻)
- 소금 실은 배만하다.
  (짠 소금을 실은 배도 간이 배서 조금은 짜 뜻이 먼 일가관계가 된다는 뜻)
- 소금에 곰팡이 나겠다.
  (절대로 그렇지 않고 장담할 수 있다는 뜻)
- 소금에 아닌 전 놈이 장에 절까?
  (큰 꾀에도 안 넘어간 사람이 얕은 꾀어 넘어갈 리가 없다는 뜻)
- 소금에 절인 파김치가 되었다.
  (사람이 맥을 못 쓰도록 까부라졌다는 뜻)
- 소금으로도 열두 가지 반찬을 만든다.
  (솜씨 좋은 사람은 좋지 않는 재료로 여러 가지 맛있는 반찬을 만든다는 뜻)
- 소금으로 바다 메우기다.
  (아무리 애써도 아무 성과가 없는 짓을 한다는 뜻)
- 소금으로 장을 담근다 해도 곧이 안 듣는다.
  (신용이 없기 때문에 믿을 수가 없다는 뜻)
- 소금은 반찬 중에서 으뜸이다.
  (소금은 반찬의 근원이 된다는 뜻)
- 소금을 지고 물로 들어가도 제멋이다.
  (손해 보는 짓을 하더라도 제 재미로 한다는 뜻)
- 소금이 쉴 때까지 기다려라.
  (무슨 일을 오래 기다려 보라는 뜻)
- 소금이 쉴 일이다.
  (절대로 그럴 리가 없다는 뜻)
- 소금이 짜다고 해도 곧이듣지 않겠다.
  (아무 일을 해도 믿을 수 없다는 뜻)
- 소금 장수다.
  (인정도 사정도 없고 체면도 모르는 인색한 사람이라는 뜻)
- 소금 징수보다도 더 짜다.

(세상 사람들 중에서 가장 인색한 사람이라는 뜻)

- 소금 좀 먹어야겠다.
  (너무 싱거운 짓만 하는 사람보고 하는 말)
- 소금 짐을 지고 물로 가고 화약 짐을 지고 불로 간다.
  (하는 짓 마다 손해 볼 짓만 골라서 한다는 뜻)
- 소금 짐을 지고 물로 들어가도 제 재미이다.
  (손해가 가든 말든 자기 하고 싶은 대로 한다는 뜻)
- 소금 팔러 가니까 비가 온다.
  (무슨 일을 하려고 하면 방해가 되는 일이 생긴다는 뜻)

2. 한자대전(漢字大典) 속의 소금(鹽)

[이가원(李家源) · 장삼식(張三植) 편저, 교육서관]

염간(鹽干) : 염전에서 소금을 만들던 사람
염강수(鹽薑水) : 강즙에 소금을 넣고 끓인 물. 약으로 씀
염기(鹽氣) : 염분이 섞인 습기
염기(鹽基) : 산을 중화하여 염이 생기게 하는 수산화물
염난수(鹽難水) : 압록강의 옛 이름
염대구(鹽大口) : 소금에 절여 말린 대구어
염류(鹽類) : 소금이 있는 여러 가지의 종류
염막(鹽幕) : 소금을 만드는 곳
염매(鹽梅) : ① 소금과 매실의 신맛, ② 잘 조화되는 것, ③ 요리의 맛, ④ 신하가 군주를 도와서 선정을 베풀게 하는 것
염민어(鹽民魚) : 암치
염반(鹽飯) : 찬 없는 밥을 두고 하는 말. 소금밥
염부(鹽釜) : 바닷물을 조리어 소금만을 만들 때에 쓰는 큰 가마
염분(鹽分) :소금기. 짠 맛
염산(鹽酸) : 화공약품의 하나. 염화수소의 수용액
염상(鹽商) : ① 소금 장사, ② 소금 장수.
염생식물(鹽生植物) : 바닷가 염호 안, 바다 속, 염호 따위의 소금기가 많은 땅에 자라는 식물. 갯쑥, 개메꽃, 홍두깨나물 따위
염세(鹽稅) : 소금을 만드는 사람에게 받는 세금

염소(鹽素) : 공기보다 무거우며, 특이하고 강한 냄새가 있는 녹황색의 기체원소의 하나. 산화제, 표백제 및 살균제등에 씀
염수(鹽水) : 소금기가 있는 물. 소금을 탄 물
염수선(鹽水選) : 소금물에 곡식의 씨를 넣어 뜨는 것은 버리고 가라앉는 것을 쓰는 종자의 선택방법의 하나
염수초(鹽水炒) : 소금물에 약초를 담았다가 볶는 일
염시(鹽豉) : 청국메주. 된장
염엄(鹽淹) : 채소나 고기를 소금에 절임

3. 일본어 한자 읽기사전 속의 소금(鹽)

(윤현중 편저, 진명출판사, 1999)

염(塩) : ① 소금, ② 소금기, ③ 짠맛
염가감(塩加減) : 간, 간을 맞춤
염간(塩干) : 소금에 절여 말림
염건(塩乾) : 소금에 절이거나 말리는 것
염건어(塩乾魚) : 소금에 절이거나 말린 생선
염고(塩尻) : 염전에서 무덤처럼 쌓아 올린 모래
염해(塩鮭) : 소금에 절인 연어
염기(塩氣) : 소금기, 염분, 간, 짠맛
염기성(塩基性) : 알칼리성
염단(塩斷) : (신불에 기도하거나 병으로 어느 기간을) 염분이 있는 음식을 먹지 않음
염두(塩豆) : 짭짤하게 볶은 완두콩
염뢰(塩瀨) : 씨실이 굵은 견직물
염물(塩物) : 소금에 절인 생선
염류(塩類) : 염분이 들어 있는 물질의 종류
염미(塩味) : 짠맛, 소금기
염부(塩釜) : 소금 가마솥
염분(塩分) : 무질 속에 들어 있는 소금의 성분
염빈(塩浜) : 염전
염산(塩酸) : 염화수소의 수용액

염소(塩素) : 녹황색의 독이 있는 기체. 원소의 하나
염수(塩水) : 소금물
염신(塩辛) : 맛이 짜다
염신(塩辛) : 젓, 젓갈
염신성(塩辛聲) : 쉰 목소리
염압(塩押) : 소금에 절여 돌로 눌러둠
염어(塩魚) : 소금에 절인 생선
염업(塩業) : 소금 제조, 가공을 하는 사업
염유(塩揉) : 생채소류나 생선 따위를 소금을 뿌려서 주물러 부드럽게 함
염인(塩引) : 좌반(佐飯), 특히 연어, 송어의 자반
염자(塩煮) : 소금으로 조리한 음식
염장(塩藏) : 소금에 저여서 저장함
염전(塩田) : 바닷물을 끌어들이어 소금을 얻기 위하여 논처럼 만든 곳
염증(塩蒸) : 소금으로 쪄서 찜
염지(塩漬) : ① 소금에 절임, ② 주식이 값이 오를 때까지 지니고 있음
염출(塩出) : 물에 담가 소금기를 뺌
염탕(塩湯) : ① 끓인 소금물, ② 염분을 함유한 온천
염화(塩花) : ① 요릿집 따위에서 문 앞에 소복이 놓은 소금, ② 부정 타지 않게 소금을 뿌림
염화(塩化) : 어떤 물질이 염소와 화합하는 일

《역 음》
호마연(胡麻塩) : ①깨소금, ② 희끗희끗 센 머리, 반백
소염(燒塩) : 볶은 소금
수염(手塩) : ① 주먹밥을 만들 때 손에 바르는 소금, ② 돌봐주는 일
주염(酒塩) : 조미료로서 술을 넣음
감염(減塩) : ① 소금기가 적음, 싱거움, ② 생선을 싱겁게 절임
박염(搏塩) : ① 짠맛을 적게 함, ② 소금을 조금 찜
성염(盛塩) : 음식점 등에서 재수를 빌어 문간에 소금을 뿌리는 일
호염(呼塩) : 짠 식품을 소금물에 담가 소금기를 뺌
무염(無塩) : 소금기가 없음
미염(米塩) : 쌀과 소금

인산염(燐酸塩) : 인을 태워 그 생성물을 용해하여 얻은 산의 총칭
식염(食塩) : 먹는 소금
암염(岩塩) : 암석 사이에서 나는 큰 덩어리로 된 소금
천일염(天日塩) : 바닷물을 햇빛과 바람으로 수분을 증발시켜 만든 소금
고염(苦塩) : ① 소금이 습기가 차서 녹아내리는 쓴 물, 간수, ② 쓴 국물, 쓴 맛

4. 식품과학용어사전 속의 소금(鹽)

(한국식품과학회편, 광일문화사, 2006년)

- 염건품(鹽乾品) : 염장하여 말린 제품
- 염관리법(鹽管理法) : 소금산업의 구조개선을 촉진함으로써 소금산업의 건전함을 도모하고 국민경제의 발전에 이비지함을 목적으로 1995년에 전문 개편된 법률
- 염기(鹽基) : 산과 작용하여 염과 물을 생성하는 물질
- 염기서열(鹽基序列) : 핵산을 구성하는 네 가지 염기의 1차적 서열
- 염도(鹽度) : ① 소금기의 정도, ② 바닷물 1kg에 녹아 있는 염류의 g수
- 염도계(鹽度計) : 식염의 농도를 재는 기계
- 염도측정법(鹽度測定法) : 소금을 정량하여 염도를 구하는 법
- 염분계(鹽分計) : 소금물의 소금농도를 재는 비중계의 하나
- 염석(鹽析) : 친수 콜로이드에 많은 양의 전해질을 넣으면 콜로이드가 가라앉는 현상
- 염소살균(鹽素殺菌) : 염소나 염소를 발생하는 약제를 써서 미생물을 죽임
- 염소정량법(鹽素定量法) : 염소량을 정량하는 방법
- 염수(鹽水) : 소금으로 물에 녹인 용액
- 염수주사법(鹽水注射法) : 염수 주사기를 사용하여 염수를 주입하는 방법
- 염용(鹽溶) : 단백질이나 아미노산 용액에 염을 조금 넣으면 그 용해도가 뚜렷하게 증가하는 현상
- 염장법(鹽藏法) : 소금에 절여 저장하는 법
- 염지제(鹽漬劑) : 쇠고기와 돼지고기의 염지에 쓰는 혼합 가루

찾아보기

소금의 과학

2013년 8월 10일 초판 인쇄
2013년 8월 15일 초판 발행

편 자 : 정동효
펴낸이 : 천승배
펴낸곳 : 도서출판 유한문화사

주소 : (157-801) 서울시 강서구 강서로76길 21(가양동)
전화 : 2668-2055~6
팩스 : 2668-2565
http://www.yuhansa.com
E-mail : yuhansa@hanmail.net
등록 : 제 5-31호. 1979. 3. 6.

값 20,000 원

ISBN : 978-89-7722-574-9 93590